JN144748

序

本書は国籍の異なる自動車会社、ホンダ、フォルクスワーゲン、そしてプジョーで、その組織の一員として働いた経験をもとに、それぞれ企業文化の在り方と、その企業文化を形成する歴史的背景についてまとめたものである。

私は一九八二年、昭和五十七年にホンダこと本田技研工業株式会社に入社し、その後紆余曲折あって、ホンダからフォルクスワーゲンそしてプジョーと、日本、ドイツそしてフランスの自動車会社で働いてきた。企業の組織文化、もしくは企業組織を支配する思想と行動原理は、その組織の一員として働いていれば自然と理解されるものだが、企業文化をより深く理解する為にはその歴史を遡って学ぶべきである。ホンダはもとよりフォルクスワーゲンもプジョーも、日本、ドイツ、そしてフランスそれぞれの国と文化に根差した企業であり、その組織の一員として働いていると、それぞれの愛国主義的あるいは民族主義的な性質を、ときには明示的に、ときには暗示的に感じることがある。いずれの組織にあっても、働き甲斐や仕事を通じての自己実現は、好むと好まざるに関わらずその組織に依存せざるを得ないから、私は転職を経て職場となったフォルクスワーゲンやプジョーの組織文化を理解し、可能な限り共有するように努めてきた。疑問についてときにはその歴史的経緯を調べ、ときにはドイツ人やフランス人に尋ねもして、理解できることもあれば、正直理解できないこともある。ホンダ、フォルクスワーゲン、そしてプジョーそれぞれの企業としての思想と行動原理の違いについて経験的な理解を要約すれば、ドイツ企業としてのフォルクスワーゲンの思想と行動原理は、日本企業としてのホンダのそれよりもより も遥かに明示的であり、かつ論理的である。フランス企業としてのPSAプジョー・シトロエンの思想もまた日本企業のそれに比べると明示的でありかつ論理的であるけれども、その行動原理は多分に暗示的である。そしてホンダの思想と行動原理は、フォルクスワーゲンとプジョーとの比較で言えば、日本企業の例に漏れず多分に暗示的である。

本書は私の個人的な体験から出発しつつも全体としては、日本、ドイツ、フランスを代表する自動車企業についての案内書となるように意図している。本書をお読み頂ければそれぞれの企業の生い立ちと特徴がご理解いただけるものと思う。ひとりでも多くの自動車業界で働く日本の若い人たち、あるいは将来自動車業界で働いてみようと思う学生諸君に読まれ、参考になれば幸いである。

実際のところ、私はフォルクスワーゲンやプジョーで働いた後に、ホンダは如何に日本的な企業であることか、と実感したのだが、本書ではその日本的な組織文化の輪郭を、さらにトヨタとの対比で浮彫になるよう試みた。トヨタこそ真に日本的な企業である、と私は思っている。本編で詳述するが、私は大学卒業後ホンダに十三年間勤務した後、三十五歳で異業種へ転職をしてその七年後に、フォルクスワーゲン・

グループ・ジャパンに転職して、幸運にも再び自動車業界に戻ることになった。自動車には関われば関わる程、そこから逃れられなくなる面白さがある。

一国の基幹産業たる自動車には、その国の工業力や技術力ばかりでなく、自動車関連法規はもとより道路事情、交通事情、社会事情、その歴史的背景と国民性が反映され、それが特徴でもあり個性ともなっている。さらには企業としての経営理念や哲学あるいは目標、組織体制、人事制度など形式知の領域は無論、仕事の流儀や作法から言葉遣いや立ち居振る舞いに至る暗黙知の領域も、結果的に製品としての自動車に反映されるものだと、ホンダ、フォルクスワーゲン、そしてプジョーで仕事をしてきて思う。企業組織を支配する思想と行動原理は、それぞれの企業の歴史を通じて形成されたものであり、その時間と空間の掛け算が企業文化の奥ゆきと広がりになっている。

尚、本書に登場する人物について、筆者と面識があるか接点があれば、実際にその名前を口にするときのように何々さん、あるいは何々氏などと敬称をもちいて表記しているが、歴史的人物、ならびに著名人については、それがむしろ適切なので敬称を略している。

第一章　シトロエンと日本人とブランドのこと

日本で初めての「DS DAY」

二〇一四年五月三十一日土曜日早朝の東京。シトロエンDS3で港区芝の増上寺裏の通用口から入ると、境内にはすでに多数のシトロエンが並べられ、人々がその車両の合間を行き交っていた。境内に並ぶのはシトロエンの、DS3、DS4、DS5のいずれかで、恰も展示されているかのようだが、すべてユーザーの所有する車両だ。DS3から降りて駐車場の案内をしているスタッフに尋ねると、境内に100台ほどのDSを収容し、いっぱいになったので隣接する東京プリンスホテルの駐車場に案内しているのだという。まだ開門時刻の七時を過ぎたばかりである。それでも初夏の陽射しが眩しいくらいに晴れている。会場内のスタッフは皆、私と同じシトロエンのロゴの入ったポロシャツを着ているが、忙しくもう汗をかいているようだ。会場内に設置された2CVとタイプHの移動式カフェや、シトロエングッズの物販コーナーには順番待ちの人々が並んでいる。増上寺本堂での交通祈願は八時からだ。その後、境内ではモータージャーナリストのトークショーが行われる。その盛況ぶりと現場の仕事を見れば、日本で初めての「DS DAY」の成功は間違いがない。

「DS DAY」はシトロエンのDSオーナーの為のイベントで、二〇一一年にパリで初めて開催されその後世界各地に展開されている。日本では二〇一〇年五月にDS3を発売し、二〇一一年にDS4、二〇一二年にDS5を発売し、DS発売からちょうど五年目を迎え、累計販売台数が5000台になる。

会場内を埋め尽くす色とりどりのDSを眺めていると、次第に気分が高揚してくるようだ。ルージュ・ルビ Rouge Rubi（ルビーの赤）、ルージュ・バビロン Rouge Babylone（古代都市バビロンの赤）、ジョンヌ・ペガス Jaune Pegase（ペガスス座51番星の黄）、ブラン・ヒッコリー Brun Hickory（樹木ヒッコリーの茶）、ブラン・バンキーズ Blanc Banquise（流氷の白）、ブラン・ナクレ Blanc Nacre（真珠の白）、ノアール・ペルラネラ Noire Perlanera（黒真珠の黒）、などなど、いずれも太陽に照らされて鮮やかな色彩を放っている。特にフォーブール・アディクト Faurbourg Addict の深紫色は太陽の光によく映えて、写真撮影もうまくいくに違いない。このイベントはDSの特別仕様車フォーブール・アディクトの発表会でもあるのだ。

このDSの特別仕様車の深紫色は英語で Whisper「囁き」と名付けられている。シトロエンの外装色はフランス語で命名されるはずなのにこれは英語でまた気まぐれな、と私は思うのだが、彼らには彼らなりの理屈がいつもある。もうそれには慣れている。彼ら、フランス人たち、ともう十年も仕事をしているのだから。

それにしても、洋の東西を問わず古から高貴な色である紫とフォーブール・サントノレ通り Rue du

Faurbourg Saint-Honoréを想起させる名称を与えて、DSはパリの印象に一層重ね合わせられることになる。フォーブール・サントノレはパリのほぼ中心部を東から西に延びる通りで、エルメス、ランバン、グッチ、カルティエなどのブティックが建ち並び、パリの歴史的街並みとそうした数々の高級ブランドとが相互に演出効果を発揮して、その独特の空間をつくりあげている。確かにDSはパリによく似合う。いや、というよりも、DSはパリのエッセンスを見事に表現していると言うべきかもしれない。

このDSを、シトロエンから独立した新しいブランドにしていかなければならないのだが、色とりどりのDSを見渡しながら、さてどうしたものか、と思う。DSをブランドとして独立させる方針が、フランス本社では既に決定されているのだ。

DSを、自動車の新たなブランドにする。確かにDSの意匠には、自動車に限らず造形物として優れた工業製品としての、しかもフランスらしい独創性と豊かな社会性があるから、その野心的な試みに共感はするものだが、なにしろ時間のかかる仕事であるに違いない。プジョー・シトロエン・ジャポンの社長在任中に、その仕事をどれくらい成し得るだろうか、と思うのである。

増上寺本前に展示されている3台のDS、DS3、DS4、DS5は、東洋的かつ仏教的な建造物と、その後に聳えたつ東京タワーを背景にして、造形物としての存在感が一層引き立つようだ。DSには、巨大な原石から削り出すようにしてつくりだされたような、彫刻品の如き趣さえある。

長い開発期間を経て完成されたDSを見て、フランス人たちは小躍りしたに違いない。彼らは往年のDSの独創性と親和性を再現しながら、そこに全く新しい自動車の意匠を発見したのだ。

日本でのシトロエンの歴史は一九二三年から

シトロエンはその創成期から、先鋭的な自動車開発で常に注目される存在で日本においても古くからクルマを愛好する人々にとって一種独特な存在である。

輸入車としてのシトロエンの日本での歴史は古く、一九二三（大正十二）年七月に日仏シトロエン自動車という会社が設立されて、シトロエンの輸入販売が始まっているのだが、アンドレ・シトロエンが自動車の製造を始めたのは一九一九（大正八）年だから、その僅か三年後のことである。この日仏シトロエン自動車は、東京の赤坂、溜池辺りに他の輸入車店と軒を並べてあったらしい。一九二一（大正十）年から一九二七（昭和二）年まで駐日フランス大使として日本に滞在していたポール・クローデルのその著作『孤独な帝国、日本の一九二〇年代』に「日本の現在の道路条件には、シトロエン10CVが最も適している。優秀な代理店が取り扱っているわがシトロエンは大成功しており、日本各地の大都市でこの車を見ることできる。現在フランスからの輸入車は500台を超えている」という一節があるから、日仏シトロエン自動車株式会社はうまくいっていたように見受けられるが、昭和金融恐慌の煽りを受けたのか、一九二八（昭和三）年に清算されて、すぐさま日本シトロエン自動車という別な会社が日本でのシトロエンの輸入販売をしている。

太平洋戦争を経て、一九五〇年代に日仏自動車株式会社がシトロエン車の輸入販売を手がけ、その後一九六九（昭和四十四）年に、西欧自動車販売がオートモビル・シトロエン社と輸入代理店契約を締結する。

西欧自動車販売は一九七二（昭和四十七）年に西武自動車販売に吸収合併され、一九八九年になるとマツダが新販売チャネル「ユーノス」を立ち上げてシトロエン車の輸入販売に参入し、以後西武自販とマツダの2社が、シトロエン車の輸入販売を行うようになる。

マツダがシトロエンを扱うようになった一九八〇年代後半は、バブルの絶頂期である。日本の自動車市場は年々拡大して、一九九〇年には777万台を記録する。シトロエンもこの年に6117台の年間最多登録台数を記録している。マツダの参入を期に、一九九〇年二月にオートモビル・シトロエン52%、西武自販とマツダがそれぞれ24%の出資比率で旧シトロエン・ジャポンが設立された。旧シトロエン・ジャポンは、西武自販とマツダとの間に入って調整をはかりながら、マーケティング、広告宣伝、広報、技術サポート等の業務を遂行し、マツダと西武自販は輸入販売を従来通り行った。西武販売は一九九五年にクライスラー・ジャパンに買収されて消滅し、シトロエンの業務は新たに設立された新西武自動車販売に引き継がれ、マツダは一九九八年にシトロエンの輸入販売から撤退した。二〇〇一年にオートモビル・シトロエンの100%子会社としてシトロエン・ジャポンが設立され、その翌年の四月に新西武自動車から業務を引き継いで、輸入販売を開始したのだが取り扱い台数は年間千数百台から2000台程で伸び悩み、一方のプジョーの販売実績も下降傾向にあった為、仏本社の決定でシトロエン・ジャポンとプジョー・ジャポンは合併する。二〇〇八年四月、リーマンショックに端を発する金融危機直前のことだ。そうしてプジョー・ジャポンで営業部長であった私は期せずしてシトロエンも売ることになる。

プジョーの販売実績が年々下がっているというのに、シトロエンまで担がなければなり、この愛すべき自動車に乗る無邪気な愉しみはあるものの、営業責任者としては気が重い。

その三年程前、私はプジョー・ジャポンの営業部長として雇われる際に、プジョーとシトロエンの関係について、フランス本社から採用面接の為に来日したフランス人に確認をしたことがある。

「日本にはプジョー・ジャポンとは別にシトロエン・ジャポンもありますが、これはまったく別の会社だという理解でいいのでしょうか」

「そのとおりだ。市場では、彼ら（シトロエン）はむしろ競合相手になるわけだ」

それが、プジョーとシトロエンの両方を扱うことになった。

プジョーは、206が日本でも受けて一時期は年間1万台以上売れたのだが、因果なことに私が営業部長になってからの実績は年々下がるばかりで、合併新会社プジョー・シトロエン・ジャポンとなった翌年の台数はさらに下がってプジョーが4000台、シトロエンは1400台で、鬱々として気が晴れない。

当時私はプジョーのブランド構築の為の販売網の再編成を進めており、全国の店舗数は年々減っていた。プジョーのブランドに相応しくない拠点を閉鎖して、新店舗を開発する為である。従来の取引先との契約を終了して、新たな取引先を求めることもある。予期はされたものの、その過程で従来の取引先との関係が拗れ、裁判沙汰にもなった。

「言われたとおりにやっても、台数は増えないではないか」

という批判を滲ませながら、私の下では働けない、と何人かの社員が辞めていった。

目先の台数を追いかけているのではない。プジョーのブランドを担ぎあげるのだ、と檄を飛ばすものの、所詮売ってなんぼ、売れてなんぼの世界である。売れなければ店舗への投資は進まないし、人も雇えない。有り余る程自動車が生産されるこの日本で、わざわざ外国から輸入して売るのである。もとより簡単なことではない。ローバー、MG、オペル、ポンティアック、ビュイック、サーブ、サターン、ハマー、現代などは日本市場から撤退、あるいは消滅しているのだ。課題は商品力か、販売力か、広告宣伝か、などとホンダを、フォルクスワーゲンを売る為に何度となくした自問自答をプジョーで、そしてシトロエンでもまた繰り返すのである。

フランスの自動車産業の歴史

シトロエンは、一九一九年にアンドレ・シトロエンがパリに設立した自動車製造会社で、トラクシオン・アヴァン、2CV、DS、GS、BX、SM、CX、そしてXMなど、前衛的で独特な自動車を世に送り出した。アンドレ・シトロエンは、ユダヤ系オランダ人宝石商の息子としてパリの裕福な家に生まれ、フランスの一流教育を受けて、エコール・ポリテクニック（École Polytechnique）を卒業した。エコール・ポリテクニックは、フランスのエリート養成機関グランゼコール（Grandes Écoles）の中でも最上位に位置付けられる名門校で、一七九四年の設立後ナポレオン一世によって軍部付教育機関となり現在も国防省の管轄下にある。シトロエンはここを卒業して後二年間の兵役義務を経て、歯車の製造で事業を興した。後にシトロエンのブランド・ロゴとなるダブル・シェブロン（double chevron）の歯車である。さらに大砲用砲弾の製造も手がけてこれも成功し、一九一九年、パリ15区のセーヌ川沿いジャベル川岸の工場で、欧州のフォードたらんと志して自動車の製造を開始した。初年度は日産30台、年間2810台を生産して、翌年には生産台数を1万2244台まで増加した。

シトロエンの自動車事業は急成長をしたのだが、トラクシオン・アヴァンの為の過剰投資が災いして、一九三四年に資金難に陥って会社を追われ、筆頭株主であったミシュラン社のピエール・ミシュランがシトロエンの社長に就任する。シトロエンは以後一時期ミシュランの支配するところとなる。経営を追われたアンドレ・シトロエンは、失意のうちに胃癌を患い一九三五年七月に没した。トラクシオン・アヴァンはアンドレ・シトロエンの死後、大いに成功してシトロエンの名声を高めた。シトロエンは第二次世界大戦を経て一九七六年までミシュラン傘下にあって、その後PSAプジョー・シトロエンとなって今日に至る。

ミシュランは、フランス中部のクレルモンフェランで、一八八九年にミシュラン兄弟が設立したタイヤ製造会社である。二〇〇七年から日本版も発行されているミシュランガイドは、一九〇〇年にミシュラン兄弟が考案したものである。

一九〇〇年当時、フランスでの自動車の保有台数は3000台程であったが、自動車の時代の到来を確信していたミシュラン兄弟は、自動車の楽しむ時代の先端をいく人々の為に給油所、タイヤの交換場所、レストランやホテルの情報を冊子にまとめて、ミシュランの宣伝をかねて3万5000部を配布した。ミシュランガイドは二度の大戦中を除いて毎年更新され、一九二〇年から有料になった。そして一九二六年から星の数で評価を表して有名になり、やがてレストランとホテルの評価の権威となった。

トラクシオン・アヴァン（traction avant）は、前輪駆動の意味の仏語がそのまま車名となったもので、当時前輪駆動の技術は他社においても既に量産されていたものの、シトロエンのそれはモノコック構造の車体に搭載されて成功を収め、前輪駆動車の先駆けとして英国ではその車名 Front-Wheel-Drive と呼ばれた。

このトラクシオン・アヴァンは、Global Automotive Election Foundation の監修による「世紀の自動車」Car of the Century で、最終選考に残った26台のうちの1台に数えられる。「世紀の自動車」は、二十世紀に最も影響力のあった自動車を選ぶ催しで、三年に及ぶ選考過程を経て一九九九年十二月十八日にラスベガスで発表され、その栄冠はT型フォードに授けられた。最終候補の26台のうち、トラクシオン・アヴァンの他に2CV、DSの3台のシトロエンが選ばれている。

T型フォードに次いで、二十世紀で最も影響力のあった自動車として高得点を得たのはミニ、そしてシトロエンDS、フォルクスワーゲンのビートル、ポルシェ911の順であった。ポルシェ911は一九六四年の発売以来改良が続けられてスポーツカーの頂点にあり、ミニ、DS、ビートルはそれぞれ往時の意匠を継承しつつ新たに生まれ変わって、二十一世紀の自動車として今日にある。因みに最終候補26台に日本車は1台も選ばれていない。

フランスの自動車産業はその長い歴史のなかで、プジョーとシトロエン、そしてルノーに収斂されて今日に至っているが、その過程でさまざまな自動車が現れ、そして消えていった。自動車黎明期のド・ディオン・ブートン（De Dion-Bouton）、ボレ（Léon Bollée）、セルポレ（Serpollet）、ロレーヌ・ディトリッヒ（Lauraine-Dietrich）、マトラ（Matra）、一九二〇年代から三〇年代のブガッティ（Bugatti）、一九三〇年代から四〇年代にかけてのエミール・ドライエ（Émile Delahaye）やデベ（DB Deutsch-Bonnet）、ドゥラージュ（Delage）、一九三〇年代から戦後のオチキス（Hotchkiss）、サルムソン（Salmson）、そして、一九五〇年代から六〇年代以降のセジエ（CG Chappe et Gessalin）、ファセル・ベガ（Facel Vegas）、シムカ（Simca）、アルピーヌ（Alpine）、タルボ（Talbot）などである。なかには超高級車もあったが、第二次世界大戦後、殊に一九六〇年代以降フランスの自動車産業は高級車に距離を置き、大衆車、とくに小型車に力をいれるようになる。平等で自由な社会を目指してきたフランス人たちの社会的価値観とフランス的な合理主義が恰も自動車に反映されているようなのだが、欧州大陸の北側、ドイツを中心とする自動車市場では中型車、大型車の占める比率が高く、フランスから南側、イタリア、スペインあたりは小型車中心となっている。それはゲルマン系とラテン系の人々の体格の違いにもよるだろうし、南欧の小型車需要には自動車を体の一部のように操りたいというラテン的な欲求があってのことかもしれない。

一九八〇年代後半、私は本田技研工業青山本社の欧州営業部に在籍していたのだが、そこから見る欧州の自動車市場は、ドイツ、イギリス、フランス、イタリアの自動車メーカーがそれぞれの居場所を定めて共存しているようであった。ボルボ、サーブ、フォルクスワーゲン、メルセデス、BMW、アウディ、オペル、欧州フォード、ボクゾール、ローバー、プジョー、シトロエン、ルノー、フィアット、アルファロメオ、ランチア、セアトなど、統計数字の中に日本では見たこともない自動車もあった。当時ホンダは瀕死状態のローバーとの提携を欧州市場への足掛かりにしようとしていた。私はローバー向けにホンダとの共同開発のローバー200、400シリーズと800シリーズ用のV6エンジンと部品をせっせと手配していたのだが、ローバーは一九九四年に突然BMW傘下となって、その提携関係は呆気なく終わってしまう。

欧州では、需要特性と供給の棲み分けで、各国の自動車会社が共存しているように見えたのだが、一九八〇年代に英国の自動車産業はみるみるうちに衰退して、ローバー、MG、ジャガー、ランドローバー、ベントレー、ロールスロイス、ロータスなど、やがてその殆どがブランドとして購われ外国資本のものとなった。それとは対象的にドイツの自動車産業は成長拡大して、他国のブランドを買い求め、英国からミニ、ロールスロイス、ベントレー、スペインのセアト、イタリアのランボルギーニ、チェコのシュコダ、フランスのブガッティまで手中におさめた。

ブガッティは一九八七年にイタリア人実業家によって超高級車として復興され、その後フォルクスワーゲングループがその商標権を買い取り、一九九八年にフランスのモルスハイム近郊に本社を構えてブガッティ・オトモビル（Bugatti Automobiles S.A.S.）を設立した。その隣接地に工場も建設して、フォルクスワーゲングループの旗艦車種として二〇〇五年からブガッティ・ベイロンの生産及び販売が開始された。

ブガッティは、イタリア人エットーレ・ブガッティが、一九〇九年に当時ドイツ領であったアルザス地方モルスハイムで設立した自動車会社で、エットーレの設計した自動車は、イタリアのシシリー島でのタルガ・フローリオで一九二五年から四年連続優勝をし、フランスグランプリにおいても、一九二六年、一九二八年、一九二九年、一九三一年に優勝、さらに一九二九年から開催されているモナコ・グランプリで三年連続優勝するなど、圧倒的な高性能を発揮した。累計生産台数は1000台ほどで、エットーレの死後一九五〇年代に消滅して、欧州自動車史における伝説的存在となった。フォルクスワーゲングループ傘下で蘇ったブガッティが発売したブガッティ・ヴェイロン16・4は、V型8気筒を連結したW16に4基のターボチャージャーを備えた排気量8リットル、1001馬力のエンジンを搭載して、最高速度407km／hの性能を発揮するスーパー・カーである。日本の正規発売代理店であるニコル・レーシング・ジャパンから発売された車両価格は1億6300万円（税込）であった。このブガッティ・ヴェイロンは300台が生産され、その後いくつかの異なる仕様が開発されている。二〇一〇年八月に発表されたスーパースポーツ（Super Sport）は、最高出力1200PS、最大トルク153kg・mで、市販車としての最高速度431・972km／hを記録している。30台程度の限定生産で、日本国内での販売価格は2億8900万円であった。

超高級車ばかりではない。ドイツ自動車企業の果敢なブランド戦略は大いに成功して、メルセデス、BMW、それにアウディまでもプレミアムと称して小型車を投入し、国境を越えてじわじわとフランスに迫るのである。フランスはヨーロッパの中心ではないか。フェラーリやポルシェならまだしも、かつては共存していたはずのドイツの自動車に、小型車まで譲るわけにはいかないだろう。それにプレミアムと称するものならフランス人の得意とするところである。DSの果たすべき役割は大きい。

一九八〇年代半ばに広まった「ブランド」という言葉

いつであったか、さる外資系企業の設立周年記念パーティに招待され、義理があってひとりで出席はしたものの、その都内の高級ホテルの大広間に集う大勢の人々のなかに見知った顔はなく、主催者に挨拶を済ませて早々に退散しようと思いながらあたりを見回していると、たまたま上背のある白人の中年男性と目が合って、日本人同士ではなかなかそうはいかないのだけれども、西洋人と仕事をしてきた習い性でこちらから頷くように軽く笑顔を見せるとはたして話しかけられた。

互いに名前を名乗り握手をすると、彼は私の胸に付けた名刺を屈みこむように見て、

「プジョー、シトロエン……」と声に出して読み、意味深な笑みを浮かべた。

「実は、私の父はシトロエンの熱烈な愛好者でした」

年齢は私と変わらぬくらいのようだから、父親の愛車はおそらくDSだったのだろう。あるいはSMか、2CVもありえるなどと思いながら、国籍を尋ねるとオランダ人だという。どうりで背が高く、見上げて話さなければならないわけだ。

「オランダでシトロエン愛好者とは、有難いことです」

オランダでは一般的にはドイツ車を贔屓にするのだろうと思いそう言うと、彼は愉快そうに笑った。

「で、あなたご自身のお好きなクルマは?」

彼は前かがみになって、内緒話でもするように声をひそめて言った。

「実はイタリア車が好きなのですよ」

私は思わず笑った。

「なるほど、悪くありませんね。女性とクルマの趣味は父親の影響を受けるものなのかもしれませんね」

彼は声をあげて笑うと、上等な仕立てのスーツの内ポケットから名刺を取り出して差し出した。

「日本でフランス車を売るのは、なかなか大変でしょう」

「ご存じの如く日本は自動車大国ですからね。日本の自動車市場の規模は年間約500万台、そのうち200万台近くが軽自動車で、軽自動車はご存じでしょうか」

知っている、と彼は言った。軽自動車のことを知る外国人は、余程日本に詳しいか、あるいは自動車関係の仕事をしているか、である。

「プジョーもシトロエンも大衆車ですからね。日本では、むしろ輸入高級車の方が売り易い」

彼が私のパネライの腕時計に目をとめた。

「自動車だけではなく、腕時計もそうです。日本は世界最大の腕時計のムーブメントの生産国です。シチズン、カシオ、セイコーが腕時計を大量生産する一方で、日本は高級腕時計の輸入大国でもある。ロレックス、パテックフィリップ、ブランパン、フランクミューラー、オーデマ・ピゲ、など、日本での高級腕時計の人気は大変なものです。オートバイもそうです。ホンダ、ヤマハ、スズキ、カワサキがオートバイを大量生産する一方で、高級オートバイの市場の半分はハーレー・ダビッドソンで、BMW、ドゥカティ、トライアンフなどがそのまた半分で、その残りが日本の高級オートバイです。高級オーディオにも、高級家具にもその傾向はあって……」

私は日本の製造業の特質と日本市場の特殊性について、日本の経済事情に詳しそうな彼の意見を聞きたかったのだが、話が発展しなかったのでその後しばし歓談をして別れた。実のところ、この話題を持ち出して人の関心を得ることはあまりないのだが、私はかねてから、日本人には何故輸入高級品を好む傾向があるのか、と疑問を持っている。自動車、オートバイ、時計、オーディオなどの生産大国でありながら、日本人は何故日本製品では満足しないのか、と不審に思うのである。他にも、洋服、ネクタイ、靴、バッグ、眼鏡、ベルト、食器、掃除機にフライパンまで、高級品になればなるほど、西洋諸国に偏在する、いつの頃からかブランド品と呼ぶようになったそうしたものに、何故我々は高い対価を払うのであろうか。例えばエルメスやルイ・ヴィトンのバッグの、いわゆるブランド品なるもののその正体について考えてみるのだ。そして日本製品の高級ブランド化を阻むものは何か、と訝しむのである。

ブランドなる言葉が日本で広まったのは、米国でマーケティング論の一環としてブランド論が展開されたその影響で、一九八〇年代の半ば頃のことである。マーケティング論において、ブランド・ロイヤルティ、ブランド認知、知覚品質、ブランド連想、その他特許、商標、流通チャネルのブランド資産などが、例えばエルメスやヴィトンのようなブランドを築き上げる為のマーケティング理論として体系化された。しかし米国式のそうしたブランド理論が体系化される以前から、大西洋を挟んだ欧州には「ブランド」が、例えばエルメスやルイ・ヴィトン、ポルシェやフェラーリは「ブランド」としてあった。

この「ブランド」という表現は外来語好きの日本人に受けて、例えば「これは大間ブランドの鮪だから」とか、「ブランド米」とか「ブランド肉」に「ブランド野菜」などと、なんでもかんでもブランド呼ばわりされるようになった。それは「定評と人気があって、なにかしら有難いもの」という程のことを意味していて、日本人の会話の特徴でもあるのだが、説明を省略して言葉を節約するのにも役立っている。しかし概念的な外来語は日本語としてなかなか根付かないから、手垢がつくとそういうブランドの使い方はいずれ飽きられ、廃れてしまうのかもしれない。

「定評と人気があってなにかしら有難いもの」という括りは、ブランドの一面ではあるに違いないがブランドを説明するには不十分である。本質的な意味でのブランドにおいては、ブランドを示す標章の持つ意味と価値が、その商品やサービスそのものよりも上位になければならない。例えばエルメスやルイ・ヴィトンの商標は、個々の商品の意味と価値を上回る。ロレックスの商標の持つ意味と価値は、個々の商品としての時計の機能と価格を上回るし、シャネルの商標の持つ意味と価値は、その香水の香りと価格を上回るのである。

ブランドにとってマーケティング理論の実践は重要ではあるが、それはブランドの構築の為の必要条件であって十分条件ではない。ポートフォリオ分析で競合との徹底した差別化をして、いくら性能のいい製品を開発しようが、いくら広告宣伝をしようが、いくら大量に売ろうが、あるいは売り惜しみをしようが、それでブランドができるわけではない。ブランドの正体は、ある社会の価値あるいは価値観を具現化、商品化したものであり、それに対する人々の共感の度合いがその価値となる。米国式のマーケティング活動を、いくら積み重ねても、それでブランドが成立するわけではないのだ。

如何なる企業にもその企業の生まれ育った社会そして国があり、その企業組織にはその社会の在りようが映され、性格づけられるし、企業と組織の在りようとその特質は、その商品とサービスに現れる。ブランドは、企業とその企業組織を育む社会の、世代を超えて受け継がれる大切な価値観を、具体的な商品とサービスに変換するその活動の累積なのである。グローバリゼーションの幻想に囚われると見失いがちになるけれども、企業とその組織を育む社会が土壌となって、その社会の地域性が強ければ強いほどブランドは育つのである。その意味において、ブランドの本質は経済的事象ではなく、社会的もしくは文化的事象なのである。

米国の文化的影響力が低下しつつある今日、米国発のブランドが色褪せてしまうのは自然の成り行きであろう。例えば米国を代表するブランド（と米国人なら言うに違いない）マクドナルド・ハンバーガー、ケンタッキー・フライドチキン、コカ・コーラなどは、いずれも日本人の生活に深く浸透してこそいるが、いまも日本人にとってブランドとしてあるだろうか。マクドナルドやケンタッキーやコカ・コーラに「誰かが大切にしている何か」を感じて、それに共感するだろうか。日本人の生活の欧米化にもその要因があるに違いないが、どれももうアメリカ的ですらなく、食欲を満たす為の手軽な選択肢のひとつとなって、その選択は宣伝広告や販売促進によって大きく左右されるはずだが、その代わりはコンビニ弁当やペットボトルのお茶でいいかもしれないし、もっと別の何かでもいいかもしれない。米国の文化的影響力が低下してもなお、例えば開拓精神の宿るリーバイスのジーンズや、自由と解放感に誇るが如きハーレー・ダビッドソンのオートバイは、アメリカの大切な価値観が凝縮されたブランドとして今日もある。商業的成功とブランドの価値は別次元のものなのだ。

逆説的に言えば、例えば中国企業が中国社会の価値観を商品化して、如何に莫大な資金を投入してマーケティング活動を累積しようと、日本でその存在がブランドとして成立することなど到底あり得ない。現代やサムスン電子などの韓国を代表する企業でさえ、日本市場ではそれぞれのブランドの浸透をはかろうとして往生するのだから、中国企業が何をしようが「ブランド」は無理である。韓国のテレビドラマ、映画、音楽、食べ物は人気があって、韓国文化に対する受容性はむしろ高いはずなのに、韓国の自動車や電化製品は受け入れない。日本はそういう国なのだ。有り余る程の国産品に囲まれて暮らしている日本人が敢えて輸入品を買うのには何かがあって、韓国の自動車や電化製品にはその何かが足りない。それがブランドである。

私はかつて現代自動車の日本支社で働いていた韓国人から、日本で現代自動車を売るその奮闘の物語を、彼の行きつけだという赤坂の韓国料理店で聞いたことがある。私と同年代の彼は、日本駐在となってから独学で学んだという流暢な日本語で、韓国社会の競争の激しさ、現代自動車での社内の派閥抗争や激務ぶりを、その根底にある強い愛社精神を滲ませながら熱く語った。私が知り合ったときの彼はすでに現代自動車を辞めて別の仕事をしていたのだが、それでも彼の現代自動車への愛着と誇りの高さに、現代自動車躍進の原動力を確認するようであった。そうした遮二無二な組織的奮闘が、それはブランド価値を形成するものではないけれども、現代自動車の驚異的な成長を支えてきたに違いない。

エルメスやルイ・ヴィトン、シャネルにディオールなどのブランドが、フランスの服飾文化を象徴する存在となっているのは、企業個々のマーケティング活動もさることながら、その集合的な活動として「パリ・コレクション」によって、その価値が社会的に認められ、権威付けされているからでもある。日本では一般的にパリコレ（仏：semaine de la mode à Paris, 英：Paris Fashion Week）の名で知られるこの世界最大のファッションショーは、二十世紀初め頃に世界最高級の注文服（オートクチュール）を誂える場として始まり、一九六〇年代から既製服（プレタポルテ）発表の場となってその影響力を高めつつ今日に至って、そうしたブランドを権威付ける社会的装置となった。「プレタポルテ」は三月と十月にそれぞれ秋冬と春夏のコレクションに分けて開催され、「オートクチュール」は一月と七月に開催されるが、この期間パリのホテルは軒並み満室になり値段が高騰する。エルメス、ルイ・ヴィトン、その他の高級ブランドが主役として、世界各国の報道関係者、著名人有名人を前にそこで新しい作品を発表するのである。

そうした権威装置が欧州の服飾品、時計、自動車などの、ブランドの価値を高めるのに大きな役割を果たしている。高級腕時計には、スイスで毎年開催されるバーゼルフェア（BASELWORLD Watch and Jewellery Show）やジュネーブフェアSIHH（国際高級時計サロン Salon International Haute Horlogerie）が権威装置となるし、自動車には、ジュネーブ、フランクフルト、パリで開催されるモーターショーに加えて、フォーミュラ・ワン、ルマン、ダカールなどのレース活動が権威装置としてある。また欧州各国の王室が、意図的であるかどうかは別として、特定ブランドの権威装置となることもある。モナコのグレース王妃、英王室のダイアナ妃やキャサリン妃の、その身に纏われる服飾品は世界中から注目を浴びて、日本的に言うなら宮内庁御用達となって箔がつく。メルセデスを愛用するダイアナ妃に、何故ジャガーに乗らないのかとエリザベス女王が苦言を呈したとか、というようなことまで話題になるのである。フランス人は平等と自由の為に王室を廃止してしまったけれども、その社会には権威装置が充実しており、その装置が大事に維持されている。パリコレ、パリサロン、カンヌ映画祭、ミシュラン・ガイドブック、ワインやチーズの為のＡＯＣ（原産地呼称統制 Appellation d'Origine Contrôlée）、料理人などの優れた職人を認定するＭＯＦ（国家最優秀職人賞、Meilleur Ouvrier de France）、エリートを養成するグランゼコール、さらにスーパーエリートを養成するエナ（ENA フランス国立行政学院 École Nationale d' Administration）、万国博覧会を始めたのもフランスだし、世界遺産を決めるユネスコ本部もパリにある。フランス社会の価値観は多様で、そして時代とともに価値観は変わるから、社会の秩序と安定の為のある定まった価値観が必要で、その価値観を定める為に権威付けが必要なのかもしれない。

国産品の高級ブランド化を阻むもの

人間は社会が安定的であることを求めるけれども、安定した社会は排他的な傾向が強くなるせいか、ブランドには不変的そして排他的な価値が求められる。不変性と排他性が強ければ強いほど、そのブランドの価値は高まる傾向にある。私は一般的な日本人のひとりとして、正月には神社へ初詣に行き、彼岸と盆には仏式の墓参をする神仏混淆の緩やかな宗教観で世界を眺めるから、イスラム教やキリスト教など一神教の排他的な在り方を理解するのに困難を感じるのだが、不変的で排他的なブランドの在り方は一神教に似ているように思われる。ブランドはその存在を自ら主張すること恰も一神教の神の如くで、不変的かつ永続的、そして排他的である。

ブランドにとって歴史に意味があるのは、時間がその不変的な価値を証明するからである。先端技術や技術革新は、不変的な価値に矛盾するから、本来ブランドとは相容れないものである。それでもアップルやソニーがブランドとしてあるのは、技術そのものではなく、技術を感動に置き換える画期的な商品の、やがて必然的に陳腐化するその商品をさらに上回る画期的な新商品の、連続的投入によるものである。しかし、電子工学の先端技術を追いかければ追いかけるほど、その連続性は危ういものとなる。そもそも電子技術はその実体が目に見えないのだから、そこに審美的な価値はない。電化製品は電気が流れなければただの箱である。

機械技術には見て触って確かめられる実体があるから、その形状には審美的な価値が生まれる。高性能の電子時計と精巧な機械時計の違いは、その審美的な価値である。電気自動車は自動車の未来を示しているが、果たしてそれが自動車のブランドとなるだろうか。

腕時計、バッグ、服、靴、化粧品などに、ブランド価値が強く働く傾向があるのは、その排他的な特性によるものである。腕時計もバッグも、自宅に何個所有していても、出かけるときには1個だけで十分である。ワードローブに何着あろうが、上着は1着しか身に纏わないし、靴は1足しか履けない。複数所有することはできても、使うときは選ばなければならない。自動車も、何台持っていようが、運転できるのは1台だけである。

ところで、日本ではプジョーの獅子の標章を襟章（ピン・バッジ）にして上着に付けるが、私がパリの本社で上着に襟章を付けていると、稀に視線を感じることがある。向こうではそんなことはしないから珍しいのだ

日本人の社員は襟章を付ける。販売店のセールスマンも襟章を付けるし、販社の経営者も、プジョーの販売店会議にはその襟章を付けて参加する。プジョーだけではなく、シトロエンもそうだし、フォルクスワーゲンでも、他のブランドでも日本ではそうしている、と、私が説明すると、「ふうむ、それもありかな」と理解は示すものの、彼らはそうしない。

襟章は屋号、商号、家紋などのいわゆる「暖簾」と同じ性質のものである。暖簾は商人などの事業の当事者を示すもので、その当事者が羽織や印半纏、徽章などにして身に纏う。暖簾は商売柄とその信用の印となるからブランドに似ているが、ブランドは事業主から独立した観念的な価値であって、その身分を示すものではない。ブランド品に自己表現を託しがちな日本人と、ブランド品を従属物と割り切るフランス人との違いである。

企業にはその社会の在りようが映されるし、企業と組織の在りようは、その商品とサービスに現れる。ブランドは、企業とその企業組織を育む社会の、世代を超えて受け継がれる大切な価値観を、具体的な商品とサービスに変換するその活動の累積である。高級ブランドを生み出す社会にはそれを育む、成熟した

文化の香りを放つ社会の階層がある。高級ブランドを生み出す社会は、要するに階級社会なのである。

ブランドから見れば、企業も組織も人もそのブランドの為に働き、ブランドに仕えるのだが、日本企業においては組織と人と、そしてブランドが意識的にはむしろ一体となる。日本企業においてブランドは商標であるとともに、その企業集団とそれに属する人の身分を示しもする。それが集団的な努力と成果を尊重する日本企業の特質なのだ。日本人は、家でも学校でも企業でも、集団的な努力と成果を尊重して、均一的で同質的な社会の形成を志向してきたのである。戦後の高度経済成長を一億総中流化などと自虐的気味に総括しつつも、そうして豊かな社会を築いてきたのだ。自動車からオートバイ、時計、バッグ、靴、スーツまで、国産品の高級ブランド化を阻むのは、それが均一で同質な社会を志向する価値観に相反するからではないか。日本でのレクサスの展開に何か据わりの悪さのようなものを感じるのは、同質性と均質性を志向する日本社会において、むしろ社会の階層分類を促進するかのようなその在り方のせいではないか。国産品の高級ブランド化をはかるよりも、その潜在的な需要を舶来品で満たすことが、実は均質的な社会の秩序を保つ為の日本社会の暗黙知なのではないだろうか。

若者とクルマ

「若者がクルマに興味をもたなくなった」と、いつ頃からか業界関係者が呟くようになった。昔に比べれば、クルマもクルマ雑誌も売れなくなって、クルマと若者の熱い関係が確かめられなくなったのである。

一九八〇年代、バブル景気の真っ盛りの頃の若者はクルマに夢中で、カローラレビン、スプリンタートレノ、MR2、セリカ、スカイライン、シルビア、スタリオン、プレリュード、インテグラ、RX－7などの「走り」と「格好」のいいクルマを、安アパートに住みながら無理をしてでも買ったのである。東京では金持ちの馬鹿息子がBMW3シリーズをナンパ目的で乗り回して「六本木のカローラ」と、揶揄され、高級車慣れした女子がベンツ190（W201）を「小ベンツ」などと生意気な呼び方をする歪な時代でもあった。

しかしそれよりも昔、私が高校生だった頃には、まだ免許もないのにクルマに詳しいのがいたし、大学でいつもクルマの話ばかりしているのも何人かいた。通りを走るクルマを見て「お、あれはDOHC、ターボチャージャー付きだな」と思わず口走り、そのくせ「クルマの話ばかりしていると、頭が悪そうに見えるらしい」と気にするのである。一九七〇年代から八〇年代にかけて、日本の自動車市場は歴史的な発展期にあったに違いない。バブルの頃のような熱狂的な雰囲気はなくなってしまったけれども、クルマ好きの若者はいまでもいるし、興味があるから鈴鹿サーキットや、東京モーターショーに集まるのである。変わってしまったのは若者ではなく時代なのだ。

クルマ選びには、自分がどう見えるか、見られるか、家族や周囲の意見を尊重しての選択と、自分が気に入っていれば周りがどう言おうが、例え家族や恋人に反対されても断固として譲らない、という、あくまで自己中心的な選択、の二通りの選び方があって、それは昔も今も変わらない。実際にはその両極のどこか間をとって選ぶことになるわけだが、クルマの選択にはその人の生き方と考え方が反映されることになる。ふたり乗りのクーペと7人乗りのミニバンでは、人生に対する考え方も生き方も異なるのだ。

もしあなたがクルマ選びで迷っているとしたら、まだ若いのに、クルマには興味が持てない、などと思っているとしたら、一度きちんとクルマに向き合ってみることをお勧めする。クルマにひとり、音楽をかけたり携帯電話で話したりせず、どこか遠くまで走ってみるのである。北は北海道から南は九州、沖縄まで、日本列島には立派な道路網がはりめぐらされている。海を眺めるのもいいし、山を仰ぎ見るのもいい。風を感じるのもいいし、光を浴びるのもいい。どこか景色のいいところを黙々と走るのである。そうして走りながら、あなたは自分自身に問いかける。「自分は何を求めているのか」と、ステアリングを握ったあなたは自問自答しつつ、やがてクルマに求めるものを見つけるであろう。

「いったい自分は何を求めているのだろうか」

そして走るうちに、ひょっとすると人生に求めるものが見つかるかもしれない。

第二章　度重なる転職とその経緯について

日本の自動車メーカーから外資系メーカーへの転職

転職をして外資系企業で働くようになると、日本の企業組織につきものの身体に纏わりつくような人間関係のしがらみと、その人間関係に対処する煩雑さからは解放されるものの、自分の立ち位置に何かしら漠然とした不安を感じることがある。その不安の原因は、経営方針や事業の継続性、人事制度などという具体的に議論できる性質のものではなく、情緒的で曖昧だけれども決してないがしろにはできない何かで、譬えていうとアナログのLPレコードからデジタルディスクに変わったときの、音質はむしろ良くなっているはずなのに何かを犠牲にしてしまったよう感覚や、パンばかりで米を食わずに過ごしているときの物足りなさ、蒲団とベッド、あるいは旅館とホテルの違い、というような相対的な経験から感じるもののようで、始めから外資系企業で働いていれば感じなくてもすむことなのかもしれない。

私は一九八二年、昭和五十七年に学卒の定期採用でホンダこと本田技研工業に入社したが、当時自動車業界はもとより一般的にも外資系企業を志望する学生はほとんどいなかったし、自動車について言えば外資系企業の日本法人すらなく、輸入車はヤナセに代表される輸入代理店のいわば特殊な業界であった。

外資系企業の日本市場への進出は、一九八五年のプラザ合意で円の対米ドルの為替レートが235円からその一年後に120円まで急騰したことで活発になる。プラザ合意は、一九八五年九月二十二日のニューヨークのプラザホテルで行われた、日米英独仏先進5カ国による為替レートに関する合意で、米国が対日貿易赤字を是正する為に、円高ドル安に誘導し輸出競争力を高めることを目的としたものであった。急速な円高のせいで日本企業の輸出は減速して、労働力の安い海外への生産移転が促進された。製造業の国内空洞化が懸念されたけれども実際にはそうならず、円高不況の懸念から日銀が実施した金利の低下施策と大幅な金融緩和で株式や不動産への投機が加速され、後にバブルと呼ばれる空前の好景気が日本に訪れる。日本企業は強い円で米国資産を次々に買うようになり、一般の海外旅行者も大幅に増えた。一方で外資系企業にとっては、日本での稼ぎはドル換算するとそれ以前の倍になるから日本は俄然魅力的な市場となり、欧米からの出張者や駐在員が増えて、この頃から東京の地下鉄や通勤電車で、スーツ姿の外国人（米欧系白人）を見かけるようになった。

このバブル景気に乗って、日本の輸入車市場は急速に拡大する。一九八〇年と一九九〇年の輸入車の登録台数をおもだったブランド順に拾ってみると、アウディ　3803台→1万6691台、BMW　3187台→3万6527台、シトロエン　693台→6117台、フェラーリ　48台→447台、ジャガー　536台→3547台、メルセデス・ベンツ　3887台→3万8985台、プジョー　126台→

5414台、ポルシェ　855台↓4589台、フォルクスワーゲン　1万4002台↓3万6976台、輸入車全体では八〇年に5万台であったのが、九〇年には22万台と大幅に増えた。輸入車市場ばかりではなく、日本の自動車市場全体が一九八〇年に500万台であったものが、一九九〇年には777万台まで、それこそ泡のように膨らんだ。言ってしまえばなんでも売れたのである。その後、日本の自動車市場は二〇〇〇年に596万台、そして二〇一〇年には495万台へと、八〇年当時の水準に落ちている。今後長期的には、日本の自動車市場は人口減少によって確実に、しかも大幅に縮小していくことを覚悟しておかなければならない。二〇一二年現在1億2800万人の日本の人口が、五十年後には三分の二の8000万人になると予測されているのだから、人口が減れば当然のことながら自動車の台数も減る。こればかりは自動車会社の如何なる努力をもってしても防ぎようがない。

ドイツ系自動車メーカーの日本法人の設立は、BMWが一九八一（昭和五十六）年、フォルクスワーゲンが一九八三（昭和五十八）年、メルセデス・ベンツは一九八六（昭和六十一）年で、この3社は日本での事業規模が比較的に大きく、300名から400名の社員がいて、学卒新規採用もしているが、多くは中途採用である。

プジョー・ジャポンは一九八九（平成元）年にフランス企業PSAプジョー・シトロエが当時プジョーを販売していた鈴木自動車とローバー・ジャパンとの3社合弁で設立した会社で、二〇〇〇年にPSAの100%の子会社となり、その後二〇〇八年にシトロエン・ジャポンを吸収合併してプジョー・シトロエン・ジャポンとなった。企業としてのプジョーは、フランスではペ・エス・ア（PSA Peugeot Societe Anonime）という通り名で、欧州においてはフォルクスワーゲン・グループにつぐ第二位の規模の自動車会社であり、二百年にわたる歴史を持つフランスの代表的な企業のひとつである。シトロエンは一九一九年にアンドレ・シトロエンが設立した自動車会社で、一九七六年にPSAに吸収合併されてからも、その歴史を継承しつつ独立したブランドとして事業を展開しており、PSAは各国でプジョーとシトロエンとそれぞれに独立法人をもって事業を展開しているが、日本では二〇〇八年にひとつに統合して二つのブランドを取り扱うようになった。学卒定期採用の実績はなく、約100名の社員は全員中途採用である。

一九九〇年代半ばまでは、日本の自動車メーカーを辞めて外資系の自動車メーカーで働こうなどという人はあまりいなかったから、日本企業から人材を引き抜こうとすると好条件を出さなければならなかった。自動車業界に限らずかつては一般的にその傾向があって、同じ業界内では日本企業よりも外資系企業の給与水準のほうが高かった。そもそも安定志向があって大企業に入社しているわけだから、給料が高くてもすぐ首にされるのではかなわない、と外資系企業への転職に不安を抱える向きもあるが、外資系だからというだけで簡単に解雇できるわけがないし、いまどきは外資系だからといって給料が格別にいいわけでもない。バブル崩壊後の九〇年半ばから日本企業の大規模な人員削減で人材の流動性が高まり、日本国内での「賃金内外格差」は縮まっている。しかしながら自動車業界に限って言えば、外資系自動車メーカーの日本法人では、セールス、マーケティング、それにアフターセールスなどのごく限られた分野での需要があるに過ぎず、研究開発から生産にいたるまでの自動車メーカーとしての広範囲な職種の受け皿にはなりえないから、日本の自動車メーカーから外資の自動車メーカーへの転職はごく限られる。外資系企業における離職率が高いのは経験則からして多分に事実だけれども、ろくに仕事もしないで会社に文句ばかり言っている社員ほど安定志向が強く会社にしがみつくという傾向も、経験則としてはある。

ホンダで得た暗黙知

ＰＳＡの日本法人では私が初めての日本人社長であるが、アメリカ、ドイツ系自動車メーカーは早くから日本人を社長として登用しており、ホンダ出身者だけでもフォードの岩国顥二さん、ポルシェの黒坂登志明さん、フォルクスワーゲンとＧＭの日本法人社長を歴任した佐藤満さん、佐藤さんの後にフォルクスワーゲン・グループ・ジャパンの梅野勉さんの例がある。外資系自動車日本法人の社長は外国人が務めることもあれば日本人が務めることもあるが、メルセデス・ベンツ日本では二〇一三年に上野金太郎さんが日本人として初めて社長になった。上野金太郎さんは、一九八七年に早稲田大学を卒業と同時にメルセデス・ベンツ日本に学卒一期生として入社した、輸入車業界で初めての生え抜きの社長である。

岩国さんはフォードからさらに転身して、三菱自動車の代表取締役副社長に就任され、当時輸入車業界にいたホンダ出身者で祝おうと、ポルシェの黒坂さん、ＢＭＷの専務取締役であった毛塚敏郎さん、フォルクスワーゲンの梅野さんと、梅野さんの下で営業部長を務めていた私が幹事となって祝宴会を催したことがある。競合他社との話題にはある程度の抑制が必要ではあるものの、その場に醸し出される雰囲気は例えば旧知の友人同士の集まりや、親戚同士の集まりや同窓会などのそれに似た紐帯を感じさせるものであった。ホンダという企業はその企業文化と価値観が個々人のレベルまで深くよく浸透しているから、ホンダの人々が集まればおのずと醸し出される組織的な嗜好と雰囲気があって、たとえホンダを辞めたからといってそう簡単に変えられる性質のものではない。その組織的な嗜好と雰囲気は、本田宗一郎と藤澤武夫の成功の物語とその後歴史、経営哲学、社是、運営方針、組織体制、製品、などといった形式知化されたものを共有することだけではなく、「ホンダ」という膨大な量の暗黙知 -Tacit Knowledge- を共有することに根差したもので、そのホンダ的な雰囲気の小宴会で、私は料理の注文と酒の進み具合などに気を配りつつ、諸先輩方の話の聞き役に回る一方で、たまに質問を向けられれば手短に答える、という作法を取ったけれども、それはホンダで得た暗黙知の私なりの暗示的 -implicit- な実践でもあった。大切なのは、その場の雰囲気に馴染む作法かどうか、である。それは「もてなし」や「気配り」あるいは「間合い」といった日本特有の接客文化につながる、マニュアル化することのできない暗黙知の領域である。

会議と会食は似て非なるものだけれども、ホンダではいずれの席においても積極的に発言することが奨励され、その為の工夫と仕組みが周到に用意されていた。「さんづけ運動」などというのは分かり易い例で、社内では役職の隔てなく「さんづけ」で呼ぶことを励行していたし、役員は個室を持つことなく大部屋で机を並べていた。会議体として有名な「ワイガヤ」もある。「ワイガヤ」は、ある課題について数名で自由に討議をするホンダ流のブレーンストーミングをオノマトペックに名付けたもので、これは日常的に行われていた。創業期から発展期にかけてのホンダでは、本田宗一郎の天才的な創造性を組織的なそれへと移行しなければならず、集団活動における個々の能力を最大限に引き出す為のさまざまな工夫が試みられ、ワイガヤもそのひとつであったといわれる。

組織的な趣味嗜好や雰囲気は日本企業に限らず、例えばドイツ企業としてのフォルクスワーゲンにもフランス企業としてのプジョーにも色濃くあるが、日本企業にはそれを組織的紐帯として積極的に醸成しようとする仕組みと活動がある。例えば入社式、朝礼、終礼、歓送迎会、忘年会、新年会、社員旅行、運動会などである。日本企業での仕事の仕方と外資系企業での仕事の仕方にはそのあたり違いがあって、日本企業ならばその組織的紐帯を探り当てて自分もそこに連なればおのずと仕事もついてくるものだが、外資系企業では先に仕事があって結果として紐帯らしきものが確認されるのであって、その後先を間違うとおかしなことになる。

欧州の自動車メーカーでは国境と国籍に拘らずに仕事をする人がめずらしくない。一九九三年から二〇〇五年までプジョー・ジャポンの社長を務めたリチャード・マレーさんは英国系の南アフリカ人、アウディ・ジャパンの初代社長を務めたヨハン・ダナイソンさんもオランダ系の南アフリカ人で、日本で仕事をした後アメリカでアウディの統括責任者として働き、その後、日産のインフィニティブランドの統括責任者となってさらにGMに転じた。同じくアウディ・ジャパンの社長であったドミニク・ベッシュさんはフランス人だし、イギリス人のピーター・ノッカーさんは、BMWジャパンの社長として来日してフォルクスワーゲン・グループ・ジャパンの社長になった。ドイツ人のステファン・ヤコビーさんは、フォルクスワーゲンから欧州三菱自動車の社長になり、フォルクスワーゲンに復帰して北米アメリカ市場の責任者になってさらに転職をしてスウェーデンでボルボカーズの社長になった。私がフォルクスワーゲン・グループ・ジャパンに就職するときに、梅野さんと一緒に面接をして採用を決めてくれたのはこの人で、理由はわからないがその後ボルボカーズの社長を辞めてしまった。

欧州の自動車メーカー数社を渡り歩いたある人物が、ダイムラー・ベンツから転職をしてPSA本社の然るべき役職についたとき、メルセデスの関係者に「うちを辞めたと思ったらそっちへ行きましたか、そりゃあ大変だ」などと言われた。仕事の指示が細かすぎるうえに高圧的だと、PSA社内でもあまり評判が芳しくなく、私は直接顔を合わせる機会もないままに数年後に辞めてしまったが、この人はルクセンブルグ人であった。PSAの管理職のなかにはドイツ人もいるし、イタリア人、スペイン人もいる。フランスのどの新聞であったか、大学生を対象とした就職人気企業の調査結果が記事として掲載され、そこにドイツ企業の名前がいくつもあるのを見て、なるほど彼らにとって国境と言語はさほど就職の障害にはならないものか、と思ったことがある。国境と言語そして文化の違いを、尊重はしても障壁にしないという欧州連合の基本精神と長い歴史の努力が実りつつあるのかもしれない。

欧米の自動車メーカーに就職して外国で働く日本人は、デザイナーやエンジニア、生産管理や品質管理といった専門職種にはあっても、上級管理職や経営者として働く例はまだ見ない。それは例えば私がプジョー・ポーランドの社長や、フォルクスワーゲン・フランスの社長、あるいは本社の役員として働くというようなことだが、仮にそういう仕事が自分にできるだろうかと考えてみると、自分の前に二重にも三重にも立ちはだかるだろう障害がまず想像されて、その困難に敢えて挑戦するというのは話として面白いが、およそ現実的ではなくなってしまう。私よりもその仕事に適した人材が、ポーランド人、ドイツ人、フランス人のなかにいくらでもいるはずで、あるいはイギリス人でもイタリア人でもベルギー人でもいいかもしれないが、日本人であることとの必然性や利点がなにも見いだせない。西欧企業の国籍と言語の違いを超えて西欧の白人社会で共有されている社会性の広がりと奥行きの深さは、生まれたときからその社会で育ち、教育を受け、社会経験を積んでいれば別として、日本人には測り知れない奥行きがあるもので、外国人にとって日本企業の組織の奥行きを共有することが困難であることと変わりない。その社会性を共有せずして大企業の管理職が務まるわけがなく、例えばトヨタやホンダの本社に外国人の上級管理職はいない。何年前であったかトヨタがアメリカ人を日本本社の取締役にしたので関心をもっていたところが、そのアメリカ人は短期間のうちにGMだかフォードであったか、に転職してしまったので、さもありなんと思った。ホンダでも似たようなことがあった。フォード傘下時代のマツダやルノーと資本提携をしてからの日産は別として、トヨタやホンダのような純粋な日本企業で外国人を上級管理職にするのはかなり無理がある。能力の問題ではなく、組織文化の問題である。ホンダは何事にも挑戦的な会社で、私の入社した数年後に定期採用で外国人を10人ばかり、日本人の学卒と同じ扱いで採用したことがあったけれども、数年後にはほとんどが辞めてしまった。

かつてホンダの副社長であった入交昭一郎さんは、GMの上級副社長に就任する寸前で、当時ボストン・コンサルティング・グループの代表取締役社長であった堀紘一さんから、「そんなところへいったって白人社会で使い捨てにされるに決まっている、絶対にいくべきじゃない」と説得されて思いとどまった。

ホンダでの入交さんの立場、GMとの交渉経緯、最終的にホンダを辞めてセガへ転職するまでの一連の出来事は、『ホンダ神話』（佐藤正明著　文藝春秋）に詳しく書かれているが、その真偽のほどについて、あるいはそこに書かれていないことについて、私は入交さんに何も訊いたことがないし、話題にしたこともない。『ホンダ神話』を書いた佐藤さんとは、二〇〇一年の東京モーターショーに合わせて「東京国際自動車会議」を開催する為に何度となく打ち合わせをしたが、佐藤さんは「入交昭一郎がGMで仕事をするのを見たかった」と言っていた。

輸入車業界で働くそもそもの発端

私はホンダを辞めて、転職を繰り返して輸入車業界で働くようになったのだが、そもそもの事の発端はその入交さんにある。

入交さんは一九六三年、昭和三十八年に東京大学工学部航空学科を卒業してホンダに入社し、エンジン設計の技術者として仕事を始めた。オートバイのロードレース世界選手権（WGP）の50ccエンジンの設計を始め、F1用、ホンダRA273V12　3000ccエンジンの設計、そして低公害エンジンとして知られるCVCCエンジンを含む市販車用エンジンの開発などで目覚ましい成果をあげ、それに加えてリーダーとしての抜きん出た資質を評価されてのことだろう、三十九歳でホンダの取締役に就任して、私がホンダに入社した一九八二年には常務取締役であった。

当時ホンダはヤマハとの間でオートバイ市場の熾烈な首位争奪戦を繰り広げており、明治通り沿いにあった原宿本社一階のショールームには毎週のようにオートバイの新商品が発表展示され、自動車もホンダ・シティの販売が絶好調であった。ショールームには賑わいがあり、社内には勢いと活気が溢れていた。オートバイの開発総責任者として指揮を執る入交さんは、社員がその名前を口にするときは畏敬の響きさえする特別な存在で、いずれ社長になる人だからと、すでに決まっていることのように喧伝されていた。社内に限らず、三十九歳で取締役になったときからホンダのプリンスとしてメディアの注目を集めており、新入社員として本社にいた私は、入交さんがナナハンに乗って現れ、革のツナギを着たまま役員室に入っていくところを何度か見かけたことがあるくらいで、新聞雑誌テレビなどでその名前や姿を見ることのほうがむしろ多かった。私にとって入交さんは遥か彼方の、雲の上の人だった。

ホンダに入社して数年が過ぎると、仕事に対する心構えを教わり、実務で鍛えられ、やがて会社と自分の将来を重ね合わせて考えるようにもなるのだが、年を追うにしたがって社内で聞こえてくる入交さんの人望は高まる一方で、その社長就任の時期を待つばかりのようでさえあった。

ところが、入交さんは社長にはならなかった。社長になったのは入交さんと同期入社の川本信彦さんで、それと同時に入交さんは副社長に就任したのだが、二年後に副社長を辞任し、さらにその翌年にはホンダを去ってしまった。そしてセガ（当時はセガ・エンタープライゼス）の副社長に就任して、再びメディアでその名前と姿を見るようになる。

その頃、私はフランス・ホンダで二年間のトレーニー勤務を終えて、ホンダの栃木営業所へ転勤になった。トレーニー制度は、北米、欧州、豪州などのホンダの現地法人に二年間駐在して、仕事を通じて海外生活の経験と語学習得をするもので、これに選ばれればよほどの間違いがないかぎり、いずれまた海外駐在をすることになる。海外市場での事業展開を成長の原動力としてきたホンダで出世していくには海外駐在経験が必須で、しかし国内営業経験もしたほうがいい、とフランス・ホンダの社長として私の上司であった毛塚さんから言われ、実際その通りにフランスから栃木営業所へ転勤となった。私はホンダで多くの上司、先輩に教えられ、鍛えられたが、今日の自分があるのはまったくもってホンダでの経験のおかげである。なかでも毛塚さんはとくに厳しかった。若かった頃の私には斜に構えた生意気なところがあって、それが態度にあらわれると毛塚さんは烈火の如く怒り、殴らんばかりにして私を叱るのであった。そしてその度に「素直になれ、謙虚であれ、そうすればおまえは必ず偉くなる」と諭され、それは心に沁みて有難かったけれども、生まれつきの性分がそう変わるものでもない。

入交さんに関する噂はいろいろとあったけれども、ホンダの組織風土は仕事本位の現実志向であって、そうした噂話に影響されるような出来事は私の知る限りほとんどなかった。私はホンダで勤続十年を過ぎて中堅社員となっていたが、トップ人事などどうでもいいことだと思っていた。経験を積んで仕事の勘所がわかるようになっていたし、将来につながる社内の人脈もあった。自分に与えられた職務を着実にこなしつつ、さらに先を見据えて鍛錬を続けていれば、いずれ大きな仕事を任されるようになるだろうし、そうすればもっと高いところからホンダの世界が目の前に広がるはずだと思っていた。

入交さんに私が初めて会ったのは、入交さんがホンダを去ってから二年後の一九九五年、平成七年七月七日のことで、フランス・ホンダの社長であり、元上司であった毛塚さんが入交さんに誘われてホンダを辞めてセガに転職をし、その毛塚さんから一緒に仕事をしないかと誘われてのことだった。ホンダを辞める気などなかったのだが、恩義のある毛塚さんに誘われたことでもあるし、入交さんに一度会ってみたいという好奇心もあって、待ち合わせ場所であった六本木のレストラン、マナハウスへ、宇都宮から新幹線でのこのこと出向いていったのがその日である。六本木のマナハウスは、二〇〇五年に閉店してしまったけれども、落ち着いた雰囲気に気配りの行き届く、大企業の経営者や著名人の利用の多い名店であった。

マナハウスで初めて対面した入交さんは、健康的な日焼けと笑顔が印象的で、健康を害してホンダの副社長を降りたというのは本当なのだろうか、と、まず思わずにいられなかった。

テーブルを挟んで入交さんと向き合い三時間ほど話をした。私は興奮していた。そのほとんどは私が質問を投げかけ、入交さんがそれに答えるというふうで、後で毛塚さんに「よくまあ、イリさんに遠慮せずにあれこれ尋ねたな、まったく、どっちが面接しているんだか、ひやひやもんだった」と呆れられたが、聞きたいことが山ほどあったのだ。入交さんは私が次から次へと繰り出す質問にひとつひとつ丁寧に答えてくれるばかりか、それに付随する知見や意見を話してくれるので、また疑問がわいてきて質問をしたくなってしまうのである。入交さんは、私の言うことをまず聞いてから、例えそれが取るに足りないことであっても軽んじることなく、それに対して自分の考えや意見を理論整然と言われ、地位も立場も知識経験も比べるべくもない私を相手に対話されるので、私は何か自分が特別扱いにされているようで、興奮しているうえに有頂天にもなっていたのだが、その後入交さんの下で働くようになってから、私が特別なのではなく入交さんが特別なのだということをつくづくと感じるのである。

毛塚さんは「イリさんの為なら俺は爆弾を抱えたままどこへでも突っ込んでいく」と言って入交さんを敬愛していたが、入交さんも、ホンダの数ある幹部社員のなかから毛塚さんを選んでセガに誘ったのであった。

「何故毛塚さんなのですか?」

と私が尋ねると、入交さんは笑って、

「毛塚君は普通の人とは違うからね。セガでの仕事は、普通では駄目なんだよ」

と言った。

「本人を前にしてそういうことをよく質問するなぁ、まったく」

と、毛塚さんは私に言いながらも嬉しそうに笑って、このとき私はふたりの間にある、絶対的な信頼関係を垣間見たような気がした。そうしてこのふたりと一緒に仕事をしたいという気持ちがこみあげてくるのを抑えきれなくなっていた。

その後、羽田のセガ本社に行き、他の役員の面接や筆記試験を受けて転職話は進むのだが、セガで仕事をしてみたいとは思うものの、ホンダを辞める決心がなかなかつかない。もともと辞めるつもりはなかったのだから、と何度も逡巡して、どうしても決断できない。いくら考えても結論がでない。セガの人事担当の役員と最後に条件面の確認をする為の面談の日時を決めた時に、やはりこの話は断ろう、毛塚さんには平身低頭詫びなければ、入交さんと仕事をしてみたかったが、などと思いながら約束の日にセガを訪れた。八月初旬の暑い日であった。

セガの人事担当役員は、おそらく私が入交さんの「案件」だということもあってやけに丁寧で、いつ断りの話を切り出そうかと間合いをみはからっていたところ、突然応接室のドアが勢いよく開いて入交さんが現れ、

「おう、来てたんだってな」

とソファに腰をおろして、

「で、いつから来るんだ?」

と笑顔で言った。

その入交さんの顔が、六本木で会ったときよりも一段と日焼けをしている、と思った。

「まだホンダに辞めると言っておりませんので、今日条件面の確認をして、それから」

と私が口ごもると、入交さんは人事担当役員に向かって聞いた。

「条件は問題ないんだろう?」

「はい」

と人事担当役員が返事をしながら、こちらを促すように見るので、

「はい」

と私もしかたなしに頷いた。するとと入交さんはすっと立ち上がり、

「じゃ、待ってるからな」

と言い残して部屋を出て行った。

仕事の道場だったセガ

一九九五年十月から二〇〇〇年八月まで私はセガで働いた。当時ビデオゲームは急成長産業で、なかでもセガはゲームセンター向けの業務用ゲーム機器の最大手で、全国各地に自社でアミューズメント施設を展開、運営していた。また家庭用ゲーム機器でも、任天堂、ソニーと市場争奪戦を繰り広げ海外市場にも事業を拡大しており、米国ではソニック・ザ・ヘッジホックをコンテンツとして家庭用ゲーム機メガ・ドライブで大成功を収めていた。

私が入社した頃のセガには、何か得体の知れない緊張感と高揚感があった。足元に感じる地熱がいずれ噴火してしまうのではないかというような、底知れない活力と可能性が感じられた。

セガを世界的企業へと躍進成長させたのは中山隼雄社長で、目覚ましい実績をあげた企業家としてのその天才的な手腕にも私は興味をもってセガで働き始めたのだが、中山社長に実際に接して、そうした興味本位の好奇心などすぐさま吹き飛んでしまった。中山さんは、徹底した実力主義と成果主義で、幹部社員の仕事に少しでも隙があろうものなら徹底的に追及し、失敗には情け容赦がなかった。中山社長に報告あるいは決裁を求めるときは、何を問われても即答できるように万全の準備をした上で臨み、要点を絞りできる限り簡潔に説明しなければならない。尚且つ、しっかりと気を入れて相対しなければ、中山さんの気迫に圧倒されてしまうのだ。セガは中山社長による典型的なワンマン、オーナー経営であり、社長は絶対的な存在であったけれども、事業運営と推進はむしろ現場主導型で、それぞれの現場責任者からの積極的な提案に対して社長が精緻に確認をして決裁を与える、その駆け引きにも似た意思決定の過程には、ときに鬼気迫るものさえあった。毎週水曜日の午前八時に始まる事業点検会議では、セガの役員および幹部社員が一堂に会して、中山社長に対して事業部ごとに毎月の事業計画の進捗を報告するのだが、その場で中山社長からの鋭い質問に答えられずに叱責され、まるで思考が停止してしまったように、立ち往生する幹部社員が毎回ひとりかふたりはいる。叱責された幹部社員は顔色を失って項垂れるばかりで、不幸にしてそういうことが何度か続いてしまうと、その幹部社員はやがて姿を消すのである。万全の準備をしたつもりでも抜け漏れはあるもので、それを指摘されて窮するようなら失格であって、瞬時に何か要領を心得た返答をしなければならないのだ。セガに漂う濃密な緊張感と高揚感は、まさに中山社長を中心に渦を巻いているようであった。私も中山さんに叱責されて、身の縮まる思いをすることが何度もあった。

私が中山さんに対する不平、不満、愚痴などを訴えると、入交さんはいつも面白そうに笑った。それは私が面白おかしく話すせいでもあったのだが、私の話が終わると何事もなかったかのように、

「ところで例の件だが」

と、いつものように理論整然と仕事の話をし、そして指示を下した。

副社長である入交さんの指示を受けて仕事はするものの、それが会社にとって重要な案件となれば決裁

を下すのは社長の中山さんであった。この事業推進と意思決定の捻じれは、セガの大株主である大川功会長が自ら経営に関わるようになってさらに複雑なものとなる。大川会長の意向によって、一九九八年二月に入交さんがセガの社長に就任し、中山さんは副会長となったが、経営の意思決定は実質的に大川会長が下すようになった。

「君らはね、大川さんのほうが僕よりもやりやすいなどと思っているようだが。言っておくが、甘いよ、それは」

と、中山さんに、何かの折にそう言われたことがある。

大川さんは豪快で人情味があったけれどもその事業に賭ける意気込みと執念は凄まじいばかりで、入交さんの後ろ盾となっていた大川さんの登場を願っていた私は、中山さんが言ったとおりにそれがいかに甘い考えであったかを思い知ることになる。実際、大川さんは中山さんよりもさらに厳しかった。叱責されると、その激しい気迫に、身が縮むなどというよりも、いっそ自分の存在を消し去ってしまいたい、と思わずにいられないほどであった。

私は家庭用ゲーム機セガサターンと、その後継機器であるドリームキャストのマーケティングの統括責任者として、打倒ソニー・プレイステーションを目標に掲げ、セガサターンとドリームキャストのブランド戦略、価格戦略、事業計画、予算管理、ソフトコンテンツ評価などの業務遂行の為に40人ほどの部下を率いていたが、幹部社員も一般社員も皆意欲的であり、優秀であった。当時セガの幹部社員のほとんどは中途入社で、金融、商社、流通、サービス、IT、電気機器、広告、映画、音楽、芸能などさまざまな業界から転職してきた。また当時のセガは学生に異常なほど人気があって、新入社員は有名大学の卒業者ばかりであった。九〇年代の後半、日本企業の多くがバブル崩壊後の景気後退に喘いでいた時期である。一度中途採用の人材募集などをしようものなら、有名大学を出て、一流企業で働き、米国留学でＭＢＡを取得して、というような経歴の持ち主から多数の応募があった。しかし一方では離職率も高かった。セガに入社して間もなくのことだが、机の上に書類や持ち物を並べて整理整頓をする社員の前を通りかかると、「あ、上野さん、僕会社を辞めることにしましたから」と明るく挨拶をされて面食らった。ずいぶん堂々としたものだと感心したのだが、しばらくして、「今度辞めることになりましたから」と、また挨拶をされ、それが何度か続いて、辞める社員は皆屈託がないし、見送る社員も、「おお、じゃまたな」と、明るく呆気らかんとしている。日々入社してくる社員がいる一方で、日々辞める社員がいて入れ替わりが目まぐるしく、

「明日辞めるので、今日が最後の出社です。短い間でしたけど、お世話になりました。また飲みにいきませんか」

と日常的に明るく挨拶されるのだが、ホンダを辞めるかどうかで重苦しく悩んだ私にとってはそれが驚きで、その度に軽い眩暈を感じるのであった。ホンダを辞めるときに、悩んで何度も躊躇しつつようやく決心をして、何か裏切りを働くような気持ちがあって、会社の先輩や同僚、後輩とは今生の別れを交わす思いでもあったのが、セガで日常的に繰り返される退職者の挨拶の風景を見ていると、人生の一大決心であるかのように思った転職が、それほどだいそれたことではないような気がしてくるのだった。

ドリームキャストの名付け親

私のセガでの仕事は、セガの家庭用ゲーム機のマーケティング実践部隊を編制し率いることであった。ソニーに勝つ為には世界一のマーケティング部隊でなければならない。徹底された目標共有、それを実現する為の論理的思考と合目的行動、そして困難な課題を克服していくという強い意志がなければならない。当時のセガで、中山さん、大川さん、そして入交さんの下で働くというのは、そういうことだった。セガでの五年間は、仕事というよりもむしろ修行と鍛錬の日々でもあった。

ところで、この本の構想をしつつセガでの経験をまとめていたところ、飯野賢治さんの訃報に接した。飯野さんは一九九五年に発表した「Dの食卓」で一躍有名になったゲームクリエーターで、ドリームキャストとの関わりが深かった。セガサターンの次世代機として開発されていた家庭用ゲーム機の事業計画とブランド戦略を、私が部下たちとともに昼となく夜となく働き詰めで策定していたときのことである。商標開発はブランド・コンサルティング会社のインターブランド社に委託して進めていたのだが、肝心の名称についてこれといった案がなかなか出ずにさてどうしたものかと思案していたところ、飯野さんが興奮した面持ちで現れて「ずいぶん考えましたよ」と言いながら「ドリームキャスト」の名称を提案してくれた。飯野さんに依頼をしたわけではなかったのだが、次世代機の名称はまだ決まっていないと私が言ったので、「考えずにいられなくなって」と飯野さんはその巨体を揺らしながら、セガの次世代機について考えたことを、彼の特徴でもあった熱っぽくやや早い口調で語った。この飯野さんの提案は大変良かったのだけれども、飯野さんが名付けたということになってしまうと、飯野さんの色がついてしまう。飯野さんはその独特な風貌と個性的な言動がメディアで取り上げられて人気者であったが、セガの次世代機はすべてのゲームクリエーターの為のプラットフォームとして世に出さなければならなかった。誰にも口外しないで欲しいと私が頼むと、マーケティングの才能もあった飯野さんは「ええ、わかってますから」と笑いながら快諾してくれた。飯野さんと守秘義務契約書を交わして、その対価を支払ったけれども、金額はいかほどであったか、忘れてしまった。数年前に一度、恵比寿界隈の交差点で飯野さんと偶然すれ違って挨拶をしたことがある。ずいぶん減量をしたらしく一回り小さくなっていた。飯野さんが亡くなったのは二〇一三年二月二十日、死因は高血圧性心不全であったという。四十二歳だった。

飯野さんの名称案をもとにインターブランド社とさらに商標デザインを開発し、セガの最高経営会議で私が完成したデザインを報告すると、大川会長から、

「ええなぁ、ええよ」

と褒められ承認をされた。大川会長はこのドリームキャストのロゴをいたく気に入って、愛飲していたナパ・バレーのワイン、ロバート・モンダヴィとベリンジャーを大量に発注して、ボトルにドリームキャストのロゴを彫り入れて何かにつけて振る舞い、赤坂の和菓子屋でドリームキャストのロゴを焼きつけしたどら焼きをつくらせ贈答品にしたりした。大川会長流の宣伝活動であったが、大川会長のドリームキャストへの思い入れは尋常ではなかった。ドリームキャストをゲーム機器の枠を超えるインターネット機器

として全世界に普及させ、デジタルエンターテイメントとインターネット電子商取引を融合した新しい事業領域を開拓し、その覇者とならん、というのが大川会長の強い意志であった。

プレイステーションとの競合関係におけるドリームキャスト戦略策定の要点には、次世代機としてのハードの基本性能は無論のこと、セガサターンとの互換性、コスト、外観デザイン、ソフトコンテンツ記憶媒体の選定、内蔵記憶容量、通信機能の有無、周辺機器、価格、発売時期、そしてハードの普及を牽引するキラーソフトコンテンツなどがあったけれども、なかでも通信機能の搭載は悩ましい要件であった。任天堂とソニーとの競合関係から、ドリームキャストの価格戦略は発売時に3万円、値下げをして2万円、という設定を上回るわけにはいかず、しかし通信機能を搭載すれば収益性は5000円悪化する。ハード機器は採算度外視で家庭用ゲーム機器のデファクトスタンダードとして普及させ、ソフトコンテンツで収益をあげ採算をとる、というのがビジネスモデルなのだが、5000円のコスト増は大きな選択であった。数百万台から一千万台単位で計画立案をするから、一千万台で5000円コストがあがれば採算は500億円悪化する。

しかし通信機能の搭載は大川会長の絶対命令であった。これは誰が何を言おうが頑として譲らなかった。

「ネット社会がもうそこまで来とるんやで」

役員会などの正式な会議体とは別に、大川会長との打ち合わせはアークヒルズにあった会長事務所で行われることが多かったけれども、大川会長はことインターネットの将来について話を始めると、話はとまらず二時間、三時間と過ぎて深夜に及ぶのであった。

ドリームキャスト失敗

マーケティングの成功例がそのさまざまな活動要因の複合的な結果であるように、ドリームキャストの失敗にはマーケティングの複合的な原因がある。初期段階で発売時の商品供給不足は大きな躓きであったし、通信機能搭載によるコスト増は事業の採算性を大きく損った。それになんといっても、キラーコンテンツ不足は家庭用ゲーム機として致命的であった。所詮はゲーム機である。ソフトがあってのハードなのだけれども、ドリームキャストには当時のコンピューターの最先端の技術が援用されていた。基本的な演算を司るCPU（Central Process Unit）には日立のSH4が搭載され、画像処理を行うGPU（Graphics Processing Unit）にはNEC製のPowerVRが搭載されていた。日立SHマイコンは、セガサターンから採用されており、SH4はその進化したものである。GPUは、基本設計の段階では米国3Dfx社のVooDooを採用する案と英国ビデオロジック社のPowerVRを採用する案がほぼ同時並行で進められ、最終的にはPowerVRを採用することで決着したのだが、この二案の並行開発によって製品仕様の完成が遅れ、結果的に生産段階に至って計画に狂いが生じてしまったのである。

PowerVRはNECが受託して九州工場で生産されたが、一般的にマイクロチップの生産には、特に初期段階においては、歩留まりの悪さがつきまとうもので、ドリームキャストは発売に向けた初期段階から供給量についての懸念があった。グラフィックチップの完成品の歩留まりを良くする為の準備期間が短すぎたのである。作詞家であり、プロデューサーである秋元康さんの演出による「がんばれ、湯川専務シリーズ」で、年末商戦の発売に向けて話題性を喚起し、期待感を醸成していく一方で、実は需要に見合うだけの生産量が確保できる見通しがついていなかった。

入交さんとNECの九州工場へ赴き、私はドリームキャストの発売計画を説明して、生産量の確保を要請したが、NEC側の技術的説明を聞くと、その困難な状況が好転するとは思えなかった。発売に向けてドリームキャストの認知度を高めて期待感を煽れば煽るほど、供給問題が大きくなってしまう。先で躓くことがわかっていながら、全力疾走をしていたのである。

結局十一月二十七日の発売から年末までに市場に投入できた商品個数は、計画の三分の一程度しか供給できずに、品切れの為に販売現場は混乱状態となった。秋葉原の一部大手家電量販店では、年末商戦の目玉として販売促進の仕掛けをしたにもかかわらず商品が約束通りに納入されずに収拾がつかなくなっている、と私は販売現場から突き上げをくらって、やむなく頭を下げに行き担当バイヤーから罵倒される始末であった。

ドリームキャスト発売から半年程過ぎてから、ハーバード・ビジネス・スクールの調査員と名乗るアメリカ人が何人か現れ、ドリームキャストを教材としてまとめたいという。彼らは数日間滞在し、私の部署で基礎資料を集め、社内の主だった人々に聞き取りをして、そして帰って行った。しばらくして忘れた頃にハーバード・ビジネス・スクールから、「セガ・エンタープライゼスでの深刻な遊戯」という題名で、数十ページにわたるケース・スタディの教材が、その内容確認を依頼する手紙とともに送られてきた。

「このケースは経営管理状況に対応する効果的もしくは非効果的な例示ではなく、集団討議の為の基礎資料として準備されたものである」という注釈が教材には付けられ、セガの沿革から説き起こして、競合関係の視点でビデオゲーム市場の概況と、ドリームキャスト開発の準備段階から発売に至って品不足になるまでの状況が、ケース・スタディとしてまとめられていた。

この教材を使って、ハーバード・ビジネス・スクールの教室で、「ウエノは発売時期を遅らせるべきであったか」とか、「ウエノに他に何か選択肢はあったのか」と、議論が繰り広げられたらしい。あるいはいまも続いているのかもしれない。プジョー・シトロエン・ジャポンの社長に就任して、ネット上で私の名前が検索対象になってから、「このセガのウエノクニヒサは、プジョー・シトロエン・ジャポンのウエノクニヒサと同一人物か」と英語で問いわせを受けたことがある。日本語のネットで私の名前は自動車業界の人物として表示されるが、英語のネット社会ではセガ関連の人物としての表示が、このハーバード・ビジネス・スクールのケース・スタディを含めていまだに少なからず表示されている。プジョーで働くようになってからのことだが、ベルリッツで仏語のレッスンの雑談で、自分はドリームキャストのマーケティングディレクターであったと言うと、私よりも一回りほど若い男性は突然畏まって、「フランス人の自分が日本で暮らすようになったのはビデオゲームがきっかけで日本に興味を持ったからなのです。ドリームキャストは実にエキサイティングでした」と、感慨深げに話すのであった。ドリームキャストはたかがビデオゲーム機ではあったけれども、最新のコンピューター・グラフィックスの技術で人間のあらゆる想像力を視覚的に実現することを可能にしたのである。それが画期的な出来事であったから世界中が熱狂したのだし、九〇年代の日本はその震源地だったのだ。

ところで、日立製作所のSH4マイコンはドリームキャスト生産終了後も、設計変更を加えられながら、主にカーナビゲーションや自動車の情報制御に大きな役割を果たすようになり、ルネサスの主力製品としてほとんどの日本の自動車メーカーに供給されてきた。半導体の技術には輪廻転生があって、ドリームキャストの心臓は日本のほとんどの自動車に組み込まれていまも世界中を走り回っている。

ドリームキャストは一九九八年十一月二十七日に2万9800円で発売し、当初の事業戦略通りに半年後の一九九九年六月一日に1万9900円に値下げをした。累計販売台数は計画に対して大幅に遅れており、その事業の成否にはすでに暗雲が漂っていた。この頃、大川会長の機嫌は悪くなるばかりで、値下げ前の五月三十一日は最悪の夜であった。

六本木のアークヒルズ・クラブで大川会長は、ドリームキャストに賭ける思いを語りながら感情が高まり、突然、値下げはやっぱりいかん、と言い出して荒れた。

「値下げは中止や、いますぐ中止してこい」

と、私を含めてその場にいた面々に怒鳴り続けた。値下げの発表は、社内はもとより取引先、報道関係者、宣伝広告関係者に伝わっており、すべての手配はとっくに済んでいる。無論中止などできるわけがないのだが、大川会長は激高して荒れに荒れ、それが静まったのは深夜日付が変わってからのことだった。

それと前後して、米国の自動車部品メーカーの最大手であるデルファイ・オートモーティブ・システムズから入交さんに社外取締役の就任について打診があった。「どう思うか」と私は入交さんに問われたので、社内の何人かに意見を求めると皆それに反対する。ドリームキャストの成否が危ぶまれているこの時期に、入交さんが米国企業の社外取締役に就任すれば、社内外の関係者からよからぬ憶測を招くことになるというのがその反対の理由であった。

入交さんのデルファイ・オートモティブ・システムズの社外取締役に反対する、というのが社内の総括的な意見である旨を私が報告したところ、副社長であった廣瀬さんに叱られた。

「上野、何を言うか。アメリカの大企業から社外取締役のオファーを受ける日本人など滅多にいるもんじゃない。大変名誉なことだ。それを受けないほうがいいなどというやつがあるか」

日本ＩＢＭの出身であった廣瀬さんは、米国の企業社会で日本人の前に立ちはだかる障壁の大きさをよく知っていたからそう言うのだった。確かにその通りなのである。

入交さんはデルファイ・オートモティブ・システムズの社外取締役に就任し、取締役会に出席する為に定期的にアメリカへ行くようになり、その取締役会のことなどの話を聞かせてもらって、それはそれで結構なことであったのだが、ドリームキャストの事業計画と実績の差は広がるばかりであった。一九九八年十一月の発売以降、九九年の春、夏そして年末と、それぞれの商戦に向けてあらゆる可能性を追求しつつ販売促進を試みたが結果は振るわず、二〇〇〇年になると、もはやドリームキャストが失敗であることを認めないわけにはいかなくなっていた。

入交さんは二〇〇〇年三月期のセガの決算が三年連続赤字となった責任を取って社長を降りて副会長となり、かわって大川さんが社長として陣頭指揮を執ることになった。

株主総会の準備中であったある日、私は入交さんの秘書に呼ばれて、社長室に入ると入交さんは打ち合わせの為の大きなテーブルに並べた書類に立ったまま目を通していたが、眼鏡をはずして私を見るといつもよりもやや硬い表情で言った。

「今度の株主総会で役員人事を発表しなければならないのだが、上野君にもこれからは役員としてやってもらうからそのつもりで」

予期していなかった役員就任の内示であった。

「すみません、待ってください」

入交さんは怪訝な顔をした。

「僕はドリームキャストの失敗に責任を感じています。部下たちを昼もなく夜もなく週末まで働かせて、それでもドリームキャストは失敗して、何人も会社を辞めさせることになって、なのに自分は役員になるなどと」

と、私が口ごもると、入交さんには私の返答が意外だったようで、

「なんだ、役員就任が受けられないというのか」

「はい、受けられません」

すると入交さんは怒った口調で、

「じゃあ、会社を辞めるんだな」

と、言い放った。そのような入交さんに接するのは初めてのことだった。まったく予期せぬ成り行きで

あった。こういうかたちで終わりを迎えたくはない、と思ったのだが、もうどうしようもなかった。

「すみません。次の仕事をまだ探しているわけではありませんので、すぐにというわけにはいきませんが」

「わかった。もういい」

私は頭を深く下げて、入交さんの部屋を出た。

入交さんに出会ってからの五年間というもの、私は入交さんに忠誠を尽くし、入交さんの意に叶うように、昼もなく夜もなく休みもなく、誰よりも働いた。私が入交さんの指示に背いたのは、後にも先にも、このときただ一度だけである。

それから三か月後に私はセガを辞めた。サンフランシスコのセガ・オブ・アメリカに赴任していた毛塚さんも辞めた。毛塚さんはそれこそ入交さんの為にと、ドリームキャストという爆弾を抱えて、アメリカに突っ込んでいった。入交さんの後を追ってホンダからセガに転職した8人全員が辞めていなくなった。そして入交さん自身も、その年の十二月にセガを辞めた。翌年一月三十一日、セガの会長兼社長であった大川さんは、午後三時過ぎ、東証の取引が終了するのを待って、家庭用ゲーム機事業からの撤退を表明した。そうしてドリームキャストは失敗に終わった。

人生最後の金の使い道

ドリームキャストは大川さんの見果てぬ夢であった。

大川さんはドリームキャストのこととなると、それが会議場であれ酒席であれ、そこにいる面々を睨むように見回しながら、「ええか、わしの言うたようにせえよ。責任はわしが取るからな」と、低い声で念を押すことがあった。会社の損失は全部自分が被る、という意味である。大川さんには3000億円とも5000億円とも、あるいはそれ以上ともいわれる莫大な個人資産があった。

「いうたかてなんぼあってもあの世にはもっていかれへんで」と、大川さんは好物のワインを飲みながら言うことがあった。「生きとるあいだにつこうとかんとな」

その最後の使い道がドリームキャストだったのだ。

事業で危機に瀕しても行政から何の支援も得られずに、利益を出すと多額の税金を課され、せっかく貯えた財産には死ねば高額な相続税が課せられる。そうして払った税金は何に使われたかもわからずに消えてしまう。阿呆らしいで。というわけで大川さんは、その資産を有望と思われるベンチャー企業に駄目元で投資をするようなったのだが、そうしたベンチャー企業がまた成功をして大川さんの資産は減るどころかますます増えてしまったのだという。どうやら大川さんには自然と金が集まるらしかった。古くから大川さんに仕えている人たちはそう信じていたし、それを実際に試すかのような余興もあった。それは大川さんが創業した会社CSKを通じて出資していたグループ企業の夏の軽井沢セブンツーでのゴルフコンペのときであったか、都内のホテルでの忘年会、あるいは新年会のときであったか、私は半ば強制的に参加させられて、セガとはまた違った雰囲気のその大宴会の成り行きを観察していると、指名されてステージでカラオケを歌わされた揚げ句に、突然全員が席を立って、それが恒例なのだというジャンケン大会が始まった。参加者がそれぞれ1000円ずつ出し合って、まずふたり一組でジャンケンをする。勝ったほうが1000円を貰う。勝った者同士が2000円を賭けてまたジャンケンをする。さらに勝った者同士またジャンケンする。賭け金は2000円から4000円、8000円、と倍々に増えていき最後のひとりになるまでジャンケンを続け、仮に参加者が500人いれば、最後の勝者は50万円を手にするのだ。そして勝ち残った者が50万円を手にしたところで、やおら大川さんがステージにあがり、自分の財布から50万円を出して、50万円を握った勝者と、100万円を賭けてジャンケンをするのである。

「CSKではいつもこうなのですか?」

と、大川さんに古くから仕え、私に何かと助言を与えてくれたセガの役員に尋ねると、

「まあ、見てな。大川会長が必ず勝つから」

ステージで、大川さんと勝者となった社員のひとりがジャンケンをすると、果たして大川さんが勝って、会場からは溜息と感嘆の声があがった。

「ほらな」

と、古参役員は私に言った。

「大川会長がいつも勝つのですか?」

「そうだ。いつも勝つ」

大川さんは一九二六（大正十五）年五月十九日に大阪船場の洋反物卸商大川商店の二男に生まれ、大阪府立旧制今宮中学から、一九四八（昭和二十三）年に早稲田大学専門部工科を卒業したが、結核を患い八年間の闘病生活を送る。そうして病気から快復すると実家の商売を手伝いながら将来を模索して、一九五八（昭和三十三）年にタクシー会社を興した。もとより商家に生まれ育ち、いずれは実業家になることを志していたのだという。その後タクシー会社の経営に見切りをつけて、一九六八（昭和四十三）年十月、大阪淀屋橋に資本金500万円、社員20名でコンピューターサービス株式会社（一九八七年に商号を株式会社シーエスケイ　CSKに変更）を設立した。コンピューターサービス株式会社の社員であるプログラマーやキーパンチャーは、顧客である企業の職場で仕事をするのだが、これが日本初の独立系システムエンジニアリングの誕生であり、また人材派遣業の先駆けともなった。その翌一九六九（昭和四十四）年には大川さんの営業努力で東芝から大阪万博関係者の給与計算システムのソフト開発の受注をする。創業から三年間は赤字続きであったが、創業四年目の一九七二（昭和四十七）年に売上7億7000万円を上げて、経常利益1350万円を出した。社員数は300名を超えてさらに急成長を続ける。一九七七（昭和五十二）年八月に、大阪から東京都新宿区に本社を移転し、一九八〇（昭和五十五）年九月に株式を店頭公開する。そして一九八二（昭和五十七）年六月に東証第二部に株式を上場し、一九八五（昭和六十）年三月に東証第一部に株式上場を果たして、大川さんはベンチャービジネスの旗手として大成功を収め資産家となった。このCSKを通じて大川さんがセガを買ったのは一九八四（昭和五十九）年のことで、セガはまだ無名に近いゲーム会社に過ぎなかったが、後に中山さんの経営手腕によって急成長を遂げ、その株式公開で大川さんの資産はさらに膨らんだ。

CSK創業当初、大川さんは頻繁に募集広告を打ち自分で面接をして人材を集めた。夜になると屋台で寿司を大量に買い込み、社員が働いている顧客企業のコンピューター室に出向いて「ご苦労さん、頑張ってや」と、励まして回った。その後会社は急成長を続けるが、大川さんは顧客先に常駐している多数の社員をまとめていくことに腐心をしたらしく、社員を集めての忘年会、新年会、運動会、懇親会などの催しに熱心であった。経営者としての大川さんの人心掌握術はそうした経験に基づいているものなのか、セガの経営に乗り出してからのドリームキャストに関わる役員、幹部社員への接し方は一種独特で、とにかく一緒によく飲み食いをした。銀座、六本木、赤坂界隈の日本料理、中華料理、フランス料理の有名高級店、それに大川さんが事務所を構えていた赤坂アークヒルズのアークヒルズ・クラブで、決まってナパ・バレーのロバート・モンダヴィかベリンジャーのカベルネ・ソービニオンを飲みながら、夜が更けるまで話を続けた。そうしてひとりひとりの人となりを知り、と同時に自分の考えを徹底的に理解させるのである。羽田のセガの会長室でも、赤坂アークヒルズの事務所でも、夕方から会議が始まると、そのうち秘書がワイングラスとワインのボトルを運んできて、ワインを飲みながらの打ち合わせになり、会議は深夜に及ぶのであった。また、箱根の別荘で何度か合宿もした。

大川さんは不動産には余り興味が無かったらしく豪華な自宅を建てたりもせずに赤坂アークヒルズでマ

ンション暮らしをしていたが、それでも箱根と京都の嵐山、それにカリフォルニアのナパ・バレーに別荘を所有していて、時に自らそこに遊び、接待に用いることもあった。

箱根の別荘には20人程がゆったりと泊まれるホテルのような誂えの客室があり、大浴場にはサウナ、庭にはプールがあった。大川さんはそこで皆と共にサウナに入り、裸のまま一緒にプールで泳いで、文字通り裸の付き合いをするのである。サウナで火照った体をプールで冷やしながら、大川さんは京都の芸子衆を招待したときの話などをした。

「サウナをでてそのまま泳いだらええのやいうてな、芸子はんたちもこうして裸で泳いで、わしはそれをこっそり隠れて見物や」

と、柱の陰にでも身を隠すような仕草をして悪戯っぽく笑った。機嫌の良い時の大川さんは、大阪人らしい冗談を言って人を笑わせ、自身も笑った。笑う大川さんには何とも名状しがたい魅力があった。

大川さんは京都の芸子衆だけではなく、赤坂の芸者衆、相撲取り、歌手、芸能人、歌舞伎役者などには頗る気前のいい大旦那で、赤坂の事務所で打ち合わせをしていると、時折大川さんに挨拶に来る相撲取りや歌舞伎役者、芸能人に出くわすことがあったし、盛大に行われる大川さんの誕生会にはその面々が駆けつけて祝辞を述べ芸を披露した。後年京都の茶屋で遊ぶ機会が何度かあって、芸子たちに大川さんの事を尋ねると、「ようしてもらいましたわ、ほんまにお世話になって。ああいう方はなかなかおられません」と、皆馴染みだったのか懐かしそうで、なかには「確かに箱根の別荘で泳ぎました、素っ裸で」と、思いだし笑いをする芸子もあった。

風呂からあがると、一枚板の立派な食卓を囲んで、食事をしながら、ワインを飲みながらの打ち合わせである。別荘には住み込みの専任料理人がいて、饗される見事な食事に感心しつつ、大川さんが熱く語って夜は更けた。

「1億円手にすると違う世界が見えるで。10億円手にすればまた違った世界が見える。100億円ならまたさらに違う世界が広がるで」

大川さんの話を聞きながら私は、自分が如何に凡庸な人間であるかということについて考えるのだったが、またそれと同時に、凡庸で何がいけないのか、凡庸な人生でいいではないか、と自問自答するようでもあった。

「わしはな、夢を見るのや。ドリームキャストが成功して、よかったよかった、ようやった、と、おまえらとどんちゃん騒いどる、そういう夢や」

セガを辞めると言ったので、私は大川さんに呼ばれて理由を聞かれた。

「給料が足りんのか?」

「いえ、給料ではありません」

所詮サラリーマンである。給料は高いほうがいいに決まっている。しかしそれだけでもない。ドリームキャストは失敗したのだ。しかし大川さんに何か問われたら常に、中山さんにしてもそうであったが、即座に答えるのが習い性になっていて、セガでの仕事に対する心境の変化など、到底説明できるものではなかった。

「そうか、ほんなら辞めんでもええやないか。しばらくゆっくりして、もう一遍考えてみいや」

そういうと大川さんは100万円の札束を三つ、差し出した。

「会長、これは?」

「ま、とっときや」

大川さんの事務所の机の脇のキャビネットのなかには、100万円の札束が、いくらあるかわからないほど積まれてあった。贔屓の芸人や相撲取りなどが挨拶にくると、大川さんがそれをひとつか、二つか、あるいは三つ、ぽんと渡すのを何度か見たことはあって、実はそれ以前にも一度そういうことがあった。ドリームキャストを発売した一九九八年の年末、会社の正月休みが近づいていたある日、何かの報告をして大川さんの事務所を後にしようとすると、秘書に呼び戻されて、再び部屋に入ると、

「渡し忘れたわ。ご苦労やったな」

と、100万円の札束を手渡された。

「はい。ありがとうございます」

咄嗟のことだけれども、それを受け取って、その場を立ち去ろうとするとまた呼び止められて、

「おまえんとこには、部下は何人おったかのう?」

「40人ほどおります」

「ほうか。じゃ、これで美味いもんでも食わしてやってや」

と、もう100万円渡された。

私はもう一度礼を述べて退室したものの、なんだか気分が落ち着かず、「そのお金はお断りすべきであったでしょうか」と、大川さんに近いある役員に尋ねると、「会長の出されたものをお前如きが断るなど、それはあり得んな。あってはいかんことだ。有難く貰っておくものだ」と戒められた。確かに大川さんは会社の経営者であり、オーナーであり、しかも日本有数の資産家で、私は普通のサラリーマンであり、一介の使用人に過ぎないのであった。

転職先が見つかったので、いよいよセガを辞めることに決めて、二〇〇〇年七月に退職の挨拶にいくと、大川さんは私の転職先であるＡＤＫについていくつか質問をして、「なんかおもろい話でもあったらもってこいや」と、そのときも１００万円を渡された。大川さんに会ったのはそれが最後だ。

ドリームキャストに多額な投資をして失敗したセガは危機的な財務状況に陥った。大川さんは、ドリームキャストの撤退を表明した後、約８５０億円の私財を寄付のかたちで投入してセガを倒産の危機から救うと、その後急速に体調を悪くして、二〇〇一年三月十六日に株式会社セガの代表取締役会長兼社長の肩書きのまま逝去した。享年七十四歳であった。

セガを辞めることになった私は仕事を探さなければならず、それ以前にヘッドハンターからの話はあったものの外資系企業ばかりで気乗りがしなかったところに、セガの取引先であったＡＤＫ（アサツーディ・ケイ）の担当であった人から、セガを辞めるのであればウチでどうですか、と声をかけてもらって入社した。渡りに船で、これは有難かった。

ＡＤＫは一九九九（平成十一）年一月に旭通信社と第一企画が合併した会社で、電通、博報堂に次ぐ大手広告代理店である。旧アサツーこと旭通信社は、長年三菱自動車との取引で関係が深く、アサツーは三菱自動車とともに発展したといっていい、というのが当時の経営陣の語るところであり、第一企画もまた三菱グループとの取引の多い代理店であった。私がＡＤＫに入社したのは二〇〇〇年八月のことで、配属されたのは三菱自動車を担当する第一ＡＤカンパニー、第一営業本部、第一営業局、通称一ノ一ノ一で、三菱自動車を担当とする社内で最大の取り扱い高を持つ花形部署であった。しかし私が入社した頃は、電通が三菱自動車に営業攻勢をかけてＡＤＫから取引を奪っており、一ノ一ノ一には相当の人数が配置されていたものの仕事らしい仕事はなく、閑散として澱んだ雰囲気であった。ＡＤＫの経営陣とすると、三菱自動車との取引を取り戻すつもりでいるから一ノ一ノ一の要員を減らすわけにはいかないのである。私はセガでの経歴よりもむしろホンダでの経歴を買われて、いずれ三菱自動車の窓口になる為に配置されたのであった。ちょうどその頃、三菱自動車のリコール隠しが大きな社会問題となっていて、河添克彦社長が引責辞任をし、ダイムラー・クライスラー社から34％の資本参加とドイツ人ＣＯＯを招き入れ、経営刷新を図っているところだった。三菱自動車の取引をＡＤＫが電通に奪われたのはそれ以前のことだが、リコール隠しに端を発する三菱自動車の経営体質問題は、ＡＤＫにとってもまた厄介な問題ではあった。ＡＤＫ側では三菱自動車の人事と社内事情に精通していて、気心の知れた人間関係もあるから、営業的な接触を繰り返すのだが、肝心の宣伝広告の所轄部門は電通にすっかり肩入れしていて埒があかず、焦れるばかりである。

ＡＤＫに入社したはいいが、私は何もすることがなくて、ひとり外出して映画館に通った。上司や同僚は、しばらくのんびりしていていいから、と私が外出しても何も言わなかった。それでも上映中の映画の数など知れたもので、銀座界隈の映画館を一通り回るともう観るものがなくなって、喫茶店で本を読んだり、知人友人の会社を訪ねたりした。秋も終わりに近くになった頃、ホンダの先輩で、セガの先輩でもあるフライシュマン・ヒラード・ジャパンの田中慎一さんを訪ねていくと、

「広告代理店で働くくらいなら、こっちへきて手伝ってもらえないか、と思ってたんだ」

と言われた。

「いや、僕はまだＡＤＫに入ったばかりだし」と及び腰で、それでも仕事の話を聞かせてもらうと、これが面白かった。

田中さんは一九七八年に慶応大学を卒業してホンダに入社し、外国部といっていた輸出部門に配属され、そして米国に駐在し、シカゴ事務所とワシントンＤＣ事務所でＰＲを担当した。田中さんはホンダで私より四年先輩で、一緒に仕事をしたことはなかったけれども新入社員の頃から知っている。それからセガで同じ時期に働いていたのだが、田中さんは業務用ゲーム機部門にいて、私は家庭用ゲーム機器の部門にいたので一緒に仕事をすることはなかった。田中さんは私よりも一年ほど早くホンダを辞めてセガに転職をして、そしてセガを辞めて一九九七年十月にフライシュマン・ヒラード・ジャパンをたったひとりで設立して、コンサルティングの仕事を始めた。

二〇〇〇年の秋に私が訪ねたときには、田中さんがひとりで始めたフライシュマン・ヒラード・ジャパ

ンは、社員数が30人ほどの会社になっていた。

世界最大のPRエージェントへ

フライシュマン・ヒラードは、一九四六年に創業された米国セントルイスに本社を置く世界最大の戦略コミュニケーション・コンサルティング会社で、北米、ヨーロッパ、アジア太平洋地域、中東、アフリカ、中南米など、世界二十八か国で八十か所に拠点を通じて活動を展開している。

ホンダは一九八〇年代に米国オハイオ州の工場で乗用車の生産を始めており、米国で企業市民としてのPR活動を始めるのだが、それが米国駐在をしていた田中さんの仕事だった。ワシントン事務所を開設して、政府官庁へのロビー、メディア対応などの活動の為に米国の流儀に従ってPRエージェントを採用することになり、大手のエージェントでは扱いにくいかもしれないので小さくて小回りのきくところに、と田中さんが契約したのがフライシュマン・ヒラードであった。

フライシュマン・ヒラードは一九九〇年代に急成長して、全米で最大規模のPRエージェントとなり、オムニコム・グループの傘下に入り、世界各国に進出する。その成長の原動力は、三十二年間にわたって、CEOとしてフライシュマン・ヒラードを牽引したジョン・グラハムという人物にあった。グラハム氏は、顧客へのサービス内容をいわゆるPR活動から戦略的コミュニケーションへとその事業領域を改めつつ、より有能な人材によるより質の高いサービスを提供することを追求し、他社との差別化によって成長を成し遂げたのである。

ＰＲ（Public relations）は日本語で広報と訳される。戦後ダグラス・マッカーサーを最高司令官とするＧＨＱは一九四七（昭和二十二）年に、各都道府県に設置したＧＨＱ軍政部を通じてＰＲＯ（Public Relations Office）の設立を促し、行政機関と市民とのＰＲ活動を推奨したが、このＰＲが広報と訳されたのだといわれている。ＧＨＱの企図するところは、行政施策の市民への認知理解を求めつつ、市民の声を行政に反映させる双方向のコミュニケーション活動であったはずだが、それが広報という名称で行政機関からの一方向の情報伝達に終わったであろうことは想像に難くない。日本語としての広報は、日本で最も古い広告代理店である日本広告社の前身である「弘報堂」にあるといわれる。弘報堂の創業者の江藤直純は大分県広津村（現・中津市）に生まれ、福澤諭吉に師事した人で、福澤の創立した新聞「時事新報社」に勤めた。福澤は新聞社経営の安定の為に広告収入の必要性を説き、江藤は福澤の提言を実現すべく一八八四年に日本で最初の広告会社を設立した。その会社名である「弘報堂」を命名したのは福澤で、それが日本語の「弘報」の起源であるらしい。その弘報が広報と文字が変わって、英語のＰＲの訳語としてもちいられるようになったのである。

田中さんは米国駐在から帰国すると、グラハム氏から日本でフライシュマン・ヒラードを始めないかと提案をされたのだが、その提案をすぐには受けなかった。米国企業と日本企業のＰＲ活動、というよりは戦略コミュニケーションというべきだが、その理解と活動内容があまりに異なっている為に、フライシュマン・ヒラードが世界に展開しつつあった事業領域を日本で展開することに困難を感じたからである。困難であるには違いないのだが田中さんは可能性も感じていた。バブル景気が弾けて、日本の状況が変わりつつあったからである。

日本企業の組織文化には、均質的な能力の人材、共有された価値観、そして日常業務の意思疎通に欠かせない暗黙知の累積などがあって、努力と忍耐、家族的な団結力を発揮し、企業の成長期には有効に機能しても業績が低迷あるいは悪化する状況においてはむしろ弊害をもたらすことがある。例えば、目的よりも人間関係を優先した仕事の進め方、意見集約による主体の曖昧な意思決定、精神論だけの叱咤激励といったことである。さらに企業が危機的状況に陥ると組織の対応力は著しく低下して、問題の隠匿、不正処理、偽装、それを取り繕うための情報操作などが行われることさえある。そうした事例には必ずといっていいほど組織内のコミュニケーションに問題があるもので、社内のコミュニケーションがうまくいかなければ対外的なコミュニケーションがうまくいくはずがなく、不祥事をおこす企業のメディア対応は必然的に稚拙なものとなってしまう。

田中さんはフライシュマン・ヒラードを日本で事業化する際に、PRエージェンシーとは言わずにコミュニケーション・コンサルタントと名乗った。プレス・リリースを書いて、記者クラブに投げ込んだり、新製品の発表会を企画してメディア関係者を呼び込み、それが記事となった媒体数を数えたり、掲載された新聞紙面の大きさを広告換算してみたり、ということではなく、企業の社内外のコミュニケーション活動についての課題を抽出し、その対策を提案、実施していくというコンサルタント業務を始めたのである。問題がなければコンサルタントの仕事は要らないが、数多くの日本企業がコミュニケーションの在り方に問題を抱えており、日本に進出している外資系企業もまた日本でのコミュニケーションに困難を感じている場合が多く、田中さんはその潜在需要に対応しながらコンサルタント事業を拡大していった。

フライシュマン・ヒラード・ジャパンの成功には、徳岡晃一郎さんの存在も大きい。徳岡さんは、一九八〇年に東京大学教養学部を卒業して日産自動車に入社して人事畑を歩み、日産の企業留学でオックスフォード大学経営学修士を取得して、欧州日産の駐在経験もある。徳岡さんは日産を辞めた後、田中さんと知り合ってフライシュマン・ヒラードに入社すると、人事制度を社内コミュニケーションのメソッドとしてコンサルティング事業を展開した。

確かに人事制度、とくに評価制度は、企業から社員が受け取るメッセージでもある。自分が評価されているのか、いないのか。給料はどれくらいあがるのか。賞与はいくらなのか。他の社員と比べてどうなのか。将来はどうなるか、いずれもきわめて重要なメッセージである。

私が入社したときには徳岡さんはすでにコンサルタントとしての実績を積み重ねており、その実績はフライシュマン・ヒラードにおいて高い評価を得て、日本発のコミュニケーション・メソッドとして米国に逆輸入されたこともある。徳岡さんはその後経営管理についての著作を何冊か出版し、いまは大学で教鞭もとっているが、その存在と活動はフライシュマン・ヒラード・ジャパンの独自性を高めている。

ADKにはせっかく入れてもらいながら四か月にも満たず、実に申し訳ないことではあったけれども、フライシュマン・ヒラードで働くことにした。フライシュマン・ヒラードでは入社してすぐから、いくつかの企業へのコンサルティングサービスに加わり忙しくなった。製薬会社の新薬や一般消費財について、いわゆる広報活動ではなく、製品の特性とその対象となる潜在顧客の需要を検証するところから始めて、コミュニケーション戦略を提案するのである。不祥事ともとられかねない企業の販売商品やサービスでの大きな過失についての対外的な発表とその後の情報公開、いわゆる危機管理のコミュニケーションの仕事は、二十四時間体制で臨まなければならず、これはとくに忙しかった。田中さんは事業拡大に意欲的で、そうしたクライアントサービスを提供しながら忙しく仕事をする合間に、よく新規事業のアイデアを話し合ったが、そのひとつが自動車会議の企画であった。東京モーターショーの開催に併せて世界中の大手自動車メーカーの経営者を一同に集めて、自動車と自動車産業の在り方について語ってもらい、その未来予想図を描く、というのがその企画趣旨である。当時日経BP社の役員で、ノンフィクション作家でもある佐藤正明さんは大いに乗り気で、二〇〇一年十月二十六日から開催された第三十五回東京モーターショーに併せて「日経ビジネス主催の東京国際自動車会議」として開催された。

この自動車会議の企画をまとめる際に、私は入交さんに何度か企画書を見てもらって助言を受けた。入交さんはセガを辞めるといくつかの会社の社外取締役になり、個人事務所を開設していた。入交さんにフライシュマン・ヒラード・ジャパンにも名前を連ねてもらう一方で、私は入交事務所の秘書の名刺を持ちメディアやジャーナリストからの取材対応や、入交さんのもとに依頼のくる案件を書類にまとめたりして、あるときはフライシュマン・ヒラード・ジャパンのバイス・プレジデントとして、あるときは入交昭一郎の秘書として働いた。

「東京国際自動車会議」に入交さんを会議の進行役であるモデレーターとして起用するのが私の提案で、主催者となる日経BP社の佐藤さんは、入交さんを起用するのであればその前に日経ビジネス誌の「敗軍の将、兵を語る」の取材に応じるように、と私に要求をした。「敗軍の将、兵を語る」は、事業に失敗した経営者がその失敗を振り返って語る、という内容の日経ビジネス誌の定型の特集記事で、そこでセガの失敗について入交さんに語らせろ、というのである。セガはもう終わったことだったし、私の好むところではなかった。断るつもりですからと言い添えて日経ビジネスの取材依頼を伝えると入交さんは、私が自動車会議を熱心に進めていたものだから何も言わずに引き受けると了解されて、それがなんとも申し訳なく、そして有難かった。このときの取材をしたのは、日経新聞社から日経BP社に出向していたIさんで、私はIさんと「東京国際自動車会議」の打ち合わせを重ねていた。私の書いた企画書の文章にIさんが加筆訂正をするというかたちで、「東京国際自動車会議」の内容をまとめていき、それが日経ビジネス誌に掲載されるという段取りなのだが、自分の書いた文章が記者的な文章に変換されるのは新鮮な経験だった。また、Iさんが入交さんにインタビューをして書いた「敗軍の将、兵を語る」は二回に分けて掲載され、あのインタビューがこういうふうに記事になるのか、と、断片的ではあったけれども記者の文章作法について得るところがあった。新聞あるいは雑誌記者は、制限された文字数で、限られた時間内で事実を正確に文章にしなければならないわけだが、その書き方を学校で教わるわけではないから、新聞社や雑誌社に入社してから修行を積み重ねてようやく一人前になる。日本語は英語のように主語がそれ以下の表現を先導する役割を持たず、むしろ用言の変化によって主語が省かれ、しかも意味を明らかにする動詞が文末にきて、なおかつ時制には寛容だから、言語としての日本語の特質を発揮すればするほど、報道で求められる簡潔で正確な情報伝達の表現からは遠ざかってしまうであろう。紋切型の制限された文字数で情報を伝えなければならないのだから、一般的に新聞記事の文章がつまらないのはやむをえないことではある。新聞には膨大な量の情報が文章に表されているけれども、一面の記事や社説は別として、なかほどの小さな記事を読むと稚拙な文章があって、記者として一人前の記事が書けるようになるまでの修行と経験の大きさが察せられる。それでいて新聞の膨大な情報のなかに、一見紋切型ではあるけれどもごくまれに味わいのある文章があって、名文家の誉れ高い深代惇郎の天声人語とまではいかないけれども感心させられることもある。

民主党への戦略的コミュニケーションの提案

田中さんは政治分野での事業展開にも積極的で、民主党の若手議員との交流を深めていた。当時、民主党の若手議員には日本の政治メッセージの在り方に対する問題意識とそれを変えようという意欲があって、田中さんはそうした若手議員との交流を通じて、戦略的コミュニケーションの採用を民主党に働きかけた。民主党の、とくに米国留学の経験のある若手議員は戦略的コミュニケーションの採用に積極的であった。

戦略的コミュニケーションは要約すると、まずコミュニケーションターゲットを設定し、それぞれのターゲットに合わせたキー・メッセージを開発する。そしてキー・メッセージの発信を効果的に行う為のメディアへの露出計画を立て実施する。キー・メッセージ発信後にはそのメッセージの認知度、理解度についての調査を行い、メッセージが発信者の意図した通りに伝わっているかどうかを確認して、さらに次のメッセージへつなげる、というその連続した活動である。

フライシュマン・ヒラードのワシントンD・C事務所に、民主党への提案についての助言を電話会議で求めたときのことである。ワシントン事務所に、ターゲット層それぞれの民主党の支持、不支持の調査結果などの事実確認を求められて、日本の政党は選挙戦でそうした調査が実施されていないからデータはないのだと言うと、電話の向こう側でアメリカ人たちが「信じられないことだ」と驚きの声をあげた。

「日本の政党は選挙民の意識調査もせずに選挙戦に臨むのか？　いままでのエージェントは何をやっていたんだ？」

「日本の選挙戦にPRエージェントは関与していない」

田中さんがそう言うと、電話の向こう側のアメリカ人たちは沈黙した。あまりの驚きに言葉がなかったらしく、しばらくしてからひとりがこう言った。

「韓国でもフィリピンでも台湾でもシンガポールでも、アジア、太平洋沿岸諸国の選挙戦では、米国系のPRエージェントが関与している。そのほとんどに我々も関与している。日本の選挙戦には、本当にPRエージェントがいないのか？」

田中さんと私は思わず顔を見合わせた。

日本の選挙戦はもともと媒体を通じてメッセージを発信することを前提としておらず、大事なのはひとりでも多くの有権者と直接接点を持って、立候補者としての存在を認知してもらい、親近感を抱かせることなのだ。普段からの冠婚葬祭の対応は当たり前で、支援者への挨拶回りは欠かせないし、地域での催しや集会への参加、辻立ちと呼ばれる街頭演説、そして街宣車による喧伝、それが選挙戦なのだ。

一般的なマーケティング活動においては、ターゲット分類はその初期段階で実施されるものだし、米国では選挙戦においてもターゲット分類は準備段階で行われるものだが、日本の選挙戦においてはターゲット分類も、その裏付けとしての意識調査もない。

選挙権のあるすべての国民を、政治的なメッセージの受け手としてのコミュニケーションターゲットとしてどのように分類、設定するか。選挙戦略の為のターゲットの分類として、例えば、東京と地方、都会と田舎、大企業と中小企業、サラリーマンと自営業者などといったデモグラフィックな属性分類が一見分かり易いのだが、実際には大企業で働き東京で生活しているから、あるいは地方の農家だからということで日本人の政治意識は類別できるものではない。保守か革新か、右派か左派か、などという政治思想や主義主張をもとにしたサイコグラフィックな分類を試みれば、そもそも日常生活において政治的立場を明確にする必要も機会もないのだから、安易な調査を実施すると、日本人の曖昧思考も手伝って、大半の人が保守でも革新でも右派でも左派でもなく、中道派ということになってしまうだろうし、日本人は政治的関心が低すぎるなどというありきたりの役に立たない調査結果となりかねない。

積極的に主義主張を表明することはないけれども、実際の選択にあたっては、詳細にわたる基準に照らし合わせて吟味し判断をする。しかも往々にして細部の良し悪しが、全体の評価に大きく影響することがある。それが日本人の消費活動と日本市場の特性であり、その繊細な嗜好と要求を汲みあげて応えるところに、世界に比類なき日本の高品質な商品とサービスが実現されるのであって、経済商業の領域において実践されているその活動が政治行政の領域においてはまったく欠落しているところが、政治領域で戦略的コミュニケーションを展開するうえでの課題である。

民主党への提案をまとめるのに、私は別のクライアントの為に実施した戦略的コミュニケーションのターゲット分類を援用した。それは、自己実現についての仕事観をもとに日本人をターゲット分類する仕事で、そこで実際に行った調査設計その結果には政治意識に関わる項目が多分に含まれていたのである。

私は、この日本人の仕事観に基づくターゲット分類を、ポートフォリオに表現される四つのグループに設定をした。

第一のグループは、社会のある集団の先導的立場にある、またはその志向があって、能動的に社会との関わりを持つ傾向がある。自分を取り巻く環境、社会について肯定的で、社会の変化に対しては慎重である。

第二のグループも、社会の先導的立場にあるか、またはその志向があり、能動的に社会との関わりを持つ傾向がある。しかし既成の枠組みや、既成概念に囚われず、場合によっては既存の組織や制度やシステムとの摩擦や軋轢も厭わない。

第三のグループは、社会のある集団において従属的立場にあるが、そこで充足しているか、そうすべきだと考えている。現状についてどちらかと言えば肯定的であり、社会の変化に対しては慎重で、自分の生活にとって安定が重要だと考えている。社会との関わりについては受動的な傾向を示す。

第四のグループも、社会のある集団において従属的立場にあって、現状についてどちらかと言えば不満であり、社会に変化を望んでいるものの、社会との関わりについて受動的であり自ら行動をすることはない。

この分類はフライシュマン・ヒラード社内で議論を重ねて設定し、それぞれのグループの属性を特定する為の調査設計は、多変量解析の高度な知識を持つ経験豊富な調査の専門家との共同作業で行ったものである。調査設計では、設問には個々人が日常的に選択しなければならないさまざまな事柄を取捨選択した。私たちの普段の生活には、好むと好まざるを得ずに主体的に決定しなければならない選択肢が数多くある。受験、進学、クラブ活動、アルバイト、就職、転勤、勤務時間、休暇、昇給、昇進、転職、貯蓄、結婚、出産、住宅、子育て、教育、旅行、介護、趣味、親戚付き合い、近所付き合い、職場の付き合い、ボランティア活動、同窓会、地域活動などについてどう考える、どう向き合っているのか、その複合的な関連から、仕事と自己実現についての傾向が前述した四つのグループにまとめられるはず、というのが私の仮説であった。一般に日本人は他者との関わりにおいては明確な主義主張を避けて自分の態度を曖昧に表現する一方で、自分の周囲身辺に関わることには趣味嗜好を強く反映したがる傾向がある。日本人の自己主張は細部に宿るから、その細部から自己実現の価値観を浮き彫りにしてやろう、というわけである。

この調査はかなり難解なものであったが、経験豊富な専門家の力によって多変量解析を駆使して実証された。伝統的な日本企業の管理職は第一グループに属する傾向があり、外資系企業の管理職は第二グループに属する傾向が見られた。まだ若い社員で従属的立場にあっても、上昇志向が高ければ、第一グループまたは第二グループに分類され、安定的な企業に勤め、趣味を生きがいとしていれば第三グループに分類されることが確認できた。企業におけるそれぞれのグループの分布はその組織の特性を示し、例えば第三グループの社員を多く抱える企業の組織体質は堅実ではあるが変化を好まないし、第四グループに属する社員の構成比率が高ければ経営者は直ちに何らかの対策を実施しなければならないだろう。第四グループは仕事以外の何かに自己実現を求める傾向があるのだ。ちなみに田中さんも私も、試しにこの調査票に回答してみたところ、第二グループに分類された。

人が仕事を通じて達成する幸福の度合いが自己実現であるならば、人々が政治を通じて達成する幸福の度合いは社会実現とでもいうべきもので、それぞれ価値観に基づく分類と、その構成因子となる設問は非常に似通ったものになるはずという前提で、私は民主党への戦略的コミュニケーションの提案をまとめた。

民主党の若手議員にこの提案は好評で、フライシュマン・ヒラードは当時民主党代表であった鳩山由紀夫さんにプレゼンテーションをする機会を得た。民主党本部で、田中さんのフライシュマン・ヒラードの紹介に続けて私は戦略的コミュニケーションの提案内容を説明した。人数が少なければ少ないほど聞き手の反応がわかるもので、相手の反応をうかがいながら説明するのだが、鳩山さんは反応がまったく読めなかった。目を見開いてこちらの話を聞いているのは間違いないのだが、その表情から反応を読めないのである。私はさまざまな場所で、さまざまな内容について、さまざまな人を相手にプレゼンテーションを行ってきたけれども、このような奇妙な経験をしたのはこのときだけである。私は提案内容を三十分ほど説明したが、その間鳩山さんは目を開いてじっと聞いているだけで、質問も感想も何もなかった。

私の説明が終わって、田中さんが「ご質問があれば」と促すと、鳩山さんは周囲にいた若手議員をちらりと見てから、「金がないからね」というような意味のことを誰にとなく言った。そして次の予定があるからと席を立った。

それが二〇〇一年の夏のことであった。その後も田中さんは民主党若手議員との交流を続けるのだが、私は自動車会議の実施に向けて忙しかった。そんなある日、携帯電話に見知らぬ男から電話があり、落ち着いた声で一度会って話がしたいという。用向きを尋ねると、「あるクライアントの依頼で人材を探している」というので、ヘッドハンティングかと確かめると、彼はそれには答えずに、私の経歴についていくつか質問をした。

エグゼクティブサーチ

彼らはその仕事をヘッドハンティングではなく、エグゼクティブサーチ、という。ある企業のある役職に必要な人材を、別の企業から探し出して話をし、要件を満たしているようであれば依頼主である企業に推薦する。依頼主からの報酬金額は求める人材の年収に応じて設定され、一般的には三分の一が前払い金で、一定期間を過ぎてさらに三分の一、そして人材獲得に成功してから残りの三分の一の支払いを求めている。

エグゼクティブサーチ会社の世界上位5社は、二〇一二年実績で

コーン・フェリー　（Korn Ferry International　一九六九年設立　売上高　6億8000ドル）
エゴンゼンダー　（Egon Zehnder International　一九六四年設立　売上高　6億4000ドル）
スペンサースチュアート　（Spencer Stuart　一九五六年設立　売上高　6億ドル）
ハイドリック＆ストラッグルズ　（Heidrick & Struggles　一九五三年設立　売上高　5億3000ドル）
ラッセルレイノルズ　（Russell Reynolds Associates　一九六九年設立　4億6000ドル）
という順である。

エゴンゼンダーはスイスで設立されたが、他の4社は米国系企業であり、世界各地に支社を構えている。日本でも一九七〇年代から活動を始め、一九八〇年代後半に外資系企業の活動が活発になるのにつれてその事業規模が拡大している。

フライシュマン・ヒラード・ジャパンからフォルクスワーゲン・グループ・ジャパンへの転職も、フォルクスワーゲン・グループ・ジャパンからプジョー・ジャポンに転職したのも、彼らに話をもちかけられてそれについて考えるようになり、話し合いを重ねて決めたことだが、転職ばかりしていては仕事が身につかないし、転職がしたかったわけではない。与えられた職責をまっとうすべく真面目に働いているところに突然、「こっちの水は甘いぞ」という声を聞くのである。勤務場所も仕事の進め方も職場環境も取引先との関係も、せっかく築き上げてきたものを御破算にしてやり直すのだから簡単に決められることではないし、悩んだ末の決断ではあるが、ホンダからセガ、セガからＡＤＫ、ＡＤＫからフライシュマン・ヒラードへと転職を繰り返すうちに、私の神経が鈍くなってしまったのかもしれない。フライシュマン・ヒラードを辞めるときには田中さんに、そしてフォルクスワーゲンを辞めるときには梅野さんに前途を祝して励まされ、それこそ思い出せば有難いばかりである。転職にあたっては上司ばかりではなく、部下たちにも心苦しいところはある。仕事の指示を与えるばかりではなく、一緒に酒を飲むこともあれば、ゴルフをすることもある。冗談を言うこともあれば、将来について語ることもある。教育的指導もするし、訓辞を垂れることもある。ときには無理も我儘も言う。それが突然、「実は会社を辞めることにした」と切り出すのだから、驚かないはずがない。しかし所詮雇われの身であるから、エグゼクティブサーチのコンサルタントにとってそうであるように自分自身を一個の商材と見なせば、転職は売りであり、商機でもあるのだ。

ところで、私はエグゼクティブサーチのコンサルタントから、人材についての照会を受けることがあるし、情報提供を求められることもある。彼らは依頼主の名前を明かさないので、どういう企業がその人材を求めているのかはわからないが、ホンダの人材についての問い合わせが少なくなかった。私は三十代半ばでホンダを辞めてしまったので、知っている範囲は限られているが、それでも海外営業畑の人なら昭和三十八年から昭和五十七年前後の入社まで年次順にある程度は知っている。エグゼクティブサーチのコンサルタントからの問い合わせに答えて、私は一時期ホンダの先輩を何人か、彼らに売り込んでみたのだが、

「いやあ、ホンダの人たちはなかなか出てきませんねえ」

とコンサルタント氏はこぼすのであった。

私がホンダのある先輩に、

「エグゼクティブサーチからアプローチはありませんでしたか？」

と、尋ねるとその先輩は、はっとしたようすで、

「なんでおれにアプローチしてくるのかと思ったけど、そうか、おまえだったのか」

と、数年越しの謎が解けたようであった。

それももう旧聞に属する話で、私が売り込んだ先輩方は、どなたもその誘いには乗らずにホンダですでに定年退職を迎えておられる。

転機と転職

就職先として学生に人気があるのは、知名度が高く、安定性の高い日本の大企業である。毎年発表される各種調査結果を見ると、業界再編による合併統合などで名称の変わってしまった企業や、業績低迷で人気のなくなってしまった企業もあるが、昔も今もその傾向は変わらない。私が学生だった三十年前もそうであった。そこに就職が決まれば本人はもちろんのこと、親も喜び安心するに違いない。

終身雇用などいまや幻想に過ぎないという人や、転職が当たり前のようにいう人もいるけれども、あなたがまだ二十代で、トヨタやホンダのような日本の大企業で働いていながら、何か物足りなさやつまらなさを感じているから、とか、職場の雰囲気が合わない、上司が嫌いだから、と転職を考えているのなら、早まらないほうがいい。受験競争を乗り切り、厳しい就職戦線を勝ち抜いて、ようやく入社した会社ではないか。それに会社にとってもあなたにとっても、本当の仕事はまだ始まっていないのだ。長い仕事人生の為に、いまは足腰を鍛えておくべきときである。そうして精進していれば、いずれ転機は必ず訪れる。会社では誰かがあなたをきっと見ている。変化の為に転職で無理矢理転機を求めるべきではなく、若いときの転職ほどむしろ慎重に決めるべきである。

昔はなかったけれども、いまどきは転職先としての人気企業の調査もされている。その調査結果には学生にとっての人気企業と異なって、新興企業や外資系企業が現れる。学生に人気のある日本の伝統的な大企業は殆ど中途採用をしないから、伝統的な日本の大企業から、新興企業や外資系への転職はあってもその逆は稀である。しかも新興企業や外資系企業では、即戦力を求めるところが多い。やはり二十代では早すぎる。自分の人生だから好きなように生きればいいのだが、転職を決める前に一度上司に胸襟を開いて相談してみることだ。上司が頼りなければ、自分の最も敬愛する人に相談すればいい。

第三章　そもそも就職ではなく就社であったということ

日本経済の風景

毎年四月一日になると有名企業の入社式の風景と、その企業の社長講話がテレビ、新聞などで伝えられる。日本経済の季節風物詩である。

経営学者でありボストン・コンサルティング・グループ初代日本支社長ジェームズ・アベグレンは、かつて日本企業の経営を特徴づけるものとして、終身雇用制度、年功序列賃金制度、個別企業別労働組合をあげ、家族的な人間関係によって長期的な維持と繁栄を意義とする日本企業の在り方を、その著書『日本の経営』（ダイヤモンド社）で高く評価した。これによって形式知化された日本的経営の制度的枠組みは、経営者側には寛容であること、労働者側には我慢を求め、双方にその報酬として安定的成長をもたらして、バブル経済崩壊後の一九九〇年代まで日本企業の座標軸であり続けた。

戦後の日本企業発展の枠組みに指針を与えたアベグレンの功績にははかり知れないものがあるが、アベグレンは知ってか知らずか、日本企業がときに抱え込んでしまう組織的症状には一切触れていない。家族的な人間関係に依存する組織体にはときとして、合議制による曖昧な意思決定、主体性のない非効率的な情報伝達、目的の不明確な非生産的な仕事などの問題が生じることがある。例えば形式ばかりの会議、あるいは同じ内容を繰りかえすだけの議論、決断をしない上司、根性論だけの叱咤激励、責任と権限の不一致、不合理な達成目標、サービス残業、仕事よりも気配りと遠慮が優先される人間関係、誰も見ることのない書類の山などがそうである。バブル経済崩壊後、不祥事を起こした日本企業の組織体質として、そうした症状が指摘される例が少なからずある。また、終身雇用が前提であったはずの日本企業が人員削減の為に退職勧告をするようになり、年功序列に替えて能力主義、実績主義の賃金制度を導入し、組合の影響力は低下して、日本企業は家族的な人間関係を優先する組織から事業目的の為の機能を優先する組織へと大きく変化しながら、日本的経営の神話は崩壊しつつあるようにも見受けられる。

それでもアベグレンは、その最後の著書『新・日本の経営』(日本経済新聞社)で、日本企業がバブル崩壊後の危機的状況を、歴史的に鍛えられたその組織的枠組みで乗り越えさらに逞しくなって、将来は必ずや明るいものにするだろうと日本人を勇気づけ励ましている。アベグレンにとって日本と日本文化がそうであったように、異国文化に深く関わりつつ人生を過ごした人の中には、その異国文化が掛け替えのないものとなって、その異国文化を通じてのみ確認される自己の一部もしくは存在となることがあるものなのであろう。アベグレンは晩年日本に帰化してその生涯を終えている。その最後の著書『新・日本の経営』は、生涯を通じて日本に関わり、日本を愛してやまなかった彼の遺言のようでもある。

日本企業における組織の土台づくりは、毎年春の定期採用に向けて望む人材を確保するところから始まっている。そしてその新卒定期採用に向けた学生の就職活動あるいは企業の採用活動は、日本経済独特の風景である。私が大学を卒業した一九八二年当時は、就職協定という名目でその活動は規定されていたが、その就職協定なるものが制定されたのは、日本が高度経済成長に向かい始めた一九五二年、昭和二十七年のことである。戦後の復興期、他社よりも優秀な人材をひとりでも多く確保する為に、企業は大学生の卒業見込みを待たずに三年生を対象に採用活動をした。それでは学業の妨げになるという大学側からの要望で、文部省から、大学側は企業側からの採用申込み受付を大学四年次の十月一日以降とし、企業側は採用選考試験を一月以降とすべし、という内容の通達が出された。以後これが就職協定という名目で制度化され一九九六年まで長く続いたが、企業がこれに違反しても罰則はなく、建前では尊重しつつも、実態としては採用選考開始についての推奨時期といった程度の扱いでしかなく、これを厳密に守る企業などほとんどなかった。

就職協定の廃止された翌年に、日本経団連は新たに「倫理憲章」を策定して、企業の採用選考に際し、自己責任原則に基づく秩序ある行動を求めてきた。しかしまたしても就職活動があまりにも早期化してしまった為に、二〇一一年に倫理憲章を見直し、就職活動の受付開始日を学部三年次の十月一日から十二月一日に遅らせ各企業に自制を促している。この倫理憲章には、企業の選考活動は学部四年の四月一日以降と明記されている。さらに海外留学生や、未就職卒業者への対応を図るため通年採用や夏期・秋季採用等の実施と既卒者への採用選考機会の提供（大学側の配慮要請を含む）と明記されている。傍目にはかつての就職協定の頃とあまり大差がないように見受けられるのだが、実態はどうなのだろうか。

遡って、一九六〇年代の高度経済成長期に企業は学生の採用選考を、とくに有名大学の学生についてその傾向が顕著に現れるのだが、筆記試験は行わずに「人物本位」で早期に採用内定をするようになる。企業が新入社員に求めるのは、受験競争を勝ち抜く勤勉な資質に加えて、社会性、協調性、誠実、素直さなどの人柄、それに職務遂行の潜在能力と社内組織文化に対する適正であって、というよりも相性といったほうがいいかもしれないが、要するに入社してから手取り足取り仕事を教えいずれものになればいいという考え方だから、大枠で文系と理系の括りくらいはあるものの、大学での専門性はあまり問わない。そもそも大学の成績が明らかになるまで待たずに採用を決めてしまうのだから、選考基準には東大を頂点とする大学入試の難易度が勢い反映されて、それが受験競争を煽る元凶ともなった。一流大学の学生は引く手数多である。一流大学を出て、一流企業に就職にして、会社の為に働き、会社に忠誠心を尽くし、会社が発展すれば社員の生活も豊かになっていく。日本株式会社ではいい大学に受かりさえすれば、その後の人生は半ば約束されたようなものだ。

私が学生であった一九八一（昭和五十六）年当時、就職協定による採用選考開始は大学四年の十月一日だったが、ほとんどの学生は四年生の春から、目当ての企業で働く大学ＯＢと面談を通じて実施的な就職活動を開始し、企業側も会社説明会という名目で学生を集めて採用活動をした。就職協定日の前に内定をもらった学生が少なからずいたけれども、大手企業が堂々と就職協定を破るわけにはいかないから、解禁日前の内定は一定の枠内に限られていたようである。一部の有名大学の学生には十月一日以前に内定を出しておき、その多大勢の学生には十月一日以降大々的に採用選考を行う、というのが大手企業の慣習であったようだ。

私の卒業した中央大学は、大学入試難易度の序列で早慶上智に次ぐ私立難関校として、いつの頃からかMARCH（明治、青山、立教、中央、法政）という呼び名で括られるようになった。就職活動を通じて、中央大学の学生であることにとくに優位性を感じることはなかったが、気後れすることも不利に感じることもなかった。私が学生であった頃はマーチなどという十把一絡げの呼び方はされなかったけれども、その位置づけは当時もいまもさほど変わりがないだろう。

中央大学は一八八五（明治十八）年に初代学長増島六一郎を始めとする18名の法律家により英吉利法律学校として設立された。当初は英国法に関する教育機関であったがやがて国内法も教授するようになり、校名を東京法学院、東京法学院大学と変更し、一九〇五（明治三十八）年に経済学科の設置とあわせて中央大学と改称された。現在法学部、商学部、経済学部、文学部、理工学部、総合政策学部の6学部からなり、学生数2万5000人、卒業生数は50万人を超える。歴史的に法学部は別格扱いで「法科の中央」とも称され法曹界に多数の人材を輩出している。学生の頃大学名を聞かれ、「中央大学です」と答えると、「法学部ですか」と聞き返されることがよくあった。中央の法科の認知度の高さを裏付けるものだが、「法学部ですか」と聞かれて「いえ、商学部です」と答えると、まれに「会計学科ですか」と追い打ちをかけられることがあった。当時商学部には会計学科、経営学科、商業・貿易学科の3学科があり、そのなかでも会計学科は偏差値が高く、公認会計士試験の合格者数が多いことで知られていたからである。

「いえ、商業・貿易学科です」と答えてその問答は終了するのだが、それほどまでに受験偏差値というのは世間に滲透しているものなのだなと感じる一方で、就職活動を始めてからは学部学科などといったことはどうやらさほど重要ではないらしいと薄々感じるのであった。中央大学の学生には大方の企業の門戸が開かれてはいるものの、なかなか就職の決まらない学生も少なからずいて、そういう学生はきまって声が小さく、応答が遅く、愛嬌がない。あまり好い印象を与えない。対照的に物怖じをしない人あたりのいい学生は成績に関係なく早々と内定をもらってくる、という傾向が明らかに見られた。

就職活動の過程で、いまは社名が変わってしまった名門企業の人事課長と面接をしたことがある。それは面接というよりも、ある人の紹介でとりあえず会ってもらったというほどの非公式な面談であった。人事課長は柔和で優しそうな感じだけれども厳しさも感じさせる人で、履歴書を持参した学生の私の話を聞き、丁寧に相手をしてくれはするもののどことなく疲れているようで、どれくらい時間が過ぎてからだったか、自分を売り込もうと積極的に話し続ける私を遮るようにして、「君はこの会社にはこないほうがいい」というような意味のことを言った。おそらく私が訝しげな顔をしていたのだろう。人事課長は諭すような口調で言った。

「君の資質や能力がどうということではなく、うちは東大を始めとして旧帝大系の卒業生が多くてね。そういう大学を出ていないと、この会社でやっていくのは大変だから」

私は大学の就職部でその会社に在籍するOBの名前も確認していた。

「御社には中央大学の卒業生もおられますが」

人事課長は、微かに笑った。

「そうね、確かに何人かいるけれど、いろいろと苦労があると思いますよ」

その会社の名前は変わってしまい、人事課長の名前も忘れてしまった。人事課長が何故私にそういう話をしたのかその真意はわからなかったけれども、世間知らずの学生への有難い忠告ではあった。

「会社としてそれでいいのかという話はあるのだけれども、かくいう私も東大を出ていましてね」

と、人事課長は自嘲気味に笑った。年齢は四十代半ば、あるいは後半であったか、そのどこか物憂げな表情がどうも気になって、何かもっと話を聞きたかったのだがそれもできず、面談の機会を与えてもらったことに礼を述べて辞去した。

それまで私は就職も、そして会社勤めの人生も甘く見ていたのだが、この出来事から会社選びに慎重になって、それでなくとも私の履修成績は悪かったから、銀行損保商社でははなから相手にしてもらえるものではなく、メーカーにいくしかないとは思っていたのだが、学歴重視あるいは学閥の色彩の濃い会社は敬遠するようになった。

それにしても、当時我々（学生）は自分たちの将来についてどこか楽観的であった。日本経済は二度の石油危機を乗り越えて成長を続けており、学卒初任給は毎年上昇していた。大雑把に見ると、学卒初任給は昭和四十年代に1万円から10万円と十倍になり、昭和五十年から六十年に10万円から20万円へと倍になっている。初任給が年々あがっていたから、会社に入れば給料も年々あがるものと信じて疑わなかった。ちなみに私が入社した年のホンダの初任給は額面で16万8000円であった。一般的に初任給はメーカーよりも銀行損保商社のほうが良かったし、マスコミはそれよりもさらに良かった。大学四年間を、長い会社人生の前の自由なひとときとして過ごし、就職さえしてしまえば、よほどへまなことをしないかぎりまず首になることはない。仕事は面白くないかもしれない。わけのわからない上司にこきつかわれ、職場の人間関係に煩わされることもあるかもしれない。所詮組織の歯車として働くのだ。何を自己実現として求めればよいのだろう。会社員として会社の為に働き続けて、結局何が残るのだろうか。疑問だらけである。それでも会社に忠誠を尽くし何があっても一生働き続ける覚悟で頑張れば、自己実現についての葛藤を乗り越えて、ひょっとすると偉くなるかもしれない、と、経済成長期にあっては世間知らずの一学生の考えなどそれくらいのことで、どこかに入社すれば何とかなるし、どこかには必ず入社できるものと思っていた。しかし十年後にバブル経済が弾けて、年功序列や終身雇用は危うくなり、就職先によっては人員削減の対象ともなった。長い会社勤めの航路の途中に、かつてなかったような大嵐が待ち受けていようなどとは思いもせずに、何とも呑気な気分で仕事人生の大海を漕ぎ出したのである。

外国に行き、世界を見てみたい

日本経済はまだ発展期にあって、当時の日本の失業率は僅か2%程度の完全雇用に近い状態で、企業の採用活動は旺盛であった。当時新聞調査などで発表される就職人気企業は、企業規模、知名度、初任給、福利厚生、採用者数などが目安となって、理科系の学生には電気、自動車、鉄鋼、文科系学生には損保、商社、銀行などに人気があった。普通に大学を卒業すれば、普通とは何かという議論はあるものの、どこかに必ず就職できるものと思っていたし、傍から見てこいつは大丈夫か、というような学生でも選り好みしなければ就職には困らなかった。しかし就職をすれば自由気儘な学生生活は終わり、いよいよ長い会社人生の始まりである。長い髪を切って七三に分け、白いワイシャツに1型のスーツを着て、毎朝満員電車に揺られて通勤し、まずは会社生活に馴染み、人間関係をうまく築き上げ、集団主義的な価値観に基づいて没個性的な仕事に明け暮れる。そういう生活に自己実現はあるのだろうか、と、まだ働きもせぬうちから憂鬱な気分で、現在の就職難の状況からすれば甚だ呑気なものだが、太平洋戦争敗戦後の復興期を経て、一九六〇年代から始まった経済成長とともに形成されたサラリーマン像はそういうものであった。個人よりも集団的価値観と利益を尊重し、会社に忠誠を尽くして人生を捧げ、ときには自己犠牲を厭わず滅私奉公的に働き、日本の高度経済成長を支えたサラリーマンたちの姿を、それに続く世代の若者として見ていたのに違いない。しかし他に選択肢があるわけでもなく、それこそ普通に大学を出て、普通に就職をして、凡庸な人生を受け入れるしかない、と私を含める大半の凡庸な若者は、将来に憂いを含んだサラリーマンになった。さらに告白しておくと、私はオートバイや自動車が好きでホンダに就職したのではなかった。どうせ就職するならば、どこか遠くの外国に行き、広い世界を見てみたいと思っていたのだ。如何にも田舎出の好奇心旺盛な若者の発想ではあるが、どこでもいいから外国で働ければと思っていた。アメリカ、ヨーロッパ、中南米、中国、中近東、アフリカ、どこでもよかった。好奇心に駆られていただけではなく、日本に暮らしているだけでは、何かが得られないような気もしていたのだが、その発想の背景には、戦後の復興期から経済発展にいたるまで、日本に影響を与え続けたアメリカとアメリカ文化の影響があったように思う。戦後の復興期から一九八〇年代頃まで、日本の若者は自己の人格形成と世界を認識する過程でアメリカの存在と文化に影響を受けていたのが、一九九〇年代以降その影響力が明らかに低下している。現在の日本の若者の消費活動は、音楽もファッションも食品も、そして志向する生活様式もメイド・イン・ジャパンで充足され、アメリカからの輸入品はハリウッド映画などの限定的なものに見受けられる。それが日本の消費文化の成熟によるものなのか、あるいはアメリカ文化の影響力が低下しているのか、それとも明治維新以来の西洋化が百年を経てようやく一段落したのか、興味深い現象である。

一九六〇年代から八〇年代にかけて、日本は大量の工業製品をアメリカに輸出する一方で、アメリカ文化、コカ・コーラ、マクドナルド、リーバイスなどの消費財、テレビ番組、映画、音楽のなどの娯楽コンテンツを大量に輸入した。戦後の高度経済成長で物質的に豊かになった日本人、殊に流行に敏感な若年層が、自らの購買行動、消費活動に方向性を求め始めたところに、アメリカ的価値観に基づく消費文化が砂地に水がしみ込むように受け入れられた。ブルージーンズとTシャツにスニーカー、あるいはアイビーリーグの学生を基調としたファッション、ヒッピーとフラワームーブメント、そして西海岸を中心としたサーフィンとそれに影響された音楽や映画、文学などである。いつの時代においても、音楽とファッションは、若者にとって単なる消費活動ではなく、自己表現の手段でもある。当時の日本の若者がアメリカ文化を身に纏おうとしたのは、経済成長とは反比例で浮彫になる未成熟な文化的活動、あるいは不完全燃焼なそれを、アメリカ文化で補おうとしたのではなかったか。経済発展を実現する原動力である集団主義的で没個性的な仕事人生（実際にはそれほどひどいものでもないのだが）に対する抵抗感から、ベトナム戦争の反対運動と同時性を持ったヒッピー文化や、七〇年代から八〇年代にかけてのサーフィン文化やポップカルチャーの持つ反社会的な香りに惹きつけられたのではないだろうか。

社会の変化にともない世代によって価値観に相違があるのは当然のことではあるけれども、西欧においては一九六八年が現代社会の価値観の転換の重要な年と位置付けられ認識されている。フランスの五月革命に代表される学生運動に端を発する市民運動が社会に変革をもたらしたという歴史認識である。一九六八年の学生運動は同時発生的に世界中で巻き起こり、日本においてもほとんどの大学そして高校でも民主化運動が激化した。しかしながら日本においてこの運動は、社会を変革したという評価も認識もされておらず、テレビメディアにその責任の一端があると思うのだが、「東大安田講堂事件」や「あさま山荘事件」などが世相的な、しかも暴力的な記憶に集約されて、その後の世代の学生運動を抑止する働きを与えたように思われるのである。この学生運動の中心的役割を担ったのは私よりも一回り上の、一九四七（昭和二十二）年から一九四九年までに生まれた団塊の世代である。年間出生数が250万人を超えるこの世代は、激しい受験競争を経て学生となると反社会的な運動を巻き起こし、卒業してからはその社会に与し、指導的な役割も担うようになって、いまはもう現役を退く年齢に達しているが、かつて学生運動で社会の変革は実現しなかったけれども、その圧倒的な数で実は日本の社会に、価値観や行動様式、とくに消費者としての経済活動において、好むと好まざるに関わらず大きな影響を与え続けている。

海外駐在の可能性のある会社を調べて、商社以外に実は製造業にその機会の多いことを私は知ったのだが、電化製品、オートバイ、そして自動車の海外進出ぶりは圧倒的であった。それが日米貿易摩擦の原因ともなる、オートバイ、自動車、ラジカセ、時計、カメラなどの日本製品が外国、とくにアメリカの市民生活に受け入れられている事実は興味深かった。とりわけホンダとソニーは、海外での知名度と人気が群を抜いていて、戦後の経済復興と海外での成功の二つを同時に象徴する存在であった。技術開発に心血を注ぎ、さまざまな困難を克服しながら、海外市場を開拓し、市民権を得ていく。盛田昭夫がニューヨークの五番街に日の丸を掲げ、トランジスタラジオからウォークマンにいたるまで、技術革新で人々の生活を未来へ誘い、本田宗一郎がF1グランプリで日の丸を掲げ、アメリカでオートバイのイメージを変え、CVCCエンジンの開発によって世界で最初にマスキー法をクリアしたメーカーとなる。ソニーとホンダの成功は、日本人が戦後で苦境に喘ぎつつも叡智と不断の努力で独創的な製品を開発し、やがて世界中の人々に認められ愛されるという晴れやかな物語でもあった。

ホンダに入社

海外展開に積極的な企業を選んで就職活動をしていたところ、九月初旬頃ホンダの原宿本社で採用面接を受けた。3人並ぶ面接官のひとりに、ホンダのどこがいいと思うのかと訊かれて、技術力と社風です、と答えると、すぐさまその隣の面接官が、ホンダの技術力のどこがいいと思うのかと問うた。CVCCエンジンのことも知らなかったので、いい加減にしか答えられず、これは駄目かなと思った。勤務地の希望はあるか、と問われて、どこでもかまいません、どんなところでもかまいません、できる限り遠くにいきたいと思います、と答えると、3人の面接官のうちふたりが笑ったのでいくぶん気分が楽になって話は続けたものの、その他に何を話したのかはあまり覚えていない。面接の直後に血液検査もされて、この一度だけの面接で十月一日を待たずに内定をもらった。どこそこの会社でなければという気持ちはなく、ホンダに決まればもう就職活動を続ける気はなかった。人事担当者から電話で内定の知らせをもらったときに、十月一日に伺うのでしょうか、と尋ねると、「もう採用は決まっているからこなくてもよい」という返事だったので、日本全国で一斉に会社説明会が開催されたその日は一日遊んで過ごし、夜テレビで会社訪問解禁のニュースをぼんやりと見た。

十月一日には東京とくに丸の内界隈にはスーツ姿で会社訪問をする学生で溢れ、その日の夜テレビのニュース番組では、今日から会社訪問解禁就職活動開始などといってそのようすが映し出され、翌日の朝刊でも報道された。文系学生に一番人気の丸の内の東京海上火災本社前には、前日から徹夜で並ぶ学生もあった。それほどの熱意を示せば採用されるはずだという伝説めいた噂が学生間にあって、それを実行する者がいたわけだが、実際採用されたのかどうかはわからない。多くの学生が複数の企業を回るから、会社説明会は十月一日から三日、あるいは四日まで毎日開催される。企業によっては十月一日以前に内定通知を出してある学生を呼び出して、他の企業を訪問できないように三日間拘束するところもあった。例えばバスで箱根あたりの研修施設に連れていかれ、そこで缶詰にされたという話もある。

ホンダからの内定をもらった私はこの間、大多数の学生に先行しているという優越感を禁じ得なかったけれども、それよりもさらに就職先が保証されたという安堵感を得て、就職活動の三日間をだらだらと寝て本を読みながら過ごした。会社訪問も採用面接ももう終わりだという解放感もあった。採用面接はひどく疲れるものだ。何しろそれで自分の仕事と稼ぎが決まってしまうのだから必死である。扉を開けた瞬間から、一挙一動、立ち居振る舞いに全神経をつかい、頭を働かせ、聞き、話し、表情をつくり、自分をできる限りよく見せなければならない。しかしいくら取り繕ってみたところで、手慣れた面接官ならば、いくつかの質問で本心を暴いてしまうのだ。

私は一九九五年に三十五歳でホンダを辞めてその後転職を繰り返し、何度も採用面接を受けてきたけれども、もとよりやる気十分でそれを慎重かつ大胆に表明し、結果的には採用されてうまくやってきたわけだが、面接を受けて採用に至らずに気まずい思いをしたことがあるし、うまくいかずに自分の人格までも否定されたように感じたこともある。一方で、採用する側として、いくつかの企業にわたって何百人もの面接をしてきたが、できる限り複数に合議制で採用決定をするようにしてきた。人が人を選ぶのだから、その判定基準は面接官の主観に左右されるのは当然のことだけれども、複数の面接官が合議的に手続きを進めれば、その組織の志向する人材がおのずと選ばれるはずだと思うからである。

ホンダの3人の面接官は、私との面接が終わったあとに意見を交換し、否定的な感想もあったはずだが、鍛えればものになるかもしれない、という可能性に賭けて採用を決めたのではないだろうか。大学の成績は優の数が一桁しかなかったし、クラブ活動をしていたわけでもないし、何かを熱心に研究しているわけでも、これといった趣味があるわけでもない。オートバイやクルマがとくに好きなわけでもない。ホンダは事業規模を年々拡大していたし、昭和五十七年度が学卒大量採用の年で、面接官3人のうちふたりとの相性がよかったからたまたま救われたのだろう。

ホンダの面接で内定通知をもらった後、十一月一日に筆記試験を受けてから正式に採用通知をもらったが、入社後この筆記試験で採用取り消しになった学生がいたらしい、と同期入社の間で話題になったことがある。よほどのことがなければ筆記試験で内定取り消しになるはずがなく、実際に内定取り消しになった者がいたから噂になったのだろう。筆記試験は、埼玉県の和光工場の社員食堂で受けた。500人からの学生を一同に集めて筆記試験を行うとなると、原宿の本社ビルでは収容できずに、埼玉製作所和光工場（当時）に集められた。

埼玉県和光市はホンダの創業期からその生産と開発の一大拠点であった。本田宗一郎が本田技研工業株式会社を設立したのは終戦後間もない一九四八（昭和二十三）年であるが、一九五一（昭和二十六）年には現在の和光市に白子工場、一九五三（昭和二十八）年に大和工場が建設され、一九六〇（昭和三十五）年に本田技術研究所も設立されている。和光市は、古くは白子村といい、一九四三（昭和十八）年に白子村と新倉村が合併し大和町と改称されるが、一九七〇（昭和四十五）年の市制移行の際に、大和市という名称では、神奈川県大和市、東京都東大和市と紛らわしくなってしまうというので和光市と改められた。大和工場、後の和光工場は東武東上線の和光市駅から徒歩五分の好立地にあって、創生期にはドリーム、カブなどの二輪車が生産され、後に四輪車用エンジンが製造されるが、二〇〇二年に工場は廃止となって、その跡地にはいま手狭になった青山本社を補う和光本社がある。ホンダの本社は、一九五三年から一九七四

（昭和四十九）年までは東京八重洲、一九八五年までは原宿、そして青山へと移転した。

一九八二年四月一日の入社式は、鈴鹿製作所に大学新卒と高校新卒の全新入社員を集めて行われた。河島喜好社長の講話があったけれども、この人がホンダの社長かと思うばかりで、迂闊にも稀代の名経営者の話の内容を覚えていない。その後河島社長の姿を実際に見る機会はなく、翌年に社長は三代目の久米是志さんになった。

この年のホンダの学卒採用者数は理系が高専、大学院卒を含めて約400人、文系約150人、総勢約550人、高卒の採用は800人ほどであった。自動車産業では、トヨタ、日産に次ぐ大量採用数である。他に三菱、マツダ、いすゞ、富士重工業、スズキ、ダイハツと乗用車メーカーだけでも9社、それに日野、三菱ふそうと合わせると11社の自動車メーカーがあり、自動車産業は電気機器産業と並び日本の基幹産業として学卒大量採用企業であった。

大企業を実感する

入社式が終わると、鈴鹿サーキットに学卒新入社員を対象に一週間ほど研修が行われ、一同に会した新入社員を前にした人事担当者の、「いよいよわが社も1兆円企業の仲間入りをした」という言葉が印象的であった。1兆円という金額が大きすぎてその意味するところはよくわからないのだが、大企業に入社したのだということをあらためて感じた。人事担当者はまた、「皆さんは就職をしたのではなく、就社をしたということです」とも言った。これから経験を積みながら知識と専門性を高めて一人前になって欲しい、というのである。

確かにその通りであった。就職をしたからといって、とくに何ができるわけでもない。営業ができるわけでもないし、経理や財務ができるわけでもないし、人事総務ができるわけでも貿易実務ができるわけでもない。教えられたことをやるだけなのだ。

鈴鹿サーキットでの集合研修の後、いくつかの組に分かれて三か月間の工場実習と三か月間の販売実習を経て、十月に正式配属となった。

工場実習では、自動車またはオートバイの生産現場に配属されてその期間実作業をする。私は鈴鹿製作所で実習をした。鈴鹿製作所は、一九六〇（昭和三十五）年に、浜松、埼玉に次いで三番目に設立された工場で、当時はスーパーカブに代表される小型オートバイと、シビック、軽トラックなどの自動車を生産していた。工場実習期間中は、社宅として使われていた二階建てのテラスハウス、一階に居間と風呂と便所に流し台、二階に四畳半ばかりの畳の部屋が二つの家に5人一組で共同生活をした。5人の中で文系は私だけで他の4人は理系であった。5人の実習職場は、工場のプレス、溶接、組立、化成などの生産工程に分かれている。私の実習現場は四輪溶接一課という部署で、シビック、TNアクティなどのフロアパネルをスポット溶接する工程であった。台座にフロアパンを据え付け、何枚かのパネル部品を組み合わせてシーラーを塗り、天井からぶら下がっているスポットガンで溶接をして、自動溶接機械に送り入れてその溶接機械の作動スイッチを押すというのが担当工程の一連の流れで、これを五十秒程で完了させなければならない。八時間で500回ほど、同じ動作を繰り返すのである。学生時代なまくらな生活をしていたから、この実習を始めて一か月で体重が5、6キロ減った。三か月の実習期間中、所属する四輪溶接一課の課長の顔を見ることは滅多になかった。四輪溶接一課では数百名が働いていて、課長の下には係長、その下に班長、そして班長代行がいる。係長とも顔をあわせることがなかった。私は四輪溶接一課三係一班の所属で、集合するのはせいぜい班単位で、具体的な作業指示をするのは班長代行であった。班長代行に誘われて何度か酒を飲み、二日酔いでふらふらになって仕事をしたこともある。

勤務時間には早番と遅番があって、早番は早朝から午後まで、遅番は午後から深夜までである。共同生活をする5人がこの勤務時間帯にあわせて二部屋に分かれて寝起きをする。こちらが寝る時間に隣の部屋で物音がするしその逆もあって、疲れて神経が苛立っているときなどこの共同生活でいざこざがおこることもあった。しかし三か月も同じ屋根の下で共同生活をするのだから話をするし、酒も飲む。そうして暮らしているうちに自然に連帯感と愛社精神のようなものが育まれるようであった。工場での実習期間は入社年次によってまちまちで、昭和五十七年入社の三か月は短いほうで、入社年次によっては工場実習が一年間という年もあった。

工場実習後の販売実習は新入社員の郷里の販売店であった。先に販売実習を済ませて工場実習に入る組もあった。郷里で実家から販売店に通えば宿の手配が不要で、家族親戚に自動車が売れることもある。私はＨＩＳＣＯ（ヒスコ）熊本東センターで、つなぎの作業服を着て毎日中古車を洗い、セールスマンの小間使いとして納車引き取りや故障車の牽引もした。たまに所長の販売店訪問に同行した。ＨＩＳＣＯは

Honda International Sales Corporation の略で、一九七四年に日本でのフォード車を目的に、㈱ホンダ中販が名称変更された販売会社である。私が入社した頃は、フォード車販売の実態はなくホンダの中古車を専門に売る会社で、セールスマンは電話口でＨＩＳＣＯ（ヒスコ）という認知がないので「ホンダの何々ですが」と名乗っていた。ここに所長以下、セールスマンが4人、サービスのメカニックがふたり、女性事務員がふたり、それに中古車の磨き屋の六十過ぎのおじさんがひとりいた。おじさんは社員ではなくアルバイトの扱いで、私はこのおじさんの助手のようなものであった。おじさんとふたりで車内に掃除機をかけ、隅々まで丁寧に拭く。座席の下や、ダッシュボードには小銭や、ボールペン、キーホルダー、カセットテープや、ときには誰かの写真や、メモ帳など思わぬものが落ちていることもある。トランクもエンジンルームもきれいにして、窓ガラスの水垢を落として、ボディにワックスがけをする。仕入れたばかりの中古車を商品化するにはけっこうな手間と時間がかかった。

出勤するとまず事務所の掃除をしてから、全員でラジオ体操と朝礼をする。屋外展示場には常時5、60台の中古車、シビック、アコード、初代プレリュード、軽トラックなどがあって、1台1台順番に拭いていく。それが終わるとおじさんとふたりで仕入れ車両の磨きにかかる、という日課だった。昼休みと午後の休憩時間には女性事務員がお茶をいれてくれて、煙草を吸いながらおじさんの話を聞いた。なんでも若い頃に健康を害して長く闘病生活をして、結婚はしたけれども奥さんに先立たれてひとり暮らしをしているという、そういう身の上話だった。そうして私は一九八二年の夏を、中古車の洗車と磨きをして過ごした。

熊本にはヒスコ東センターと、水前寺センターがあって、所長は両方の責任者で、ホンダ営研の出身者であった。

営業職を専門とする人材会社

ホンダ営研は、ホンダが自動車事業へ進出するにあたって一九六六（昭和四十一）年に設立された会社である。ホンダは戦後一介の町工場からオートバイメーカーとして急成長を遂げ、一九六〇年代に特振法案（特定産業振興臨時措置法案）に急かされるようにして俄かに自動車メーカーとなった。特振法案は、乗用車の輸入自由化を解禁するにあたって日本の自動車産業の国際競争力を高める為に通産省の行政指導方針としてまとめられたもので、新規参入を制限して既存の自動車メーカーの集中的育成を図るものであり、一九六三年に法案としてまとめられ、一九六四年に国会で審議され結局廃案となったのだが、ホンダは自動車メーカーとしての実績をつくるべく一九六二年十月に開催された第九回全日本自動車ショーに、軽トラックT360、ホンダスポーツS360、S500を出展し、翌年八月にT360、十月にはS500を慌ただしく発売した。その後一九六七年に軽自動車N360で本格的に自動車事業に進出するのだが、当時のホンダには、自動車の販売網を整備する時間も資金的余裕もなく、オートバイの販売網を通じて自動車の販売をし、その支援体制として全国各地にサービス工場をホンダSF（Service Factory）として展開し、ホンダ中古車販売㈱、ホンダ信販㈱、そして㈱ホンダ営研を設立した。

ホンダ営研はいわば営業職を専門とする人材会社であった。全国70か所に本田技研の営業所が設置され、営研マンはそこに常駐した。ホンダの販売網は町や村の自転車店に整備工場や中古車店などで構成されており、自動車のセールスマンなどいないから代わりに営研マンが商談をする。売買契約の主体はあくまでも販売店で、営研マンの仕事は営業代行業のようなものである。そして割賦販売の要望があればホンダ信販が対応し、下取り車があればホンダ中販が引き取り、修理点検はSFが行う。販売店の役割は地域密着でのお客様との関係づくりである。ホンダは営業所と全国280店の代理店を通じて全国約4800店のオートバイ店でN360を売り、一九六八年には販売網強化の為に、全国で約4000店のホンダ専門店と約8000店のホンダショップを選定した。ホンダ専門店とホンダショップでは、販売店として求められる要件が異なり、車両の仕切り価格も違う。ホンダショップは一定の要件を満たせばホンダ専門店に格上げされ、仕入れの利幅も高くなるのである。販売店としての一定の要件を満たせば車両の利幅が高くなるというこの契約方式で、ホンダは町や村の自動車店から始まった販売網を自動車販売網へ転換していく。一九七二年にホンダシビックが発売になると、取扱い車種によって軽四輪特約店、小型車特約店、一般販売店に分け、小型車特約店にはショウルームや整備工場の設置と計画販売を求め、店舗の大型化と販売力の拡充を促進した。そして一九七八年には新チャネル、ベルノをフランチャイズ方式で新規参入の販売店を募り、HISCOの店舗を「ベルノ」の店へと変更をした。この頃には全国のホンダの販売店は4000店からその半分の2000店ほどに集約されており、一九八五年には比較的規模の大きい販売店を「クリオ」チャネル、大多数の中小規模店を「プリモ」チャネルに再編成をして、ホンダはベルノ、クリオ、プリモの3チャネル体制を構築した。

一九七〇年代から八〇年代にかけて、トヨタはトヨタ、トヨペット、カローラ、オートに新チャネルのビスタを加えて5チャネルにしたし、日産も日産、日産モーター、日産プリンス、日産サニー、日産チェリーの5チャネルを展開し、マツダまでもマツダ、アンフィニ、ユーノス、オートザム、オートラマの5チャネルを展開していた。拡大する自動車市場を取りこぼさないようにする為に販売網を張り巡らせて、陣取り合戦をしたのである。複数チャネルを展開しても、チャネルごとの専用車種など、とても開発できないから、例えば、トヨタのマークⅡ、チェイサー、クレスタや、日産のセドリックとグロリア、ホンダのアコードとビガーなど、同じ車体の外観と名前を変えただけのいわゆるバッジエンジニアリングによって、各メーカーとも対応した。

バブルが弾けて九〇年代以降にそれぞれ再編を余儀なくされ、ホンダは二〇〇六年三月一日に3チャネルに終止符を打って、プリモ1489店舗、クリオ512店舗、ベルノ399店舗をホンダカーズとして統一した。

ベルノ店とクリオ店は、ホンダの営業部との直接取引であったが、プリモ店は各都道府県との営業所を通じて取引をした。そのひとつである栃木営業所で私は一九九三年から一九九五年まで仕事をしていたが、そこで上司であった所長も営研の出身であった。

「S800クーペに颯爽と乗り込むスーツ姿に憧れておれは営研に入ったのだ」とHISCO熊本東センターの所長は新入社員の私に当時のことを面白おかしく話してくれたのだが、その十年後に栃木営業所の所長からも同じ話を聞いたことがある。ホンダ営研の人材募集広告を見て、「これだと思った」のだという。その新聞広告には、S800クーペのドアを開くスーツ姿の男の写真とともに、「セールスマン求めます」という見出しと、「ベテランは高収入を、ルーキーはチャンスを！　積極的に個性をいかしてください」という呼びかけ。それに、以下の補足説明がある。

－　若さとアイデアが溢れ、たくましく将来の夢を育てる人にとって働きがいのあるまったく新しい「セールスを科学する会社」㈱本田営研です。

－　組織の鎖のない職場です。最高のコンディションで、能力がフルに発揮できます。販売店とホンダを結ぶ重要なパイプになると同時に、「考えるセールスマン」としてリサーチ活動に存分に腕をふるっていただきます。

－　一人一人がホンダスポーツカーで活動（セールス）していただきます。

－　エキスパートを尊重します。優れた仕事に対してはその努力と実績を正当に評価し、それにふさわしい待遇と資格を付与する独自のシステムです。

この広告に全国で3000人の応募があり、その中から第一期生として百数十人が採用された。そして数年後には全国で600人程の営業マンが活動するようになる。このホンダ営研は一九七四年に解消されるがその人材はその後ホンダの自動車販売網編成の実行部隊としての役割を担った。

HISCOはホンダ中販から名称が変わっても、ホンダの中古車の流通を下支えするのが役割で、各地域のホンダ販売店の中古車在庫を確認し、政策的に買い取らなければならないこともあって、その為にHISCO熊本東センターの所長は熊本県下のホンダ販売店を定期的に訪問していたのだが、私はその訪問に同行することもあった。熊本県の北から南まで、クルマで数時間走るその車中、所長は、

「赤いS800に乗って、最高の気分だったな。走っているときにドライブチェーンがよく切れたが」

と、ホンダ営研のことなどを話して聞かせてくれるのであった。

「静」の井深大、「動」の本田宗一郎

ある日中古車の洗車をしていると、「おい、ちょっと来い。本田最高顧問の話を聞きにいくから一緒に来い」と所長に言われて、作業服を急いでスーツに着がえた。

私がホンダに入社した一九八二年の夏、井深大と本田宗一郎のふたりは、第二臨調（第二次臨時行政調査会）の会長であった土光敏夫に賛同して、行政改革の必要性を説くため「行革推進全国フォーラム」と題した講演会で全国各地を行脚しており、熊本市で開催されたその講演会を、所長の計らいで聴講したのであった。

第二臨調は、鈴木善幸内閣が設置した機関で、「増税なき財政再建」を達成すべく行財政改革についての審議を行うのがその設立目的であったが、同名の調査会が一九六一年から一九六四年まで存在していたことから、六〇年代の調査会を「第一臨調」、八〇年代の調査会は「第二臨調」と称されるようになった。

会長を務めた土光敏夫の名前から「土光臨調」とも称される。当初は行政改革の審議が目的であったが、財政再建も審議に加わり、行財政の一体改革を答申することになった。

一九七〇年代、経済成長によって税収が拡大するとともに日本の行政機関は肥大、財政状況が悪化し、大平正芳内閣は一般消費税の導入を試みるが失敗して財政再建の為の歳入増加ができず、鈴木内閣は「増税なき財政改革」をめざすことになった。

行革フォーラムは審議会の委員のひとりであった瀬島龍三が、緊縮財政についての国民的理解を求める為に土光敏夫の応援団の設立を企図し、その旗振りを本田宗一郎に依頼したのが始まりである。緊縮財政で国民に我慢を求めなければならず、知名度と説得力のある人を起用する必要があった。

本田宗一郎は、「土光さんの応援をするのは結構だが、政府の提灯持ちをするようなことはしない。また、若い人を中心とする運動体にしてくれ」と注文をつけて、井深大とともに世話人になり、八二年四月に「行革推進全国フォーラム」が発足した。この活動費はすべて本田、井深の個人負担であった。仕掛け人は瀬島であったけれども、本田の「政府の提灯持ちはしない」というところがその意図とは食い違っていたのか、この行革フォーラムに瀬島が直接関与することはなかった。

私が聴講した熊本市での行革フォーラムでは、まず井深大が講演をした。日本の国づくりの為には人材育成が大事であって、その為に教育に力をいれていかなければならない。教育を始めるのは早ければ早いほど良いし効果がある。そういって妊娠期の体内教育の重要性を、如何にも科学者らしく論理的に、しかも分かり易く語った。穏やかだけれども、その体の芯では何か情熱の炎が静かに燃えているようであった。

本田宗一郎は自分の経験談から社会の在り方、国の在り方について意見を述べた。「わたしは職人なもんで手だけ動かして、口はおまんまを食うくらいのものなんで、たいした話もできませんが」といって、身振り手振りを交えての話しに聴衆者は笑い、大いに盛り上がる。正直な感想とすれば、結局何を言いたかったのか、あまりはっきりとはしないけれども、とにかく国の財政が大変なことになっているんだから、我々も頑張って、我慢するところはして、若い人につけを残さないようにしなくては、というようなことだった。

井深大の話しぶりを静とすれば本田宗一郎のそれは動であって非常に対照的で、会場には日本を代表する著名な経営者の講演を聞いたことで充実感が漂っており、ふたり揃っての会場の聴衆者との質疑応答も和気あいあいと進んでいたそのときである。

三十代半ばから四十代くらいのひとりの男が、マイクを手に立ち上がると、何やら興奮した面持ちで、聴衆席の階段を演壇に歩み寄りながら、質問というよりも、本田宗一郎に向かって訴えかけた。

自分は天草で百姓をしながら暮らしている者ですが、今日は本田先生が熊本にお見えになるというので、ぜひともお話を聞きたいと思い、朝早くに家を出てきました。自分は一家を養う為に朝から晩まで働き詰めで、百姓のほかにもアルバイトもして、それでも暮らしは楽にはならず、苦しいことばかりです。年老いた父と母と、そして子供たちを養っていかなければならないのに、働いても働いても、楽になるどころか生活は苦しくなるばかりで、この先どうしていいかわからず、それでも我慢と言われると　と、男はマイクを持って語るうちに嗚咽をもらした。そして涙声で、「本田先生、私はどぎゃんしたらよかとでしょうか」と訴え、問いかけるのである。

会場の和やかな雰囲気は一変した。その言動は常軌を逸してはいるものの、実直そうにも見えるその人物の問いかけがあまりにも切実なので、成り行きを見守るしかない。

すると本田宗一郎が立ち上がって演壇のマイクに向かったのだが、驚いたことにその顔はくしゃくしゃで、目には涙が溢れていた。そうして感極まった声で男に語りかけた。

「大変なご苦労をされて、さぞや辛いことでしょう。それでも頑張っておられる。わたしもさんざん苦労をしました」

そして、涙をはらはらと流しながら、辛いのはよくわかる、よく頑張っておられる、わたしも頑張った、みんな頑張るしかない、ということを身体から振り絞るような声で言うのである。その内容には論理的な展開などなく再現できないのだが、本田宗一郎の涙交じりの語りかけには、どういう訳か人の心を強く打つ響きと、共感を誘う力があった。会場の聴衆者のなかには啜り泣きをする人もあった。

マイクを持った男は泣きながら丁寧に本田宗一郎に礼を言い、それで質疑応答は終了した。誰かがさらに質問をするという雰囲気はなく、もうこの場を終わらせるべきだろうと思っていたに違いなかった。所長と私は会場を後にしてまた職場に戻った。

販売実習を終えて、私は本社に正式配属になって原宿にあった本社に三年間、そして一九八五年に青山に移転した本社に五年間勤務した。

原宿にあった本社は、株式会社ヤシカの物件でいまは京セラのものとなっているが、明治通り沿いに面した好立地にある。若々しくて活気に溢れ、奇抜なところもある原宿は当時のホンダのイメージによくあっていたし、本社ビルの一階にあったショールームは、原宿の街に彩りを与えてもいた。ある日の夕方、仕事が終わって、同期入社の仲間と呑みに行こうと、原宿本社ビルの玄関前でたむろしていると、おまえら、仕事が終わったらさっさと帰れ、と叱りつけるように言う人があって、なんだと思って振り向くと、それは本田宗一郎の声であった。

「仕事が終わったんなら、みんなさっさと帰れよ」

と、子供を叱りつけるように大声を出していた。その後も何度かその姿を見かけたことはあったけれども、直接言葉を交わす機会にはついに恵まれなかった。

世界を相手に仕事をする気構え

ホンダに入社後、半年間の研修を終えて私が配属になったのは原宿本社三階の海外向輸出部門で、当時は外国部と総称されていた。文系同期入社150人の内十数人が配属となった。東大1名、上智4名、東京外大2名、大阪外大2名、阪大1名、独協大1名、東京理科大1名、中央は私がひとり、それと後もうひとり、ふたりいて、外国部だから外国語専攻をした者が多かった。

自動車メーカーで、理系はさておき、文系の東大出身者がもっとも多いのはおそらく日産だろう。トヨタと日産は日本の自動車産業の双璧であったが、当時、トヨタは自販と自工に分かれており、メーカーとしてのトヨタは愛知県の己の企業名を冠した豊田市にあって、日本を代表する企業ではあっても田舎臭く、その当時銀座に本社を構え、日産ギャラリーでミスフェアレディが華やかな笑顔で迎える垢抜けた雰囲気の日産に人気では及ばなかった。

ホンダあたりになると、文系の東大出身者は数えるほどしかいなくて、しかし営業の現場に近いところに配属されたりすると

「ふうん、東大を出てうちに入ったのか。もの好きだな」

などと言われたりする。せっかく東大を出たのだから、その肩書きを大事にしてくれる会社で働けばいいのに、とまわりが余計な世話を焼くのである。

ホンダには戦前から続く財閥系企業のような伝統と格式はなかったけれども、世界を相手に仕事をするという気構えと自由で開放的な雰囲気があった。学閥もなかった。一九八二年の学卒新入社員の出身大学は、大量採用ということもあって意図的にそうしているところがあったらしいが、国公私立を問わず全国各地から万遍なく、言ってしまうと二流、三流大学の出身者も少なくなかった。もうひとつ言ってしまえば、財閥系企業に馴染まないようなやや風変りな人物が社内に少なからずいて、それを個性として受容するような大らかさもあった。中途入社の社員も多かった。会社の設立が昭和二十三年で、昭和三十二年には東証一部に上場をして、その急成長を支える為の人材獲得をする必要があったのだ。昭和五十年あたり

までの卒業年次の人材は中途採用で補われていて、部長クラスには一流大学を出て商社勤務経験などのある人もいた。外国部では、英語はもちろんのこと、スペイン語、ポルトガル語、ドイツ語、フランス語、中国語などに堪能な人がいて、海外経験があり、常識の枠が大きかった。部長ともなると新入社員の目には仰ぎ見るような存在であった。外国部総勢で200人ほどいたのではないだろうか。

外国部というのは輸出関連部門の古くからの総称で実際には、北米営業部、中南米営業部、中近東・アフリカ営業部、欧州部、アジア・太平洋営業部、海外生産部、海外特別計画室、海外業務室といった部門に分かれており、各営業部にはそれぞれ二輪、四輪、汎用の製品ごとに担当が分かれていた。汎用というのは、ホンダのエンジンを汎用的に用いて開発された発電機、芝刈り機、耕運機、船外機などの製品群と汎用性のあるエンジンそのものの社内呼称である。

ホンダは「バイク好き」「クルマ好き」の集団がそのまま会社になっているようなところがあって、仕事を離れてもオートバイや自動車の話に夢中になり、ツーリングに行ったり、レース見物にでかけたり、という人が少なくなかったけれども、上司や先輩のなかには、オートバイや自動車にあまり熱中し過ぎるのはよくない、と窘める人もあった。仮にもマーケティングやセールスを仕事とするのであれば、自分の趣味嗜好ではなく顧客目線でプロダクトを見なければならないし、プロダクトの良し悪しを判断するのは自分という個人ではなく市場だということを忘れてはいけない、という意味を含んでのことで、新製品についてこれは売れるとか売れないなどとしたり顔で話したりすると、評論家みたいなことを言うな、と叱られもした。自社の製品を仕事としてどういう気持ちで扱うべきか、なかなか難しいことではあるが、本田宗一郎は、本田技研工業設立三年後の一九五一年、昭和二十六年に以下のような社内メッセージを発信している。

私は吾が社のモットーとして「三つの喜び」を掲げている。即ち三つの喜びとは、造って喜び、売って喜び、買って喜ぶという三つである。

第一の造る喜びとは、技術者のみに与えられた喜びであつて、造物主がその無限に豊富な創作欲によって宇宙自然の万物を作ったように、技術者がその独自のアイデアによって、文化社会に貢献する製品を作り出すことは何物にも替え難い喜びである。然もその製品が優れたもので社会に歓迎される時、技術者の喜びは絶対無上である。技術者のひとりである私は斯様な製品を作ることを常に念願として努力している。

第二の喜びは、製品の販売に当る者の喜びである。吾が社はメーカーである。吾が社で作った製品は代理店や販売店各位の協力と努力とによって、需要者各位の手に渡るのである。この場合に、その製品の品質性能が優秀で、価格が低廉である時、販売に尽力される方々に喜んで頂けることはいうまでも無い。良くて安い品は必ず迎えられる。よく売れるところに利潤もあり、その品を扱う誇りがあり、喜びがある。売る人に喜ばれないような製品を作る者は、メーカーとして失格者である。

第三の喜び、即ち買った人の喜びこそ、最も公平な製品の価値を決定するものである。製品の価値を最も良く知り、最後の審判を与えるものは、メーカーでもなければ、ディーラーでもない。日常製品を使用する購買者その人である。「ああ、この品を買ってよかつた」という喜びこそ、製品の価値の上に置かれた栄冠である。私は吾が社の製品の価値は、製品そのものが宣伝してくれるとひそかに自負しているが、これは買って下さつた方に喜んで頂けることを信じているからである。

三つの喜び、これは吾が社のモットーである。私は全力を傾けてこの実現に努力している。

この三つの喜びは、三現主義と共に社員に浸透しており、私なども事あるごとに上司や先輩から、「造って喜び、売って喜び、買って喜び」「仕事は現場、現物、現実に即してするもの」と教育された。三現主義は、三つの喜びとともに本田宗一郎が創案したホンダ独自の教えだと私は思っていたから、ホンダを辞めてからトヨタや日産でも三現主義がよく滲透していることを知って、それがホンダフィロソフィーであると信じていたから他社でも滲透していることに驚いた。三現主義の創案者が誰であるのかは定かではないのだが、三現主義は自動車メーカーばかりではなく日本の製造企業に広く普及している。現場、現物、現実に原理、原則を加えて五ゲン主義とする教えもある。仕事で障害にぶつかったり、課題を考えたり、問題解決の糸口を見つけたり企画をまとめるときに、「現場に足を運んでみる」「現物を手にとって見る」「事実をもとに現実を確認する」のは確かに有効な手段で、現場、現物、現実の三現主義は、仕事の教えというよりは日本人の仕事の志向性を定義づけしたことで、日本の製造企業によく受け入れられているのであろう。日本人の創造性と生産性は抽象的、観念的な仕事よりも、具体的、実践的な仕事の領域においてより発揮されるものなのである。

新入社員研修後に私が正式に配属された海外流通部は、営業部の策定する販売計画に基づいて生産計画を立案し、その計画に基づいて輸出船積みをする部門であった。後に物流部と名称は変わったけれども、この部門で私は工場の出荷から輸出船積みを五年間担当し、そして欧州営業部で三年間、都合八年間本社で過ごしたが、一九八〇年代の事務仕事はまだデジタル化されていなかった。

私が働き始めた頃は、まだマルチプランやエクセルの如き表計算ソフトは普及していなかったから、販売計画表や生産計画表などの数字は手書きであった。部門間の文書もすべて手書きで、「おまえ、字が下手だなあ」とよく呆れられ、「昔は生産計画に携わる者は、数字を書く練習をさせられたもんだ」などと言われた。海外との通信はテレックスかFAXで、外国部にはテレックス、タイプ、FAX室があった。ワープロもまだ普及していなかったから、タイプ室で専門家に手書きの英文原稿、日本文原稿をタイピングしてもらうのである。それでも最新式の英文タイプライターが常設されており、英文タイプライティングは海外営業部員の必須技術であった。E-mailを利用するようになったのは九〇年代半ばになってからのことで、それまでは日本語は手書きで、英文はタイプライティングしてFAXするのが海外との通信方法であった。因みに私がエクセルとワードを初めて使ったのはフランス・ホンダにいたときでフランス語仕様であったし、E-mailで仕事をするようになったのはセガで働くようになってからである。

欧州営業部で私は英国のオースチン・ローバー・グループとの提携業務の営業担当となって、ローバーの英国人とFAXと電話でやり取りをしたが、私はタイプライティングした英文を送るのに先方の担当者からのFAXは手書きで読み辛いので、タイプライティングしてくれと注文をつけたところ、できないという。

――貴社の某氏はちゃんとタイプライティングしたFAXで送ってくるではないか。

――彼には秘書がいて、秘書がタイプするのである。自分には秘書がいない。

――自分でタイプすればいいではないか。

――タイプは男のする仕事ではない。

タイプは、女性タイピストがお喋りをしながらする、そういうものなのだ、とタイプライティングのFAXをよこしたことがなかった。

オースチン・ローバー・グループは、十九世紀末の自動車の黎明期にまで遡る歴史のある英国の自動車会社で、長い歴史のなかで合併と資本売買を繰り返しているが、その起源はハーバート・オースチンが1905年ロングブリッジに設立したオースチン・モーター・カンパニーに遡る。自動車産業創成期の多くの社名がそうであるように、創業者の名前でもあるオースチンは英国の最も古い自動車会社でもあり、自動車でもあった。

一九五二年に、オースチン・モーター・カンパニーはモーリス・モーター・リミテッドと合併し、ブリティッシュ・モーター・コーポレーション・リミテッド（BMC）となる。一九六六年にはジャガーもその傘下に加わり、ブリティッシュ・モーター・ホールディングス・リミテッド（BMH）と改名され、一九六八年に Leyland Motors Limited と合併をしてブリティッシュ・レイランド・モーター・コーポレーション（BLMC）となった。さらに一九八二年にブリティッシュ・レイランドからオースチン・ローバー・グループ、一九八六年にはローバー・グループと改称された。その複雑な歴史は英国自動車産業の発展と衰退の歴史でもある。

ホンダとは一九七九年から提携して、ホンダ・バラードをベースにローバー200、400シリーズを、ホンダ・レジェンドをベースにローバー800シリーズを生産しており、私はそのホンダのエンジンとその関連部品を供給する仕事を担当していた。ローバー200シリーズは、メトロ、モンテゴ、ミニなどと同じロングブリッジ工場で生産され、800シリーズはオックスフォード近くのカウリー工場で生産されていた。ローバー・グループとの提携に関わる仕事は、ホンダ社内での認知と理解があまり高くなく、工場、研究所などの関係部門との調整が主な仕事であった。ローバーは一九九四年にBMW傘下となってホンダとの提携は解消され、ミニがBMWによって見事に再生されたが、ローバー・ブランドはBMWからフォード、そしてインドのタタへと引き継がれ、オースチン・ブランドは中国の上海汽車集団の所有となっているが、そのブランドの復活を示すような自動車はまだ登場していない。

入社後の正式配属からフランス・ホンダへ転出するまでの八年間、私はずっと本社にいたので人事には詳しくなった。というのも本社での仕事の半分は社内調整に関わることで、社内調整の延長線上には関係部門の部門長の存在があって、その部門長の人物評とさらには人間関係が、会議でも酒を飲んでも話題になるから仕事に向き合えば向き合うほど人事に詳しくなるのである。入社年次、社内経歴、人柄、人脈などがその内容であって、毎年春になると、今度は誰が課長になる、部長になる、役員になる、誰がどこに転勤になる、と話題になった。人事評価は年度単位で、四月一日に前年度の評価結果として社員に通知される。人事評価は職能給と資格制度からなり、職能給は七段階の等級に号数が加わる。高卒で入社すれば1等級76号、大学卒で入社すれば2等級112号、大学院卒ならば3等級144号、といったふうである。その後ホンダの人事評価制度は大きく変更されたと聞くが、当時私は毎年の春の評価に従っていくら号数が増えればいくら給料がいくらあがるか計算ができたし、昇格の為の要件もよく知っていた。基本的には年功序列であったけれども、評価がよければ号数が余計に増える。資格は事務職が主任、主査、参事、技術職は技術主任、技師、主任技師、技師長となる。おおまかに言えば二十歳代半ばから三十歳後半までは3等級で、三十代半ばで主任になって、4等級で主査となれば管理職になって、組合ではなくなり、残業代がつかなくなる。

ホンダの労働者組合は大多数の日本の製造企業と同様のクローズドショップで、入社すると同時にホンダ労働組合の組合員で、四月一日付で主査となった人は、その日から始業時間からやや遅れて出社するようになる。組合員である社員は始業時間までに出社してタイムカードを押すのだが、その必要がなくなるのだ。管理職は始業時間に遅れて出社する。始業時間から三十分ほど過ぎてから、課長が出社して、そのさらに後に部長が現れる、というふうだった。主査になれば課長職につく資格があるけれども、課長職は限られる。参与になれば部長職の資格があるけれども、部長職はもっと限られる。したがって、主査である課長の配下に参与がいることもあって、この出社時間はそれぞれの関係を微妙に表していた。

仕事を通じて習得した英語と仏語

本社から離れて、フランス・ホンダ、そして栃木営業所では、根回しや社内調整や噂話から解放されて、自動車はなかなか思ったようには売れなかったけれども、仕事は格段に面白くなった。いずれまた海外駐在に出て、何か国かを渡り歩いてホンダを売り続ける。そういう仕事人生になるのだろう、と思っていたのだが、毛塚さんに誘われて転職をして、そうはいってもいつかはまた戻るだろうと思っていた本社には再び戻ることがなかった。ホンダを辞めてから、はからずも転職を繰り返すことになってしまったのだが、ホンダで仕事を習い覚えたことがその後の仕事人生において大いに役立った。挨拶から始まって、言葉の使い方、上司への報告の仕方、会議での議論の在り方、ものの言い方、報告書の書き方、英語の使い方、そして自動車の開発から生産、販売に至る自動車メーカーとしての活動に対する理解とそれをマーケティングの視点から仕事として取り組むということ、そして何よりも仕事に取組む心構えと姿勢、そのすべてをホンダで教わった。いまでこそ私は英語を話すけれども、それもホンダで仕事を通じて習得したものである。英語を専門的に学んだことはなく、学生時分に英語が得意だったわけでもない。私の英語は仕事を通じて長年の積み重ねで習得したもので、その始まりはホンダに入社して海外営業部門で仕事をしていた頃のことだ。一般的に日本の英語教育では、米国人あるいは英国人のように話すことが求められるけれども、ホンダで働くようになって実は日本人の英語というものがあることに気がついた。当時ホンダの外国部の仕事をしていると、海外の取引先と電話を通じて英語で話す声があちらこちらから聞こえて、なかにはエリート教育を受けた米国人か英国人の如き見事な英語もあったけれども、その大半は米国人や英国人の如き英語ではなく、これならば自分にも喋れそうだという気にさせられる紛れもなき日本人としての、それでも堂々とした英語であった。ホンダに限らず当時の日本企業の幹部社員は戦前戦中の生まれであり、戦後生まれの中堅社員にも留学経験のある人などは稀で、その英語はホンダのような海外進出と共に世界を股にかけたビジネスの現場で鍛えられたものである。

当時のホンダの人事にはいささか乱暴なところがあって、英語の話せない国内営業畑の人をいきなり海外駐在に派遣することがあった。そうして何年かの海外生活を経て英語が上達する人もあれば、あまり上達しない人もいた。ホンダに限らず、成人して後に仕事を通じて英語を習得した人はけっこういるもので、そうしてみると中学一年生から英語の勉強を始め、受験に備えて3000語、5000語、あるいは7000語も英単語を覚えるのに話せるようにならない日本の英語教育は根本的に何かが間違っているのだろう。英語は実質的な世界の公用語だけれども、英語を母国語としない人口が実は世界の大多数を占めているわけで、中国人には中国人の、韓国人には韓国人の、インド人にはインド人の、ドイツ人にはドイツ人のそれぞれの母国語を下地にした英語があって、それと同じように日本語を下地にした英語があっていいのだと思う。ただ日本語にどっぷりと浸かって生きている日本人が英語を話すにはそれなりのこつがあって、そのこつさえ掴めれば、少なくとも受験勉強の為に覚えた3000から5000の英単語を忘れていなければ、きっと英語が話せるはずである。

私は長年英語を使って仕事をしてきたが、プジョーで働くようになるまで英語の試験など受けたことがなかった。英語を話せるという前提で外資系企業に採用され、実際にアメリカ人、ドイツ人、フランス人と、さして不自由なく英語で仕事をしてきた。

ホンダの青山本社で働いていた頃に、英語の実力を確認する為の試験を受けるようにと人事部門から促され、その試験を受けるべきなのかと上司に尋ねると、「君は英語が話せるということになってんだから、いまさら試験なんか受けなくてもいいだろう。おれだってそんなもん受ける気ねえしな」と、なんとも捌けた話しであった。そのあたりが現場主導のホンダの人事感覚の現れでもあったように思う。その後もずっと、英語はできる前提になっていたからあらたまって試験を受けることなく、英語を使って仕事をしてきたが、PSAで働くようになって、五十歳を過ぎてから初めてTOEICを受けるはめになった。よくいわれるようにフランス人は他の欧州各国人と比べると英語下手で、プジョー・ジャポンに入社してから研修をかねた最初のフランス出張で面談の機会を与えられたPSAのフランス人の上級管理職のなかに、「私は英語が苦手だから、フランス語で話すけれども、貴君はフランス語を解するのだろう?」とフランス語で話しかける人がいて、大変な会社に入ってしまったと思ったけれども、その後もPSA社内では英語を話さないフランス人に出くわすことが少なからずあった。

国際化を促進しているPSAがそういう状態ではまずいだろう、ということで、上級管理職はTOEICで850点が条件付けられて、日本駐在のフランス人たちと一緒にTOEICを受けさせられた。五十歳を過ぎて生まれて初めてTOEICなるものを受けて、結果は860点でなんとか合格点を得たけれども、それは英語の理解力もさることながら集中力と記憶力を試すもののようで、それでなくとも仕方なしに受けているから、けっこうくたびれる。あまり年を取ってから受けるものではないかもしれない。

ホンダの件の上司は私に海外転勤の内示をするときに、

「英語はあまり通じないかもしれないが」

と前置きをして、フランスだからな、と言った。

大学の第二外国語はなんとなく洒落た感じがするからと仏語を専攻したものの、ほとんど何もわからず単位を落として、この仏語専攻は苦い思い出である。それでも二年間パリに暮らして、その後はからずもフランス企業で働くようになって、勉強をしながらフランス人たちと毎日話をして、長い歳月を経て仏語を話すようになったのではあるが、フランス駐在が決まったときには仏語などまったくできなかった。当時ホンダの外国部には英語以外の言語、スペイン語、ポルトガル語、中国語、タイ語、フランス語などを話す人材がちゃんと揃っていたし、大学で仏語を専攻した若手社員は他に何人もいたのだから、仏語のまったくわからない私のトレーニーとしてのフランス駐在はいささか無理矢理な人事で、実際私の前に駐在していたトレーニーは皆大学で仏語あるいは仏文学を専攻した人たちである。ホンダは、それも現場主義の一端で、社員に企業留学でMBAを取らせるなどということはしないで、トレーニーとして海外の現地法人に送りこんで、仕事なり海外文化なり語学なり身に付けさせるというやり方であった。ホンダにはそうした、多少の無茶で非効率であっても、現場で体当たりで仕事をしていく姿勢を尊重するところがあった。確かにフランスに二年ばかり駐在して、マーケティングとセールスの実務そして現地法人とはいえ独立した会社の事業と採算性をみることができたのは経験として大きかった。それと自動車とワインについても少しばかり詳しくなった。

いまもそうだけれどもフランス、とくにパリでの風景としての自動車の在りようは、大多数がプジョー、ルノー、シトロエンの小型車を主流として、それにフォルクスワーゲン、フィアット、欧州フォード、オペルのやはり小型車が混じるというふうで、日本とはもちろん欧州の他のどの都市とも異なる独特な雰囲気を醸し出している。私が滞在していた一九九〇年代初頭には、プジョー205、309、405、505、605、シトロエンAX、ZX、BX、それにXM、ルノーはトゥインゴ、19、21、25とその後継者のサフラン、それと商用車のエクスプレスなどであって、他にプジョー104、ルノー4、シトロエン2CV、それに日本では好事家の対象にしかならないような見たこともない古いクルマがわがもの顔で街を走り、裏通りに野ざらしでぎっしりと縦列駐車されている。アルファ・ロメオのスパイダーや、旧型のミニ、さらに古いジャガーもよく見かけた。シャンゼリゼやフォーブール・サントノレあたりでジャガーのディムラーダブルシックス、あるいはEタイプをとめて颯爽とおりてくる紳士淑女の姿はまるで映画の一場面のようであった。

せっかくフランスにいるのだから、と、いろいろなクルマに乗った。フランス・ホンダ広報のフランス人に頼んでホンダ車を他社に貸し出し、代わりに借りたクルマで、パリ15区のアパルトマンからマルネラバレーのホンダ・フランスまでの片道25キロの通勤路を一週間ほど通ってみる。プジョー205、605、シトロエンXM、ルノー・アルピーヌ、アウディ80、100、それにポルシェ911、などで朝はセーヌ川右岸沿いの道を、日暮に左岸の道を走ると、それでなくとも詩情豊かなパリの景色が一段と鮮やかに映るのである。

当時フランス・ホンダで働いていたクリスチャン・ウイレム、フィリップ・ペケ、エリック・ケルゴアット、ジャック・ボンビル、クリストフ・スーレ、マチュー・デシャン、クリスチャン・デプランク、クロード・ユーゴ、など私と同年代の社員が多く、仕事以外の話もよくした。いや、むしろ仕事以外の話のほうが多かった。彼らはまだ行ったことのない日本に興味をもっていたし、私はフランスとフランス人のことについて気になることをあれこれ訊ねた。フランス人は週何回風呂にはいるのか。フランス人は何故謝らないのか。夫婦喧嘩をしても謝らないのか。女の子とデートしたらすぐにセックスをするのか。シャンゼリゼを歩く中国人、韓国人、日本人の見分けはつくか、ラーメンはうまいと思うか、ミッテラン大統領とクレッソン首相はできているのか、などなど。

「ところで、フランス人の女の子はどうだ？　魅力的だろう。つきあってみたいと思わないか」

などと、逆に訊かれることもある。

「うん、まあ、できれば」

などとつい正直に答えると、

「若い独身の女の子は難しいかもしれないが、既婚の年上の女を狙うといいぞ。フランスの女はだいたい浮気するからな」

と、からかわれるのである。彼らもホンダを離れてしまったけれども、実に良き仕事仲間であった。

三ツ星レストランとフランスワイン

毛塚さんがフランス・ホンダの社長として現れたのは、私が駐在してから一年ほど過ぎてからのことだった。私は毛塚さんの前任の上司とは折り合いが悪かったので、「今度はうまくやらなくては」とそれなりの危機感があって、予め毛塚さんの経歴と社内の評判、人となりを調べて心構えもしたし、準備もした。毛塚さんは中央大学法学部を卒業して一九七四（昭和四十九）年に法政大学大学院を卒業してホンダに入社し、アメリカ・ホンダに駐在して、その後静岡営業所の所長代行、新潟営業所所長、本社の国内営業本部を経てフランスに着任した。

シャルル・ド・ゴール空港に出迎えたときに毛塚さんは、

「初めまして、よろしく」

と言ったけれども、実はその二年ほど前に私は毛塚さんに会っていた。そのことを話すと毛塚さんは覚えていない、と言った。

ホンダの青山本社で働いていた頃に、よく飲みに連れていってもらったM先輩に、その日も仕事帰りに「軽く飲んでいくか」と誘われて、どの店にしようか、とふたりで青山通りを歩いていた。すると、脇道の小料理屋の暖簾を潜る人の姿を見てMさんが、

「おっ、Tさんだ。ちょうどいいな。奢ってもらうか」

と、嬉しそうに言った。

私はTさんを知らなかったので、

「そんな、突然。大丈夫なんですか？」

「Tさんならきっと奢ってくれるって」

Tさんはホンダの交際費がスーツを着て歩いているような人だから大丈夫だ、とMさんは言った。

「あの店もきっと美味いに違いない。店に入って、おや、Tさん、偶然ですねえ、とかなんとか言えば、きっと奢ってくれるだろう。いいか、偶然に会ったふりをするんだぞ。よし、じゃあ、やってみるか」

M先輩の後についてその小料理屋に入ると、Tさんは四畳半程の小上がりにひとり座って煙草を燻らしていた。早い時間で、まだ他に客はいない。Mさんはいましがた私に言い聞かせた通りに、

「おや、Tさんじゃありませんか、奇遇ですねえ」

と、私にはわざとらしくも感じられたけれども、ちょっと驚いてみせた。

「おお、Mちゃんじゃないか。最近顔を見なかったねえ。またヨーロッパに出張してたんだろ。その若いのも一緒かい」

私は軽く会釈をした。Tさんは、座布団の位置をずらしながら、

「じゃあ、こっちにあがんなよ。一緒にやろう」

と、M先輩の言った通りに事が運ぶのであった。

「え、いいんですか。しかし、どなたかと、お待ち合わせではありませんか」

「ああ、いいよ、毛塚だから。今日は新潟から毛塚が出てくるっていうんでね。Mちゃん、毛塚と面識は

あるよな」

「ご挨拶をしたことがある程度ですが」

と言いながらMさんが靴を脱いだので、私もそれに従った。

毛塚さんが現れるまでの時間潰しに、Tさんは私に社歴などを聞いた。

「そうか、入社してからずっと本社にいるのか。そりゃ、いけねえな。どっか現場にでなくちゃ」

私はフランスに駐在するまで、誰彼となく、そう言われることがあった。そこに現れた毛塚さんも、私が自己紹介代わりに社歴を言うと、Tさんと同じようなことを言って、

「新潟営業所にでも来るか」

と、笑った。

そうして私は酒の肴にされて、飲み食いをしていると、やがてTさんが真面目な面持ちで言った。

「実はな。社内発表までにまだ二、三日あるが、社長交代が決まったぞ」

すると、毛塚さんが、

「いよいよ、イリさんですね」

と、上半身を乗り出すようにして言った。

「いや、それがな、カワさんなんだよ」

ええっ、と毛塚さんと声を上げて驚いた。M先輩も驚いた。私も驚いたけれども、それは入交さんではなく川本さんが社長になるからというのではなく、社長交代が決まったことをどういうわけかTさんが

知っていて、そうして話しているからだった。私は川本さんも入交さんも言葉を交わしたことさえなかったし、誰がホンダの社長であろうが関係のないことだった。

毛塚さんは見るからに落胆して、

「イリさんの為なら、俺は爆弾を抱えたままどこへでも突っ込んでいくんだがなあ」

と、嘆息した。

毛塚さんは元全学連の闘士で、中央大学で学生運動に明け暮れて、数万人規模のデモ隊の指揮を執る中核的存在であったのが、総括されそうになって身の危険を回避する為に法政大学大学院に進んだのだという。仕事でも熱くなると、闘志を漲らせて、檄を飛ばした。

事が事だけに社長交代の話はそれで終わって話題を転じ、その後Tさんと毛塚さんの馴染みの銀座の高級クラブに、M先輩と私もお供をして深夜まで飲んだ。Tさんが全部支払った。私にとって毛塚さんとともにその日の事は強烈な印象であったけれども、毛塚さんには私の印象はなかったらしい。

フランスで、毛塚さんとはほとんど毎日、昼飯か晩飯を一緒に食った。フランスにおけるホンダの現状と課題、将来展開について、またフランス・ホンダの組織とフランス人たちについて、私が知ること、思うことなどを話すと、毛塚さんは矢継ぎ早に質問をし、話はしばしば議論に発展して仕事になった。毛塚さんとはうまくやっていけそうだと思ったところで、せっかくパリにいるのだから、ミシュランのガイドブックの星付きのレストランを回ってみませんか。日本から偉い人が来れば案内しなければならないのだし、と言って、トゥールダルジャン、ルカ・カールトン、タイユバン、ジャマン、ラセール、ローラン、などで食事をしたが、本当は私が、ミシュランの星付きのレストランに、片っ端から行ってみたかったのである。その飲食費は私が経費処理をしていたのだが、ある夜高級ワインを飲みながら毛塚さんが、

「しかし、いつもこんな高級店に来て、いいのかね」

と、さすがに不審に思ったらしくそう尋ねた。

日本人代表者の交代の狭間で、フランス・ホンダの交際費は実質私が握っていたのである。当時ホンダの欧州駐在員の間では、ロンドン、パリ、ローマには日本から先客万来で、その対応も仕事の一部として怠りなく務め、とくにVIP対応には万全を期してあたらなければならない、ということになっていたから、それ相応の予算が確保してある。私がその予算枠を言うと、

「そんなにあるのか」

と、毛塚さんは目を丸くした。

それに遡ること半年ほど前、私はストラスブルグのホンダ販売店を、フランス人の営業地区担当者に連れられて訪問した折に、販売店の経営者から当時は三ツ星であったアルザスを代表するレストラン、クロコディルに招待されて、そのあまりの旨さに驚愕して、ミシュランの格付けに魅入られてしまったのだ。それがどんな料理であったかすっかり忘れてしまったけれども、それまでの人生で食ってきたどれとも較べものにならない。何か魔法にでもかけられたような、そのひと口の衝撃はいまも忘れない。フランス語も片言ながら話せるようになって、販売店を訪問して各地の風景を眺め、その土地と地域の料理を食い、ワインを飲み、それが仕事であることの幸運をつくづく感じて、フランスに魅了されていた。

「それにOさんにも、せっかくフランスにいるのだから仕事なんてのは、まあいいから、そういうことをしっかり勉強しておけ、と言われました」

と、私はホンダの歴代功労者のひとりであるO氏の名前を出した。

O氏は夫人を伴ってパリを訪れ、その出迎えからお見送りまで、滞在中ずっと付き添ってホテルへのクルマでの送迎、観光、買い物、食事までお世話をしたのだが、さるレストランで私がフランス語でソムリエと話をしてワインを選ぶと、

「そうそう、せっかくフランスにいるのだからそうしてワインを覚えておくといい」

と、O氏にいたく誉められ、仕事はいいから、という先の有難い言葉を賜ったのである。

栃木営業所への異動

私はすっかりいい気になっていた。その性向が先天的なものか後天的なものかはわからないけれども私には横柄で我儘なところがあって、毛塚さんはそれを認めると容赦せずに徹底的に叩き直そうとした。ときに反発もしたけれども、生涯をサラリーマンとして生きる身にそれは実に有難い指導であって、私はホンダで働いていく上での心構えをあらたにするようでもあった。毛塚さんは、私の二年間のトレーニー期間を、駐在として延長しようとしてくれたのだが、それには本社の許可がおりずに、それでも滞在期間を三か月間延長してもらってある日、赤土の地面を太陽が照らす南フランスのどこであったか、フランス人

とホンダ・アコードで走っているときに、毛塚さんから携帯電話に連絡があって、栃木営業所への異動を知らされた。

ただでさえ洋行帰りは国内の営業現場になかなか溶け込めないのに、パリから宇都宮である。私はオールド・イングランドで買い揃えた赤や青のストライプのシャツや、エルメスのネクタイとポケットチーフをしまいこんで、白無地のシャツを買い揃えた。ポケットに手を突っ込んだり、座って足を投げ出したりしないようにしなければ、とにかく立ち居振る舞いに気をつけなければと、かつてHISCOで販売実習をしたときのことを思い出しながら新任地へ赴いた。しかしそれでもまだ不十分である。それまでは普通にしていたことなのだが、会話のところどころに横文字（おもに英語）をはさむのは控えるほうがいい。

栃木営業所は栃木県下のプリモ販社20社30店舗との取引の為にあって、扱い車種はアスコット、シビック、軽トラックのアクティ、アクティバン、クライスラーチエロキーなどであった。栃木営業所にはセールス地区担当が4人、アフターセールス地区担当がふたり、車両の受発注にふたり、その他に登録届出業務、販社との契約、債権管理、財務管理、プリモ販売店会事務局、車両の保管輸送担当、それに所長、所長代行など20人ほどが働いていた。プリモ店の多くは、町や村の自転車店から出発したから自動車販売店としての設備、体制が十分に整っておらず、ホンダは各都道府県の営業所を設置して、その営業所が自販連に加盟することで、本来自動車販売店で行う業務を代行していた。自販連（一般社団法人　日本自動車販売協会連合会）は、一九五九（昭和三十四）年に設立された自動車ディーラーの業界団体であり、各都道府県に支部があって、各メーカーのディーラー会員の相互発展と登録業務の代行などの活動をしており、ホンダはメーカーでありながらその営業所を自販連の各支部に自販連会員として加盟することを、自販連の会合でホンダ販売店協会の会長であった中田敏郎氏が、ホンダの営業所の加盟を認めてくれと頭を下げて、中田さんがそう言うのなら、と認められたのだという。自販連にメーカーの名前を連ねていたのはホンダだけである。

ホンダは全国都道府県46か所の営業所を通じてプリモ店の体制を整えつつ、一九九五年には営業所を19か所に集約し、二〇〇〇年に全廃した。またホンダ販売会社の中古車部門を長く支えてきたＨＩＳＣＯも、一九九五年に全国81か所の中古車販売拠点を各地の販売会社に移管して解散した。

私は一九九三年四月一日付でフランス・ホンダから栃木営業所へ転勤になって、最初の一年は販売店の月次報告をまとめ、経理指導などをしていたが、一年過ぎると所長代行として販売台数に責任を持たされるようになった。私は三十四歳で、立場上部下となる社員の多くは四十代から五十代の先輩方であった。

職種にもよるかもしれないが、人を相手に仕事をするのであれば前向きで明るいほうがいいに決まっている。しかし前向きであろうと心がけていても、うまくいかないことがあれば、嫌な思いをすることもある。気分が沈むこともあれば、ときには会社を辞めてしまいたくなることだってある。習慣の力というのは有難いもので、たとえ気分の乗らないときでも、ある決まったルーチンをこなしているうちに次第に調子が出てくるものだ。朝の掃除、ラジオ体操、朝礼、などはその分かり易い事例であって、朝目覚めてから出勤をするまでの時間に多かれ少なかれそれと似たようなことが誰にもあるはずで、そのルーチンが定まっている人の仕事には安定感があるし、その働きは組織的にもあって、それが日本企業の特質である集団の力ともなっているはずだ。

所長代行に任命されてから、私は毎朝一番に出勤した。まず営業所内の机を拭き、床の掃き掃除をし、そしてラジオ体操の後に朝礼を行い、接客の挨拶を全員で声に出して唱え、一日の活動内容を確認する。週に一度は販売台数の進捗を確認し、計画に遅れがあれば（いつも遅れていた）月末までの対策を講じなければならない。月末登録が多くなると（だいたいそうなる）陸運支局に菓子折りをもって挨拶にいかなければならない。いまは運輸支局と改められている陸運支局は、自動車の検査登録の許認可をする行政機関で、自販連加盟販社は月末に偏重しがちな登録業務をできる限り平準化するよう指導を受けている。自動車販売会社は月度の販売目標台数の達成に向けて活動するから、月末に向けて数字を積み重ねる傾向がある上に、計画に届かない数字の埋め合わせをする為に自社名義の登録をすることがあって、それが月末に集中する。行政指導として陸運局が月末登録を受け付けないこともあり、そうなると大変なことになるから陸運支局に挨拶にいって、そこをなんとか、と頭を下げて頼み込むのである。本来は販売店の仕事であるけれども、ホンダではプリモ店に代わって営業所がその業務を行っていたから、それも営業所の所長代行の役割であった。また東京、埼玉、千葉、神奈川、群馬、栃木、茨城、山梨の各営業所を束ねる関東営業部が東京世田谷の桜新町にあって、そこに月に一度代行会議と称して集められ販売実績の進捗と見通しについて報告しなければならなかった。計画に台数が追い付かないと、

「なんでもいいから、とにかくやれ。村があるだろ、村が」

と詰められる。行政区分が村であれば、クルマを売るのに登録車の為の車庫証明書が必要ないから、月

末ぎりぎりまで登録台数を乗せられるという理屈である。

月の初めには県下のプリモ販社20人の社長を招集して会議を行い、前月の実績と当月の目標と施策の説明をする。この会議にはＨＩＳＣＯの所長、部品センター所長、それに東京からホンダ信販の担当者が出張してきて参加した。その会議資料の準備もしなければならない。所長代行の仕事は多忙かつ重責であった。

ところで、熊本で兼業農家として不動産業を営んでいた私の父は、ホンダの軽トラックは丈夫だと評判がいい、と言って、私が実習をしていたＨＩＳＣＯ熊本東センターでホンダの軽トラックを買って、八十二歳で他界する数年前まで愛用していた。私は栃木営業所で仕事をするようになって、販売台数に追われて苦しくなると、この軽トラックで帳尻合わせをした。計画台数に届かず、なんとかしなければと、販売店に頼み込んで販売店名義で登録あるいは届出をして台数を積み上げるのである。アスコットやシビックなどの小型車は車庫証が必要だから登録をするまでに四、五日かかるけれども、軽自動車は届出をするだけだから月末ぎりぎりまで融通がきくので、ついつい軽トラックに頼ってしまう。販売店名義でナンバープレートをつけて販売実績にしてしまい、新古車という意味不明な呼ばれ方をされるが、後で売るのである。

軽トラックには根強い需要があったけれども、「ホンダの軽トラは丈夫で壊れねっから、なかなか買い換えてくんね」と、とよく話に聞いた。

これからはあんたたちが引っ張っていくんだな

私が栃木営業所の所長代行を務めていたのは、一九九四年四月一日から九五年四月一日までの一年間である。バブル崩壊後の市場低迷で喘いでいたホンダは、オデッセイ、CRVを柱とする商品戦略とともに日本国内で80万台を目標にした販売戦略を立て、その戦略の一環としてプリモ販売網の強化とそれに伴う営業所の閉鎖が計画され、九五年三月末で栃木営業所は、群馬営業所、茨城営業所を集約する関東北営業所となった。栃木営業所の所員は、私と地元の女子社員ふたりを除いて全員人事異動で営業所から居なくなった。実質的には解散である。

栃木営業所最後の所長となった関根正成さんはホンダ営研の出身で、神田の墨問屋に生まれた江戸っ子だった。

「代行は英語が話せっからな。たいしたもんだ。おれなんか、ヒとシの違いもうまく言えねえや。アサシンブン、なんて言うしな」

法政大学の付属高校に通っていたが、勉強嫌いで出来が悪かったから大学へはいかなかったのだという。ホンダ営研の前職がなんであったかは記憶に定かではないが、栃木営業所の前任地は福井営業所で、自宅は千葉にあって単身赴任で営業現場を転々としていた。現場経験のない若年の私を関根さんは所長代行に任命し、引き立ててくれたのだ。ホンダでは肩書きで呼ばずに「さんづけ」で呼ぶことが奨励されていたけれども、関根さんは私を所長代行に任命してから、所員の前や取引先の前で私のことを意識的に「代行」と肩書きで呼んだ。それはまだ若い私を引き立てるための関根さんの心遣いであった。10人から20人程の職場、とくに営業所のような独立した現場では、その責任者の人柄がそのまま職場の雰囲気に反映されるもので、当時ホンダの営業所の所長は全国各地に40数人もいたから、中には権力を笠に着る人もいれば、要領がいいだけの人もあって、そういう噂話をよく耳にした。不運にしてそういう所長に当たることもあるわけだが、私を含めて栃木営業所の所員は幸運であった。関根さんは気さくで、大らかでありながら、実は細やかな気遣いがあった。

「代行、蕎麦を食いに行こう」

と、よく昼飯に誘われて、ときには栃木市の大平山まで足をのばすこともあった。大平山は関東平野越しに富士山を望み、新宿の高層ビル群が見えることもある桜の名所である。関根さんは笊蕎麦と日本酒が好きで、蕎麦なら一升くらい食えるし、酒は一升くらいは飲める、と言っていた。蕎麦を食いながら、ホンダ営研の頃からの思い出話を交えて営業について教えてもらった。

「しかし、おれたちの時代はKKDで、経験(K)と勘(K)と度胸(D)で勝負してきたが、時代が変わっちまったな。本社の机で仕事をするやつらは、おれたちじゃもう駄目だと言ってやがる。悔しいが、それが本当のことかもしれねえ。これからはあんたたちが引っ張っていくんだな」

栃木営業所解散後、関根さんは長い単身赴任生活に終止符を打って千葉の自宅に戻り、臨店指導員として千葉の販売店の指導にあたった。営業所の集約にともない、三十代、四十代の社員のほとんどは各地の販売店に配置され、五十代の幹部社員は、関根さんと同じように在宅勤務で臨店指導員として働いて順次定年を迎えた。

栃木営業所改め関東北営業所に残った私は地元の女子社員ふたりと残務処理をしながら、所長以下総入れ替えで赴任してきた所員たちを迎え入れた。私は地域戦略担当という役割を与えられて栃木、茨城、群馬のプリモ店の強化案の策定と、毎月の販売計画の立案と推進をするようになったが、それから半年後にホンダを辞めてセガに転職をした。

セガへの転職を報告すると関根さんは、

「たいした決断だが、このままホンダにいるほうが、あんたの為にもホンダの為にもいいように思うが、入交さんとこにいくんじゃ、しかたねえか」

などと言った。

関根さんには親身に話を聞いてもらって、ホンダを辞めてからも何度か一緒に酒を飲んだ。

ホンダを辞めて十年ほど過ぎたある日、関根さんに近況報告をかねて連絡を取ってみようかと思っていたところに訃報の知らせを受けて、その偶然に驚いた。知らせてくれたのは栃木営業所の元部下である。栃木営業所の解散後、元所員同士がよく連絡を取り合っていて、私はホンダを辞めていたけれども元所員で関根さんを囲む会を宇都宮で開催したこともある。私は連絡をくれた元部下とふたりで千葉で行われた通夜に参列した。定年退職から僅か数年後の早すぎる死で、その人生の大半はホンダと共にあったことになる。

上司と部下と酒

ある大企業で管理職を務める知人が、新入社員に「今夜一杯つきあえよ」と声をかけたところ、「それは仕事ですかと真顔で聞かれた」と驚いていた。笑うに笑えない話である。他にも似たような話があって、社内での飲み会に「残業代はつくのですか」と聞く新入社員や、「先約があるから」と参加しない新入社員、または宴席で話をそっちのけにして携帯電話ばかりいじっている新入社員がいるのだそうだ。

総じて「近頃の若者は酒を飲まなくなった」という印象がある。確かに昔に比べると、街角で若者が酔って気勢をあげたり、喧嘩をしたり、泥酔している姿を見かけなくなった。酒を飲まなくても話はできるのだが、それでも職場の人間関係を円滑にする為に、と「飲み会」がある。「飲み会」の目的は飲むことではなく話をすることにあるが、手段である飲むことが目的にすり替わって、「おれの酒が飲めないのか」と絡んだり、一気飲みで倒れる者がでたり、ということが起きる。それでも「飲み会」が組織づくりのいまも有効な手段であることには変わりない。日本の伝統的組織においては、上司の誘いに部下は、例えデートの約束があっても二つ返事で従うものだ。

「今夜一杯つきあえよ」

飲食を共にして関係を深めようとするのは古今東西万国共通ではあるが、日本の「飲み会」の主な舞台である居酒屋ほど、融通の利く便利な所はない。赤ちょうちんの暖簾をくぐって、まずはビールに、突出しがあって、つまみを二、三品、気の利く部下なら、上司のビールがなくなる前に次の注文に気を配る。話の七八割は上司がするもので、話題は社内の誰がこうした彼がこうしたということの堂々巡りなのだけれども、気の利く部下は聞き上手だから、上司は気分がよくなってますます饒舌になる。そうして居酒屋に通ううちに上司は部下の、部下は上司の人となりを知るところとなり、以心伝心、仕事が円滑に進むようになる。難題、困難に直面しても一致団結して乗り切ろうとするのである。

多かれ少なかれ、日本ではそうして組織力を育んできたのだが、日本の未来の上司は部下を居酒屋に誘わなくなるのだろうか。

第四章　ドイツ国民車製造会社

支配者として君臨するドクター・ピエヒ

そのホテル、リッツ・カールトンの部屋の窓から見えるのは、工場の赤茶色の煉瓦の壁に覆われた建屋と、空に聳える4本の巨大な煙突だけである。フォルクスワーゲンの本拠地であるウルフスブルグ工場の広大な敷地には運河の流れがあり、ホテルの部屋の窓のすぐ下にはその運河につながる大きな池がある。この池には人が歩けるほどの浮橋がわたしてあるのだが、そこを歩く人の姿はない。しかもよく見るとこの池はゴルフ練習場にもなっていて、浮橋にはドライビングレンジの構えがあり、水面には一定の間隔で距離表示のようなものが突き出ている。浮橋から池に向かってショットするという設計になっているらしいのだが、誰かがそこで実際に練習をしているのを見かけたことはない。

数万人の労働者がこの工場で働いているはずなのだが、リッツ・カールトンの部屋にいるとその気配すら感じることがない。

このリッツ・カールトンは、フォルクスワーゲンのテーマパーク、アウトシュタットの為に二〇〇〇年六月に営業が開始された。部屋は機能性を重視した飾り気のない、しかしドイツ的重厚感を保った装飾がなされ、清潔、そして静寂である。硬すぎもせず柔らかすぎもしないベッドの真っ白なシーツにくるまって横になろうものなら、その心地よさに東京からの長旅と時差のせいですぐにでも眠りに落ちてしまうところだ。出張で年に何度もここを訪れるのだが、いつも一晩か二晩だけの滞在でうたたねをする暇もなく、ただ窓からその景色を眺めるのである。

ウルフスブルグは、北海に面した北ドイツ平野の、ベルリンから西に230キロ、ハノーファーからは東に180キロの位置にあり、地球上でトヨタ、GMと自動車市場の覇権を争うフォルクスワーゲンの本拠地である。人口12万人のこの都市で、およそ6万人がフォルクスワーゲンの社員として働いている。アウトシュタットには、フォルクスワーゲン・グループ傘下のアウディ、ポルシェ、ランボルギーニなどの世界観が哲学的に表現されたテーマ館、自動車博物館「Zeit Haus」、顧客への引き渡しを待つおよそ800台のフォルクスワーゲン車が納まるガラス張りの塔「Auto Turm」などがある。

いつであったか、リッツ・カールトンの部屋に入ると、テーブルの上にアウディのロゴがクレジットされた音楽CDが置いてあったので、部屋に備え付けのバング&オルフセンでかけてみると、それはモーツァルトの交響曲四十一番であった。モーツァルトがその人生の最後に作曲したジュピターの別名を持つこの交響曲は、荘厳でありながらも華麗で、完全なる予定調和の上に成り立っているにも関わらず劇的に展開する。北部ドイツの空に聳える4本の高い煙突を眺めながらモーツァルトの交響曲四十一番を聴いていると、それはまるでドクター・ピエヒの自動車帝国の主題曲であるかのように聴こえてくる。自動車の歴史と技術に芸術性を加え、人間のあらゆる想像力を自動車のかたちにしてしまうこの自動車帝国においては、秩序と調和が荘厳かつ優雅に保たれ、なおかつ劇的な発展を遂げなければならないのだ。

ドクター・ピエヒことフェルディナンド・カール・ピエヒは、一九九三年にカール・ハーンの後任としてフォルクスワーゲン・グループの取締役会長兼CEOに就任し、会社の内規に従って二〇〇二年に六十五歳でベルント・ピシェッツリーダーにその地位を譲るまで、その先見性と妥協のない完成度の追求、そして独裁的なまでの指導力で、困難な経営状態にあったフォルクスワーゲンに変革と躍進をもたらした。ピエヒはピシェッツリーダーにその地位を譲った後も、さらに二〇〇六年にピシェッツリーダーがマーチン・ヴィンターコーンに交代してからも、絶対的な存在としてフォルクスワーゲン・グループの実質的な支配者として君臨し、フォルクスワーゲン・グループを、アウディ、セアト、シュコダ、ベントレー、ブガッティ、ランボルギーニ、商用車のスカニア、マン、そしてその歴史的な因果関係を清算するかのような決着のしかたでポルシエまでも傘下に収め、さらにオートバイのドカティを加えた自動車の一大帝国に築き上げた。ドクター・ピエヒのフォルクスワーゲンによる世界制覇の為の交響曲は、これでもう完成したのだろうか。

帝国の本拠地であるウルフスブルグの、4本の巨大な煙突の聳える記念碑的な煉瓦づくりの建屋の一室で、フォルクスワーゲン・グループ・ジャパン（VGJ）とアウディ・ジャパン（AJ）の役員会は合同で開催された。それは会議というよりもフォルクスワーゲン・グループにおいてドクター・ピエヒに次ぐ高い地位にあるドクター・ロバート・ビュッヘルホッファーへの厳粛な報告の場であった。ドクター・ビュッヘルホッファーは長時間続くその報告に厳格な面持ちで耳を傾け、不明な点があれば問いただし、判断を求められれば即座に決断を下すのである。

フォルクスワーゲン・グループ・ジャパン梅野社長の数十枚に及ぶパワーポイントのスライドショーとともに見事な英語で繰り広げる報告に、私はもっともらしく相槌をうち、ときに梅野さんから何かしら同意を求められると、それはある車種の販売不振の原因、あるいはトヨタの動向や日本市場の状況について、というようなことなのだが、即座にかつ簡潔に補足説明を付け加えるのである。もっとも報告内容については日本駐在ドイツ人と本社の間で事前の確認と調整が行われているから、予定にない案件は話題にならず、議事は予定調和を前提に厳かに進められていくのだけれども、それにしてもドクター・ビュッヘルホッファーは、日本におけるアウディの販売状況には厳しかった。

「私は君の要望に応えてきたではないか。優れた商品を与え、多額の宣伝費を許し、かつて取引を停止したヤナセとの提携も認めた。しかしBMWはまだ先にいる。アウディのこのようなさまを見るのは日本市場だけである。あと何年待てば君はBMWに追いつくのだ。いつまで私を待たせるのかね」

その前職がBMWの取締役であったから、アウディの成長戦略に力が入るのだろうか、と思わずにいられないほどにドクター・ビュッヘルホッファーは、アウディ・ジャパンのダナイソン社長を厳しく問い詰めるのであった。

ドイツ人は博士号を持つ人物をドクター何某とその称号をつけて呼ぶのを慣わしとしているから、その名を呼ぶときには、ドクター・ビュッヘルホッファー、と噛みそうになりながらも私もそれに従った。社内会議においては、例えば「ビュッヘルホッファー博士の指示であるから」「ピエヒ博士はこう言っておられる」「ヴィンターコーン博士の発言によれば」などという言い回しになって、それでなくともドイツ人の会議は堅苦しい雰囲気なのに、ややもすると権威主義的な意見によって議論が支配されることがある。

フォルクスワーゲンで働き始めてまだ間もない頃、販売現場の声を聴いて商品担当のドイツ人に、「ルーフ・アンテナをくっつけたクルマは立体駐車場で邪魔になることがあるから、ガラス・アンテナに変更してはどうか」

と、注文をつけると、

「ドイツ本社ではそういうことを軽々しく言わないほうがいい。ルーフ・アンテナはドクター・ピエヒがフォルクスワーゲンのアイコンにすると決めたことなのだから」

と真顔で忠告されたことがある。ドクター・ピエヒの存在感は、巨大な組織の末端神経にまで伝わっているようであった。

ドクター・ビュッヘルホッファーはドクター・ピエヒの右腕として、フォルクスワーゲン・グループのマーケティングとセールスの統括責任者であったのだが、ピシェッツリーダーがフォルクスワーゲンのCEOに就任してからちょうど一年後の二〇〇三年四月に突然退任した。やはりBMWの出身のピシェッツリーダーとの間の確執が原因ではないかという噂であったが、ピシェッツリーダーはビュッヘルホッファーの退任について、「個人的な因果関係は何もない、グループのすべてのブランドをひとりの取締役が統括するのではなくそれぞれのブランドごとに責任を明確にした体制で世界戦略を推進していく為の人事である」と説明をした。

実際ピシェッツリーダーが表明したようにその後、フォルクスワーゲン・ブランドとアウディ・ブランド、それぞれに統括責任者が任命され、ブランドごとの組織的な独立性が高くなる。フォルクスワーゲン・グループ・ジャパンとアウディ・ジャパンの合同開催の役員会はなくなって、それぞれ個別に開催されるようになった。

ピシェッツリーダーは、一九四八年にミュンヘンで生まれ、ミュンヘン工科大学卒業後一九七三年にBMWで自動車技術者として働き始め、昇進の階梯を登りつめて一九九三年にBMWのCEOに就任した。硬派な走りを追求することで、高級車市場におけるBMWの位置付けを明確にしてその貢献に対する評価はあったものの、英国のローバー・グループ社買収で大きく躓く格好で、一九九九年にBMWを去った。

ピシェッツリーダーはBMWにあって、ローバー・グループの買収とは別に、英国自動車産業の歴史的遺産ともいうべきロールス・ロイスとの提携を行っていたが、ピエヒがロールス・ロイスの買収に乗り出して、ふたりは交渉の当事者として顔を合わせたのである。

「ピシェッツリーダーは交渉を円滑に進めて、そして自分の欲しかったものを手にいれた」

と、ピエヒはピシェッツリーダーをフォルクスワーゲンに迎え入れるときに、その交渉手腕を高く評価した。

「しかしこの交渉で、最終的に私は自分の欲しかったものを二つとも、ベントレーと、そしてピシェッツリーダーを手にいれることができた」

英国人を理解するにはチャーチルを読め

ロールス・ロイスは、一九〇六年にチャールズ・スチュアート・ロールズ（Charles Stewart Rolls）とフレデリック・ヘンリー・ロイス（Frederick Henry Royce）によって設立された。一九〇七年に発表されたシルバーゴーストは、世界最高の自動車（The best car in the world）として世界各国の王侯貴族や富豪に愛用された英国の誉れ高き自動車である。第一次世界大戦時からロールス・ロイスは航空機用エンジンの製造も手掛けるようになり、一九三一年にはベントレーを傘下に収めた。ベントレーは、ウォルター・オーエン・ベントレー（Walter Owen Bentley）が一九一九年に設立して高級スポーツカーを製造し、その性能は高く、ル・マン24時間レースで5回の優勝を果たした。一九二〇年代に経営不振に陥ってロールス・ロイスに買収され、第二次世界大戦を経てロールス・ロイスのスポーティ・モデルとなった。

ロールス・ロイス社は一九七一年に経営破綻をして国有化され、一九七三年には自動車部門がロールス・ロイス・モータースとして分離民営化された。それと同時に航空機エンジンや船舶、エネルギー関連機械を製造するロールス・ロイスPLCが設立されて今日に至っている。

ロールス・ロイス・モータースは一九九二年にBMWと提携をして、BMW社製のV型12気筒エンジンを採用するが、その直後にフォルクスワーゲンがロールス・ロイス・モータースを買収して、BMWのエンジンを搭載したロールス・ロイスがフォルクスワーゲン傘下で二〇〇二年まで製造、販売された。二〇〇三年一月にBMW、フォルクスワーゲン両社間が合意して、ロールス・ロイスはBMWのものとなり、ベントレー・ブランドはフォルクスワーゲンのものとなった。

ドクター・ビュッヘルホッファーの退任が発表になったとき、私はフォルクスワーゲン・グループUKのオペレーションを学ぶ為に、ロンドンの北西約80キロに位置するミルトン・キーンズに滞在していた。イギリスは欧州においてドイツに次ぐ自動車の大市場である。フォルクスワーゲン・グループUKは、フォルクスワーゲン、アウディ、セアト、シュコダ、それにフォルクスワーゲン商用車を扱う歴史と実績のあるフォルクスワーゲン・グループインポーターであり、私はそれぞれのブランドのマーケティング、セールス、アフターセールス、物流、ディーラーマネジメントシステムなどについてそれぞれの責任者からレクチャーを受け、ロンドン近郊の販売店を訪問したりしていたのだが、フォルクスワーゲン・グループUKのロビン・ウールコック社長からその知らせを聞いた。

「我々はどうやら新しい会長を迎えることになるらしいよ」

ドクター・ビュッヘルホッファーは、フォルクスワーゲン・グループの世界各国の現地法人の会長職を兼務していたから、フォルクスワーゲン・グループ・ジャパンの会長であり、フォルクスワーゲン・グループUKの会長でもあったのだ。

「後任は誰なのでしょう」

「ドクター・ビュッヘルホッファーの後任はいないらしいから、組織体制が変わるのだろうね」

ウールコックさんの話しぶりには、好ましくない状況を軽い笑いにするイギリス人らしいユーモアがあって、

「いいかい。ドイツ人の言われたとおりにやると、うまくいかなくなるからね。気をつけることだよ」

などと私に言った。

そうはいってもイギリス人とドイツ人は、長い近所付合いでお互いに長所も短所もわかっていて、好き嫌いはあるけれどもまあとにかくつきあっていくのだから、ということが共有されているはずだから、日本人とはおのずと立ち位置が異なる。

ホンダでローバー・プロジェクトの事務方として仕事をしていた頃に上司から、英国人を理解する為にウインストン・チャーチルを読むように、できれば英語で、と何度となく言われたのだけれども、その著作『第二次世界大戦』も『自伝』も英語はおろか日本語でも読むことがなく歳月だけは過ぎて、英国を訪れるたびにチャーチルを読まずにまた来てしまったという思いを繰り返すのである。シェークスピアもディケンズもちゃんと読めてはいないのだが、私にとってはいつの頃からチャーチルが英国の文学的象徴となって、その著作を読まずに英国を訪れるたびに準備不足の旅に似た不満を感じるのである。

それに似たことがドイツに関する書物にもあって、誰に言われたわけではないのだがドイツ人と仕事をするのだからカール・フォン・クラウゼヴィッツの『戦争論』を読んでみなければと、若かった頃と違って本の一冊や二冊くらいならすぐに買えるから、思い立ってすぐに買い求めたものの本棚に積みあげたまま何年も手に取ることがなく、はてはフォルクスワーゲンを辞めてしまった。三年余りもドイツ人と仕事

をしながら片言のドイツ語も憶えず、クラウゼヴィッツの『戦争論』は手つかずのまま本棚にある。

一週間程のフォルクスワーゲン・グループUK滞在の終わりにウールコック社長から晩餐に招かれたのだが、それは広々とした芝生の敷地の一軒家の壁に馬の絵が何枚も掛けられた料理店であった。

「馬は英国人にとって特別な存在なのだよ」

かつてホンダで働いていた頃に、ローバー・グループの英国人たちと接する機会が少なからずあって、多少なりとも英国文化を学びもして英国人の馬に対する愛着が深いことは知っていたのだが、ウールコック社長以下数名のイギリス人とともに食卓を囲むと、ああチャーチルを読んでいないのにとまたしても思わずにいられなかった。チャーチルの『第二次世界大戦』を読んでいれば、あるいはそれにまつわる気の利いた話題を持ち出すことができるのかもしれないのだ。それでも給仕に食前酒を問われ、私が英国風にまずドライ・シェリーを注文して、メニューを眺めながら問われるままに子羊の肉にブルゴーニュ（英語表記で言うところのバーガンディ）の赤ワインと合わせて食したいなどと答えるうちに会話は弾み、さらに私が週末は英国の田舎でフライ・フィッシングに興じる予定であることを打ち明けると、ウールコックさんは週末を南フランスで過ごすのだと言った。南フランスのどこかに別荘があって、足繁く通うのだという。自然話題はフランスのことになった。

「それにしても、フライ・フィッシングとはまるで英国人のような趣味ではないか」

それに乗馬でも嗜むと言えれば英国紳士然としたものだが、馬には跨ったこともなく、競馬にも興味がない。馬と言えば馬刺しを食うくらいのものである。無論英国人にそんなことを告白してはいけない。

ホンダのトレーニーとしてフランスに駐在していた頃、仏語の勉強の為に嫌々ながら通ったパリのアテネ・フランセで、若いフランス人の女教師がフランスの食文化の多様性について話すうちに、フランス人は何でも食う、牛も豚も鹿も、馬も食う、と言った。40人程の国籍も人種も年齢もさまざまな生徒の間に軽い驚きの反応があったせいか、彼女は「この中に馬の肉を食する人はあるか」と問いかけた。馬か、馬なら食う、と私がつい手をあげると、女教師は意外そうな顔をした。

「クニサ（彼女は私の名前をそう呼んだ）は日本人、日本人は馬を食べるのですか？」

「日本人一般が馬を食するのではなく、私の生まれ育った熊本県ではいつの頃から馬を食するようになった。したがってそれは日本の地域的な食文化である」

と言うべきところを、そうは言えずに私はモゴモゴと馬を食することを肯定したから、世界各国から集まったそのクラスの40人に、日本人は馬を食うものだと思わせてしまった。

私はいまでこそ francophil（親仏家）であるけれども、若かった頃はローバーの仕事に携わり、フライ・フィッシングを趣味として英国風の西洋文化に親しみを感じていた。例えばチャーチやグレンソンの靴やツイードのジャケット、ウエッジウッドの食器、フォートナム＆メイソンの紅茶にウォーカーズのビスケット、ドライ・シエリー、シングルモルトのウイスキー、数え上げたらきりがないけれども、かつてのローバーミニやジャガーもそうである。そして抑揚をつけて歌うようなあの英語も懐かしい。そうして英国人たちとドイツ人の悪口を言いながら晩餐は楽しく過ぎた。

私は食材の選り好みをせずに何でも食うので、外国人との会食にあまり困難を感じたことがない。これはビジネスマンとして幸運なことで、出されたものは何でも食べるように、と好き嫌いなく育ててもらった親に感謝するばかりである。食事を共にして親交を深めるのは古今東西、社会のならわしであるが、たまに「これは食べられない」「あれは嫌い」などという人と一緒になって興をそがれることがある。宗教的禁忌による食材の取捨選択はやむを得ないにしても、出されたものは何でも食えるほうがいい。

しかしながらドイツの食文化は、ビールやソーセージは確かに美味いのだけれども、正直なところそれほど魅力的ではなかった。いつであったか、フォルクスワーゲンの新製品説明会の合間のビュッフェ形式の昼食会でのことである。空腹であった私は薄暗い会場に並べられた何かしらの料理を皿に盛って、席に座るや早速フォークでそれを口に運ぶと、それは紫色のザワークラウトであった。暗くてよく見えなったとはいえ、がっかりである。大人数での昼食会なので、他の料理を取るにはビュッフェにまた並ばなくてはならない。

私が肩を落として、山盛りのザワークラウトを仕方なくフォークで突いていると、

「日本人は、食い物とクルマにうるさいからねえ」

と、背後で誰かが愉快そうに笑った。

達者な日本語だったので驚いて振り返ると年配の韓国人であった。年に一度か二度、ウルフスブルグで新製品の説明会があって、他のアジア諸国の人々と同席をすることがあった。フォルクスワーゲンは中国と日本への進出は早かったけれども、他のアジア諸国では独立系のインポーターとの取引が主体で、後に韓国にも現地法人が設立されるが当時は独立系のインポーターであった。私に話しかけてきたのは、韓国

のインポーターの人で、それ以前にも何度か顔を合わせている。

「これ、ザワークラウトだとは思わなかったんですよね」

「ドイツの食べ物は口に合わないでしょう」

「そんなことはないんですけど」

同じ席にマレーシア、インドネシア、タイなどの他のアジア人もいたから、それからあとは英語で話をしたのだが、独立系のインポーターはかつてのヤナセのようにフォルクスワーゲンの他のメーカーも扱っている。日本メーカーとの取引のあるアジア人ともなれば日本流の接待に慣れているからドイツ流のもてなしに満足できずに勢い批判的になる。

「だいたいメシを食い始めるまでに一時間も二時間も立ちっぱなしで、ビールばっかり飲めないって」とか、「メシを食い終わっているのにいつまでも締めないで、だいたいドイツ人は融通がきかないからな。決められた時間通りにしか動けないんだ。アジアの流儀だと、食い終わったらメシは終わりだろ、もうホテルに帰って寝たい」「ドイツ人、笑わなさすぎだし」などと言うので、その尻馬に乗ってドイツのメシについて文句を言うと、「美味い寿司が食いたいよな」と誰かが私の耳元で囁くのである。

そうしてウルフスブルグでの会議の帰途、ドイツの高速列車ICEでフランクフルト駅から空港への乗り継ぎの合間に、同行していた日本駐在のドイツ系カナダ人がキヨスクで何か買ってもぐもぐと食っているので、

「よく食えるな」

私が渋い顔をしてみせると、

「これは美味いから」

と、彼はそれを差し出した。

「食いたくない」

「食ってみなって。美味いから」

「食いたくないってば」

「これは美味いんだ。保証する」

紙に包んだ平たい揚げソーセージのようなそれを、食ってみたら本当に美味かった。ドイツではそういう簡単な食い物は悪くないのに、手の込んだ料理には疑問を感じることがある。かつてウルフスブルグ駅前に中国料理店ができて、開店当初は美味かったのにドイツ人があれこれ注文をつけるうちに不味くなった、という話もある。

伝統的な日本の大企業ではあり得ないこと

ピエヒの指名によってフォルクスワーゲンのCEOとなったピシェッツリーダーであったが、二〇〇六年末に突然退任することになった。退任の理由については監査役理事会とピシェッツリーダーがその詳細を公表しないとの合意があったらしく実情は不明のままだが、つまるところピエヒに追放されたのらしい。当時のフォルクスワーゲンは、納入業者や労働組合との汚職贈賄などの醜聞に加えてピエヒの肝入で開発された高級車フェートン（Phaeton）の失敗も重なっており、それでなくとも過ちを二度繰り返した者は辞めてもらうと公言して憚らないピエヒの下で、その立場はきわめて不安定ではあった。ピシェッツリーダーの後任にはアウディの社長であったマーティン・ヴィンターコーン（Martin Winterkorn）が、監査役理事会全員の推薦によって就任したが、ピエヒがその役職にヴィンターコーンを推していたことは公然の秘密であったらしい。

ヴィンターコーンはピエヒと余程相性が良いのか、フォルクスワーゲンが二〇一一年一月二日に発信したプレス・リリースによれば、ヴィンターコーンCEOの任期は二〇一一年十二月三十一日から二〇一六年年末まで五年間延長されている。フォルクスワーゲン・グループはその傘下のブランド、フォルクスワーゲン、アウディ、セアト、シュコダ、ベントレー、ブガッティ、ランボルギーニ、スカニア、マンによって、二〇一八年に年間1000万台の販売を達成し、トヨタ、GMを抜いて世界一になることを目標としている。その目標達成の為の計画はドイツ人らしい緻密さで入念に検証されているはずで、ヴィンターコーンの任期延長はその自信の現れというべきか。

ピュッヘルホッファーもピシェッツリーダーもBMWの出身であるが、ドイツの自動車業界ではBMW、フォルクスワーゲン・グループ、ダイムラー、それぞれ相互に人の出入があって、二〇〇五年にフォルクスワーゲン・ブランドのCEOに就任したヴォルフガング・ベルンハルトはダイムラーの出身で、一九九八年にクライスラーと合併した後のダイムラー・クライスラーで、二〇〇〇年から二〇〇四年までクライスラー部門の最高執行責任者（COO）を務めた。

ダイムラーの社長であったユルゲン・シュレンプの主導によるクライスラーとの太平洋を挟んだ大合併は自動車産業の歴史的大事件で、ダイムラーは当時三菱自動車、現代自動車とも資本提携して、新会社ダイムラー・クライスラーは各国のメディアで、日の沈まない世界株式会社と持ち上げられた。

一九六〇年生まれのベルンハルトはダイムラーにあって若くから将来を嘱望され、新会社ダイムラー・クライスラーの取締役に就任した。三菱自動車がリコール（回収・無償修理）隠し問題で経営危機に陥って、シュレンプは追加資本の投入による三菱自動車の支援を決めたが、ベルンハルトは取締役会でそれに真っ向から反対した。その為にベルンハルトはメルセデス乗用車部門の統括責任者となることに内定していたが、その人事は見送られその後退任する。

ベルンハルトがダイムラーから転じてフォルクスワーゲンの責任者になったときに、「今度のボスはなかなかいいらしいぞ」と、ドイツ人たちは期待を口にしたものである。組織で仕事をするのだから、指導者が変われば当然何かが変わるはずである。

しかしながら、ベルンハルトはフォルクスワーゲンの本拠地であるウルフスブルグにおいてコストダウンを追求する余り、コストダウンが実現できなければウルフスブルグでゴルフの生産は継続できない、などと発言して労働組合に物議をかもして、就任後僅か二年たらずの二〇〇七年一月にピエヒに追放された。その後ベルンハルトは二〇〇九年四月、五年ぶりにダイムラーに復職した。然るべき立場のBMWの人物がフォルクスワーゲンに移って仕事をしたり、GMからフォードあるいはその逆であったり、ということはままあることで、PSAプジョー・シトロエンの最高経営責任者にはルノー出身のカルロス・タバレスが就任した。例えて言うならばホンダを辞めて、トヨタで働いて、またホンダに戻るというようなことだが、日本ではあり得ないことだ。

例えばホンダの役員がある日突然トヨタの役員に就任することなど、またその逆も、絶対にあり得ない。日本的な企業組織とは異なる何かに変容しつつある日産はさておき、ホンダやトヨタに外部から上級管理職や役員として突然入ってにわかに仕事ができるわけがない。日産の例が示すのは、既存の組織文化を破壊する前提であれば、外部から指導者が入ってその実力を発揮することもあるということだ。ホンダやトヨタに限らず伝統的な日本企業の、長年の付き合いで培った人間関係と暗黙知で築かれた組織には、余所者を指導者として受け入れる素地がない。指導者となるのは、やはりその組織で育った生え抜きの人材でなければならない。その組織に余所から来て高い地位で入っても、客人のようにもてなされるだけで、真の指導者としてはなかなか認められない。かつてのマツダにおいて銀行出身者の経営者は社内で客人扱いであったというし、フォード傘下にあっては、フォード対マツダ、もっと言えばアメリカ人に対する日本人の対立意識が水面下にあって、マツダは外部支配からその組織文化を守りぬいたからこそ自主独立の経営権を取り戻したのである。

ドイツと日本、集団的価値観の類似性と明らかな違い

それにしても、ドイツと日本は共に勤勉な国民性で、集団的組織的な活動において効率の高い力を発揮する。近代化の歴史において、第二次世界大戦後の敗戦の荒廃から奇跡的な経済発展を成し遂げて、ドイツと日本あたかも洋を東西で隔てた相似形のようである。人々はよく働き、企業の組織はよく統制がとれていて、経験的にも確かに似ていなくもないと感じる。企業の組織の在り方にはその社会の価値観が反映されるから、ドイツと日本には、それぞれに共通する社会の根元的な価値観があるはずである。

このドイツと日本の社会的価値観の類似性について、フランスの人類学者エマニュエル・トッド（Emmanuel Todd）は、両国に共通する家族制度がその根源にある、と説明している。トッドは、社会の在り方と価値観を家族制度によって分類して世界地図を塗り変えたのだが、この画期的な発想で描かれた世界地図において、ドイツと日本は共に「権威主義家族」に分類され、同じ色に塗られているのである。

「権威主義家族」では、一般的に長男が親元に残り、後に家と財産を相続する。親は子に対して権威的であり、兄弟は不平等に扱われ、その社会は権威と不平等が基本的価値をなしているという。欧州においてはドイツ、スウェーデン、オーストリア、スイス、ルクセンブルグ、ベルギーなどの国々と、アイルランド、ノルウェー北部、バスク地方、フランス南部などの地域、そして極東の日本、朝鮮半島がこの権威主義家族に分類されている。トッドの世界地図は、「権威主義家族」の他に「平等主義家族」「絶対核家族」「外婚制共同体家族」など八つの家族制度によって分類されているが、「権威主義家族」に属する人口

規模は全世界の8パーセント程で、どちらかと言えば少数派である。最大多数派は「外婚制共同体家族」で、西はフィンランド、ハンガリー、クロアチア、ボスニア・ヘルツェゴビナ、ブルガリアからロシア、モンゴル、中国、インド北部、ベトナムまでユーラシア大陸に広がっており、世界人口の実に4割を占めている。ユーラシア大陸以外にフランス南部、イタリア中部、キューバなど一部の地域にも見られるこの家族制度では、男子は結婚後も親との共同生活を続けて大家族となる。この共同体的大家族では従兄妹同士の結婚は禁止されている。従兄妹同士の結婚がむしろ奨励される「内婚制共同体家族」は北アフリカから西アジアにかけて分布している。「外婚制共同体家族」では、親は子供に対して権威的であるが、兄弟は平等に扱われ、社会の基本的価値は権威と平等であり、共産主義との親和性が高い。もともとトッドは、共産主義革命が何故ある国々で成功し、何故ある国々においては失敗したのか、その謎について考えるうちに共産主義と「外婚制共同体家族」の地理的一致を発見した。そして家族構造と社会思想の関係について解明する画期的な試みとしてその著作『第三惑星』にまとめ、それに続く著作『世界の幼少期』と併せて一冊にまとめられ『世界の多様性』（藤原書店）という題名で日本語でも出版されている。

因みに同書によると、フランスにおける家族制度の分布図は複雑で、パリを中心とする北部では「平等主義核家族」、地中海沿いには「外婚制共同体家族」、南部の一部に「権威主義家族」、英国に近いブルターニュ辺りは「絶対核家族」で、このように四つの家族制度を内包している国は他になく、故にフランスは多様な価値観の混在する社会となっている。

「平等主義家族」は、パリ北部の他に、スペイン中南部、ポルトガル北東部、ギリシャ、イタリア南部、ポーランド、ルーマニア、エチオピア、そして大西洋を超えて南米全般に広がる。親子は独立的であり、子供は成人すると独立してそれぞれの家庭を持つ。兄弟は平等に扱われ、遺産は兄弟で均等に分配される。その社会の基本的価値は自由と平等である。「絶対核家族」は、ブルターニュと海を挟んだイングランドからウェールズ北部、オランダ、デンマーク、ノルウェー南部、そしてこれも大西洋を超えて北米に広く分布している。子供は成人すると独立するが、兄弟は平等に扱われず、遺産は遺言によって分配される。夫婦を中心とする家族で夫と妻が対等になるから、女性の地位が高い。基本的価値は自由であり、地理的移動性が高い。トッドの世界地図は、他に東南のアジアに見られる「アノミー家族」、「アフリカ・システム」などに分類されている。尚、ユーラシア大陸の東西両端の遠く離れたドイツと日本が何故同じ家族制度を共有するのか、『世界の多様性』では言及されていないが、後にトッドは『世界像革命』(藤原書店)でこの「権威主義家族」がユーラシアの内陸部で発生して周辺に伝播したものであると考察している。

家族は人の価値観形成に大きく影響するから、共通した家族制度を持つドイツと日本の社会的価値観と組織的行動に類似性があるのは当然だとしても、経験的には両者には明らかな違いもある。日本は、話し手と聞き手の間に言葉で表現される内容以上の相互理解が前提の、いわゆる高文脈文化(high-context cultures)の社会であるのに対して、ドイツは、話し手と聞き手の間の相互理解が言葉によって表現される情報によって完結するのが前提の低文脈文化(low-context cultures)の社会であると言われる。ドイツ企業で働く日本人はその違いを実感するはずである。日本人の合意形成に至るまでの意思疎通と決定の手続きが、ときには暗示的に、ときには曖昧に進めるのに対して、ドイツ人のそれは、対極的なまでに明示的であり、明解である。したがってドイツ人と仕事をする日本人はよく、「そんなことまで決まり事にするのか、と思った」とか「そこまで細かいことを言わなくても」と、思わせられるのである。

フォルクスワーゲンで仕事をするようになってから、大学時代から私を知るある先輩に、

「ドイツの会社はおまえには合わないように思うが、どうなんだ?」

と聞かれて、

「窮屈に感じることはありますが、まあ、仕事ですからね、やりますけど」

私がそう答えると、その先輩はしたり顔で、

「おれの知り合いで、防衛大学を出たやつがドイツの会社に就職をして、日本の会社よりもずっとやりやすいと言っていたが、おまえのことを思い出してさ。大丈夫かなって」

肩書きは何であれ私は一介の勤め人である。勤め人である以上は働きがいや自己実現といったことはすべて自分の属する組織に依存する。個人として組織に対する葛藤には、どこかで折り合いをつけなければならないのだ。

日本は暗黙知の多い社会だから組織の在り方と仕事の進め方が明示的ではなく暗示的に曖昧に定められる傾向が強く、その組織の一員として働く為には膨大な量の暗黙知を共有する必要があって、その習得には数年の歳月を要する。しかしそうして形成される組織は忠誠心を宿して、高い規律と強い団結力を発揮するのである。ドイツの企業組織には日本企業に負けず劣らず、高い忠誠心と厳格な規律そして団結力が見られるが、その土台となる価値観は日本人のように暗黙知で共有されているのではなく、原則、規則、

規格、基準、規程などの形式知によるのである。その組織原理は明示的かつ明解だから、日本の曖昧な組織原理のように何年もどっぷりと浸かって習得しなくとも、教育と訓練、あるいは努力と鍛錬によって効率的に身に付けられる。ドイツ企業においては組織にも経営者にもその原理がアプリオリに共有されていて、だから外部から経営者や上級管理職を招き入れてもたちまち機能するのか、と私は思うのである。

ドイツ国民車の産みの親ポルシェ

かつてフォルクスワーゲンはドイツ語で、大衆車あるいは国民車を意味する一般名称であった。

自動車の黎明期には多くの技術者が、大衆車あるいは国民車という概念で自動車の普及を夢に見て、大衆車あるいは国民車は自動車開発者の夢を現す言葉でもあった。初期の自動車は高価で、しかも未熟な機械技術の為にその維持も容易ではなかったが、欧州から太平洋を隔てた米国でヘンリー・フォードがT型フォードの成功で大衆車を実現して、欧州各国で自動車の量産が試みられる。

企業としてのフォルクスワーゲンの歴史は、アドルフ・ヒトラーがフェルディナンド・ポルシェに「国民車」の設計を指示したことから始まる。

ドイツはガソリン自動車発祥の地であるが、ドイツ帝国政府そして第一次世界大戦後に成立したヴァイマル共和政国政府も、自動車の振興には余り熱心ではなく、むしろ自動車は奢侈品であり鉄道の発展を阻害するものと見なされていたらしい。プジョー201が誕生した一九二九年の各国の自動車の生産台数を見ると、フランスが21万1000台、イギリスは18万2000台、ドイツは11万7000台、そしてイタリアは5万4000台である。ドイツが自動車大国になるのは第二次世界大戦後のことで、日本と同様に敗戦後の焼け野原から奇跡的な経済成長と共に自動車産業も発展する。ポルシェの開発したビートルはその象徴的存在である。

ヒトラーの自動車構想はポルシェの人生を決定づけた。ポルシェはヒトラーの国家的自動車事業の中心的役割を担い、好む好まざるに関わらず、後にはナチスの要求に応じてやがて軍用車、戦車、戦闘機、戦闘ロケットの設計開発まで行うようになる。

ドイツ国民車の産みの親、フェルディナンド・ポルシェは一八七五年に、オーストリア=ハンガリー帝国のボヘミア（現在のチェコ）で、金属細工職人の二男として生まれた。幼い頃から機械に対して異常なほどの興味を示して、父親の店でその跡取りとして早くから働き始めるが、機械技術に対する好奇心はやがて向学心となって、高まる知的欲求を満たす為に工業高校の夜間学部に通った。十八歳でウィーンのベラ・エッガー電気会社に就職するが、ここでもウィーン大学工学部の聴講生として通い勉学を続けた。父親は夜間学校に通うのも、ウィーン行きにも反対したが、いつの時代のどの国にあっても天才は生い立ちや境遇にとらわれずにおのれの才能を開花させるものである。ポルシェは父親の反対を押し切って、正式な高等教育を受けることもなく、技術開発者としての運命を切り開いていくのである。

ポルシェは、ベラ・エッガー社時代に電気モーターを車輪に直接取り付けるインホイールモーターの原型を考案しており、一八九八年に、おそらくはその技術的野心から、同社を辞めてヤコブ・ローナーの経営するヤコブ・ローナー社に転身して、ヤコブ・ローナーとともに電気自動車を開発した。ヤコブ・ローナー社はウィーンで馬車を製造し、オーストリア皇帝フランツ・ヨセフ一世やイングランド、スウェーデン、ルーマニアなどの王室に納めており、資金的に余裕があったのか、一方で自動車の製造に着手していたが、蒸気機関自動車の開発を断念したばかりで、おそらくポルシェとの出会いで電気自動車の開発に乗り出したのだろう。ポルシェがヤコブ・ローナーとともに開発した電気自動車は、一九〇〇年のパリ万国博覧会に、Lohner-Porsche または Toujours-Contente（いつでも満足）という名で出品され、時速45キロメートルで航続距離65キロの性能を発揮した。この電気自動車は、内燃機関とは比べるもないその静粛性において画期的ではあったが、蓄電池そのものが技術的に未熟であり、重量が（蓄電池だけで）1・8トンもあるうえに、充電におそろしく手間がかかった。その課題を克服すべく、ポルシェはガソリンエンジンで発電をする電気自動車を開発する。自動車の黎明期にあって内燃機関に対する技術的志向が高まるなかで、ポルシェが電気自動車を開発し、さらにガソリンエンジンと電気モーターを組み合わせるハイブリッド車を考案したことは異彩を放っているが、自動車の歴史に名を残す多くの男たちがスピードに取り憑かれたように、ポルシェの技術的志向にはスピードの追求が動機としてあったに違いない。スピードへの飽くなき追求が自動車にさまざまな技術革新をもたらしてきたのだ。

ポルシェは電気自動車で自動車スピード記録を時速56キロまで更新し、自分の開発した前輪駆動のハイブリッド車で自動車レースにも出場しているし、その後も自分の開発した自動車でレースに参戦し活躍している。また運転技術に秀でていた為か、一九〇二年に兵役でフランツ・フェルディナンド大公の運転手を務めている。フェルディナンド大公はいわゆるサラエボ事件のその人で、一九一四年にセルビア人民族主義者に暗殺され、それが発端となって第一次世界大戦が勃発するのである。

メルセデスにまつわる逸話

ダイムラー・モトーレン・ゲゼルシャフトは、ガソリン自動車を発明したゴットリープ・ダイムラーとウイルヘルム・マイバッハが、一八九〇年にドイツのシュッツトガルトに設立したエンジン製造会社で、後に自動車を製造するようになって一九〇二年からメルセデスの名称で自動車を生産する。日本で一般にはベンツと呼ばれるが、欧州諸国ではメルセデスと呼ばれるこの自動車の名称は、一九〇〇年から一九〇九年まで、ダイムラー・モトーレンの取締役であったエミール・イエリネックが命名したものである。イエリネックはユダヤ教のラビ（指導的学者）の息子としてドイツのライプツヒに生まれ、両親とともにオーストリア=ハンガリー帝国下のウィーンで育った。その後モロッコで外交官となる為の修行を経て、領事としてアルジェリアに赴きそこで妻となるアルジェリア系ユダヤ人レイチェルと出会う。イエリネックはウィーンに戻ると、欧州の富豪を対象にしたフランスの保険会社の仕事で大成功を収めて一財産を築いた。娘メルセデスは一八八九年の生まれで、本名をアドリアンヌ・マヌア・ロマナ（Adrienne Manuela Ramona）と名付けられたが、両親はスペイン語で慈悲を意味するメルセデス（Mercedes）の愛称で呼び慣わした。母レイチェルはメルセデスが四歳のときに他界した。

イエリネックは冬をニースで過ごし、自動車と自動車競技に情熱を傾けて自分のレースチームを娘の愛称でメルセデスと呼んだ。イエリネックはオーストリア＝ハンガリー帝国のニース領事でもあったが、ニースで休暇を過ごす欧州各国の富豪たちに自動車の斡旋もしており、ダイムラー・モトーレンはその取引先の1社であった。イエリネックはシュツットガルトを訪れてダイムラーとマイバッハに会い、その後製品についての要望と苦情を何度も書き送っている。

一九〇〇年四月に、イエリネックはダイムラーと新しいエンジンを開発する合意をして、その新開発35馬力のエンジンを搭載した自動車を36台注文した。最初の1台がその年の十二月二十二日に鉄道でニース駅に到着して、顧客であるアンリ・ド・ロートシルト男爵（英語読みでいうところのロスチャイルド家の人）に納車された。イエリネックは、翌一九〇一年三月にニースで開催された自動車競技でメルセデスを走らせて各競技で優勝を飾り、一九〇二年にパリで開催された自動車展覧会にはメルセデス35馬力とともに、娘メルセデスの巨大な肖像写真を展示して注目を集めた。

イエリネックはメルセデスの呼称に強い愛着があったらしく、ニースでは彼自身ムッシューメルセデスと呼ばれてもいた。一九〇三年にその姓をイエリネック・メルセデスと改名する法的手続きを取っている。イエリネックはフランスにおけるダイムラーをすべて取り仕切っていたのだが、一九〇九年にはダイムラー・モトーレンの取締役を外れて自動車事業を止めて外交官の仕事に専念するようになる。しかし第一次世界大戦中にオーストリアとフランスの両当局と、何をしくじったのか関係がまずくなって両国からスパイ容疑にかけられ、フランス政府に財産を没収されて、一九一八年一月に亡くなった。メルセデスの愛称で呼ばれた娘のアドリエンヌ・マヌア・ロマナ・イエリネックは、一九〇九年にニースでオーストリアの男爵フォン・シュロッサーと豪華絢爛な結婚式を挙げてウィーンで暮らしたが、第一次世界大戦で全財産を失い、零落して道端で物乞いをした。その後夫とふたりの子供を捨てて、貧乏ながらも男爵の称号を持つルドルフ・フォン・ワイグルという男と再婚をした。ルドルフは無名であったけれども彫刻家で、メルセデスはピアノを演奏しソプラノで歌ったから、ふたりは芸術的な感性によって結ばれていたのかもしれない。メルセデスは癌を患って一九二九年に三十九歳で没した。その愛称を冠した自動車はやがて世界中で賞賛されるのだが、メルセデスの人生は自動車にあまり関わりがなかった。メルセデスの名称にまつわるこの逸話には心惹かれるものがある。

国民車製造会社

一九三七年五月二十八日、ベルリンにドイツ国民車準備会社（Gesellschaft zur Vorbereitung des Deutschen Volkswagens mbH）が設立され、北ドイツ平野のファレスレーベン村周辺に国民車を生産する為の工場と労働者の為の新都市建設が開始された。現在のウルフスブルグである。一九三八年五月二十六日、ヒトラーはこの工場都市を Stadt des KdF-Wagens または KdF-Stadt、ポルシェの試作による国民車のプロトタイプをＫｄＦワーゲンと命名し、7万人の聴衆と150人の報道関係者に披露し、大々的に喧伝した。

ドイツ国民車準備会社は、一九三八年九月十六日に国民車製造会社（Volkswagenwerk GmbH）と名前を変えて十月十三日に登記され、新工場で自動車の生産が始まった。この工場は当時世界で最も近代的な自動車工場であると見なされていた米国、デトロイトのフォードの工場 River Rouge を参考に建設された。国民車の生産開始にあたって、ドイツ労働戦線はKdFワーゲン普及の為の特別貯蓄制度を設けた。毎週5ライヒスマルクを積み立てるとKdFワーゲンの所有者になるという制度で、33万6000人がこれに応募したけれども、生産コストはそれに見合うものではなく、第二次世界大戦に突入したことで資材調達と労働力の確保が困難になり、実際にはほとんど納車されなかった。

一九三九年に戦時体制に突入したナチス政府は、自動車製造業に対して乗用車の生産を削減して軍用トラックの増産を求めた。もともと50万台の国民車を生産する為に建設された国民車製造会社では、航空機のエンジン用パーツや手榴弾などを生産していたが、一九四〇年から軍用車両キューベルワーゲン（Kübelwagen　バケツ自動車）も量産をするようになった。キューベルワーゲンは、ポルシェがKdfワーゲンを軍事用車両として、悪路を走破するように設計し直したもので、出力25馬力の空冷の水平対向4気筒エンジンを搭載していた。キューベルワーゲンは一九四五年四月までに3万7320台が生産された。また一九四二年半ばから一九四四年まで1万4276台の水陸両用の軍用車シュビムワーゲン（Schwimmwagen　泳ぐ自動車）も生産された。シュビムワーゲンは時速80キロで地上を走る四輪駆動車で、水上は時速10キロで進んだ。

フォルクスワーゲン工場では一九四〇年夏から強制労働が始まった。初期にはポーランド人、その後欧州諸国の戦争捕虜が動員され、約2万人が働いていたという。この強制労働の資料は現在ウルフスブルグ工場に記録保存されており、予約すれば見学することができる。一九四五年四月十一日に米軍がフォルクスワーゲン工場に侵攻して、強制労働者は解放され、その後工場は英国軍の管轄となった。その広大な敷地を自動車で走りながら古参のドイツ社員から聞いた話によると、戦争末期に工場は何度となく空爆されたので、ドイツ人たちは偽の工場建屋を拵えて爆撃機の目を欺こうとしたのだそうだ。その効果の程は不明だが工場の大半は消失して、戦後英国軍管轄下の工場での国民車の生産復活について英国の自動車各社は否定的かつ消極的でしかなかった。米国フォード社に対して、工場を無償で引き渡す提案をして断られたという説もある。

戦後ナチス政府は倒れ、実際国民車の為に33万6000人が支払った積立金は、戦後フォルクスワーゲンの負債として残っていたし、一九四八年六月ライヒスマルク（RM）からドイツ・マルク（DM）への貨幣転換もあって、フォルクスワーゲンの債務問題は複雑であった。国民車に応募した一部の人々が戦後フォルクスワーゲンを相手に訴訟を起こして一九六〇年代までもつれたが、原告に対して大幅割引価格でKdfワーゲンを販売することで最終的には和解に至った。

英国軍管轄となったKdfワーゲンの町（Stadt des Kdf-Wagens）は一九四五年五月に、ウルフスブルグと改められた。工場では英国軍軍用車の修理に始まって、それを補う為に同年八月から年末にかけて713台のKdfワーゲンが生産されるようになり、生産台数は徐々に増えて、一九四六年には9878台、一九四七年には8973台が生産されて英国軍に納入された。

戦後経済復興の象徴となったビートル

ＫｄｆワーゲンはTyp戦後タイプワン（Ｔｙｐｅ１）と呼ばれるようになり、一九五〇年代に英国でビートルの愛称がつけられ、その販売台数の増加とともにやがてビートルとして世界中で認知されるようになる。日本語でかぶと虫を意味するビートルは、それと同じ意味の世界各国の言語で呼ばれた。ドイツではKafer（ケーファー）、フランスではてんとう虫を意味するCoccinelle（コクシネル）、イタリアでは大型の黄金虫Maggilino（マジョリーノ）、ブラジルでは大型のゴキブリFusca（フスカ）、メキシコでフォルクスワーゲンと虫をかけた造語Vocho（ボチョ）と呼ばれた。また米国アメリカでは当初Bug（バグ）と呼ばれたが、後にビートルの愛称も使われるようになった。フェルディナンド・ポルシェの設計したビートルは一九七八年までウルフスブルグ工場で生産され、その後さらに二十五年間、メキシコ工場で二〇〇三年まで生産が続けられた。ビートルの累計生産台数は２１５２万９４６４台と記録されている。

戦後英国軍の管理下にあったフォルクスワーゲンは、一九四八年一月に西ドイツの国営企業となって、ハインツ・ノルトホフ（Heinz Nordhof）が社長に就任した。ノルトホフはＢＭＷで航空機用エンジンの技術者として働いた後に、一九二九年にオペルに転じてから順調に昇進を重ね、一九三六年に発表された小型車カデットの責任者となった。カデットは一九三六年から一九四〇年まで生産され、戦後一九六二年に二代目として復活され一九九二年にアストラに代わるまで、フォルクスワーゲンのビートルとゴルフ、そしてフォードエスコートなどとともにドイツ大衆車の一時代を築いた。

ノルトホフの指揮の下、フォルクスワーゲンは驚異的な成長を遂げる。GM仕込みのノルトホフの経営は経済的合理性を追求して明快であった。ビートルの異彩を放つ独自の外観を保ったまま、技術的な改良を重ねる一方で、1台当たりの総労働時間を四百時間から百時間へと四分の一に短縮し、生産台数を増やしドイツ国内のみならず積極的に輸出をした。一九四九年には4万6594台の生産の内7170台を輸出し、翌年は輸出台数がその倍近くに増えた。輸出先はスウェーデン、ベルギー、オランダ、スイスなどの欧州各国に加えてブラジルもあった。

ノルトホフは大量生産と輸出、そして労働協調路線によってフォルクスワーゲンの長期成長戦略を推し進める。南米諸国では第二次世界大戦後の一時期、米ドルの不足によって米国から自動車の輸入が完全に途絶えてフォルクスワーゲンの輸出台数が急増した。また、欧州経済の復興と第三世界の工業化も追い風となって一九五〇年代のドイツの自動車輸出台数の半数をフォルクスワーゲンのビートルが占めるようになる。競争力を保つ為の利幅の少ない価格設定を余儀なくされ、北米市場への進出にあたっては既存の販売網が米国自動車メーカーとの専売契約に縛られていた為に独自の販売網を開拓しなければならないなどの困難はあったけれども、フォルクスワーゲンのビートルは経済性と信頼性の高い自動車として一九五〇年代半ば頃には欧州のみならず、北米、南米そしてアフリカ諸国でもよく売れた。燃費が良くて、頑丈で悪路に強かったから、発展途上国でもよく売れたのである。一九五四年には米国に現地法人を設立して、独自の販売サービス網を編成し、比較的低所得であっても知識、教育程度の高い層に向けた広告宣伝を展開して、大型車市場での差別化に成功した。ブラジル、南アフリカ、そしてオーストラリアには生産拠点も構えた。ドイツ国内においては自動車市場の40%を占める大成功を収めて、ビートルは戦後の奇跡的経済復興の象徴的存在となった。

第二次世界大戦後の西ドイツ復興においては、戦争被害や終戦に伴う補償の為に鉄道には多額の負担金が課されたが、運送手段としての自動車の普及を促進する自動車産業保護政策がとられ、それがフォルクスワーゲンの成長を後押しした。

ノルトホフは一九六四年にアウトウニオン後のアウディを買収する意思を表明したが、それはビートルの生産台数をさらに増やす為の工場設備を意図してのことであった。ノルトホフは新製品の開発よりもビートルの生産と販売を優先したが、一九六〇年代後半になるとビートルは依然として唯一無二の存在ではあったものの、市場においては他の欧州車だけではなく米国車そして日本車との競合に晒されるようになる。結果的にはアウトウニオンの培った前輪駆動の技術で、ゴルフが開発されるまで、フォルクスワーゲンは低迷することになる。ノルトホフは一九六八年末に引退することを早くから表明していたが、在任中に心臓病を患ってその年四月に亡くなり、その後任に決まっていたクルト・ロッツ（Dr. Kurt Lotz）が予定を繰り上げてフォルクスワーゲンの社長に就任した。

ポルシェ家とピエヒ家の確執

ビートルの産みの親フェルディナンド・ポルシェは、終戦後フォルクスワーゲンの設計継続と、戦争補償として工場設備の移設をすることを求められて一九四五年十一月にフランスに赴いた。しかしフランス政府とフランス自動車各社の見解が異なっていたせいでポルシェはその仕事に着手できずにいた。同年十二月十五日にフランス当局からルノー4CVの設計について助言を求められて息子のフェリー（Ferdinand Anton Ernst Porsche）、ポルシェのビジネス・パートナーであるウィーン出身の弁護士アントン・ピエヒ（Anton Piëch）と共にルノーの工場を訪れたところ、3人はその場で逮捕され、フォルクスワーゲン工場におけるフランス人強制労働に関与した罪で糾弾された。ピエヒは、ポルシェの長女ルイーズ（Louise Piëch）と一九二八年に結婚しており、一九四一年から一九四五年までフォルクスワーゲン工場の経営に携わっていた。フェリーはすぐに釈放されたものの、ポルシェとピエヒは裁判もなくディジョンの刑務所に収監され、シュツットガルトの本社及びすべての財産を没収された。

フェリーは戦争末期に疎開していた南オーストリア、ケルンテン州グミュントにて細々と軍用フォルクスワーゲンの修理などを行ないつつ、設計業務を再開して父の保釈金100万フランを払った。ポルシェは収監から約二十か月後の一九四七年八月一日に釈放された。フェリーは父の収監中にポルシェの最初の量産車となる356を設計して、グミュントで49台を製造した。

ポルシェ親子とピエヒは一九四九年にシュツットガルトに戻ったものの、銀行からの資金調達もできず、工場はまだ米軍に差し押さえられたままであった。フェリーは356の1台をグミュントから運んできてフォルクスワーゲン販売店に売り込み、前払いで注文を集めて困難な状況を乗り越えた。

その年にフェリーはフォルクスワーゲンの社長ノルトホフと交渉をして、戦前の合意を下に父親の設計したタイプ1のロイヤリティを一九五四年末までの生産台数1台につき5ドイツマルクの支払いを受ける権利を得た。以後ポルシェの財務状況は好転した。それと同時にフォルクスワーゲン販売網を通じて正式に356を販売する権利も得ている。一九四七年にザルツブルグにポルシェ・ホールディング（Porsche Holding GmbH）を設立して、オーストリアでのフォルクスワーゲンとポルシェの輸入販売を開始する。

フェルディナンド・ポルシェは一九五〇年十一月に、戦後初めて、ウルフスブルグのフォルクスワーゲン工場を訪れた。ノルトホフとビートルの将来について語りあったが、その数週間後に脳卒中で倒れ、一九五一年一月三十日に七十五歳で没した。その翌年にアントン・ピエヒも他界するが、残された妻ルイーズは、ザルツブルグのポルシェ・ホールディングを拠点にポルシェとフォルクスワーゲンの販売事業で成功をして、夫アントン・ピエヒと父フェリー・ピエヒの遺産と併せピエヒ家はやがてオーストリア有数の富豪となる。フェリーの設計したポルシェ356は、技術的改良を重ねて持続的な成功を収め、一九六五年まで十七年間に累計7万8000台が生産され、スポーツカーの代名詞となった。

一九七一年にルイーズとフェリーは、シュツットガルトとザルツブルグにまたがるポルシェ事業の資本と経営を分離する。ポルシェの会社形態を合資株式会社（KG　Kommanditgesellschaft 英訳 limited partnership）から株式会社（AG Aktiengesellschaft 英訳 public limited company）に変更して一族は経営の実務から離れて株式の所有による支配に移行するのだが、その背景にはポルシェ家とピエヒ家との確執があった。実はこの出来事はそれから四半世紀後に巻き起こるフォルクスワーゲンとポルシェの間の、37万人が働くドイツ最大規模の企業間の、激しい買収劇の序章でもある。

ルイーズ・ピエヒには三男一女があった。後にフォルクスワーゲン・グループの総帥となる二男のフェルディナンド・カール・ピエヒは一九三七年にウィーンに生まれ、一九六二年にスイス工科大学で、「F1エンジンの開発について」の学術論文で学位を取得した後、ポルシェ社の研究開発部門で働いていた。三男ハンス・ミケル・ピエヒは流通部門で働いていた。一方のフェルディナンド・ポルシェには四男があって長男のフェルディナンド・アレクサンダー・ポルシェはデザイン部門、そして三男のハンス・ピーター・ポルシェは製品部門にいた。

祖父譲りの技術者魂を持つ上に英才教育を受けたフェルディナンド・ピエヒは、ポルシェ917によって一九七〇年のル・マンでのポルシェの優勝に貢献したが、レース仕様のポルシェ917の為にかけた莫大な開発費用が実はポルシェ家とピエヒ家の間の確執の原因となった。フェルディナンド・ピエヒは、後のアウディそしてフォルクスワーゲンにおいてもその姿勢は一貫しているのだが、最高の技術を追求する為の費用を厭わなかった。それに対する批判がある一方で、その活動を母のルイーズがザルツブルグの自動車販売事業を通じて経済的支援をしたから、ポルシェ家とピエヒ家は経営方針をめぐって紛糾したのである。

フェリー・ポルシェは事態を収拾する為に、一族を招集して話し合いを試みたがそれは言い争いにしかならず事態は悪化してしまう。フェリーとルイーズはポルシェの健全性を保つ為に、資本と経営の分離を決断して、一族は全員経営から身を引くことになり、フェルディナンド・ポルシェの4人の孫たちはポルシェ社を辞めた。それに加えてピエヒの私生活が両家の関係をさらにややこしくする。ピエヒは学生結婚をして5人の子供の父親であったが、フェリー・ポルシェの二男ゲルハルト・ポルシェの妻マレーネ、つまり従弟の嫁と恋に落ちて、ただならぬ関係となったのである。一九七二年頃のことだ。ピエヒはその後十二年ほどマレーネと暮らしてふたりの子供を儲けたが結局は別れる。ちなみにピエヒにはもうひとり別の女性との間にふたりの子供があって、現在の妻ウルスラとの間にさらに3人の子供がいる。

フェルディナンド・ポルシェの遺産は両家に均等に分割相続されたのだが、ピエヒとマレーネの恋物語は両家の間で保たれていた経済的均衡も損ねた。フェリー・ポルシェとその4人の子供たちはシュツットガルトとザルツブルグでの事業の株式資本の10%をそれぞれ所有し、ルイーズ・ピエヒとその4人の子供たちもまたそれぞれの事業の株式資本の10%をそれぞれ所有していた。しかしながらマレーネがゲルハルト・ポルシェと離婚をする際に、ゲルハルトは妻の権利である持ち分を放棄せざるを得なくなって、マレーネの持ち分が実質的にピエヒ家のものとなったのである。

さらに一九八三年にピエヒ家の長男アルンストが、両家にとって厄介な出来事を引き起こした。アルンストは自分の持ち分の株式を売却しようとして、一族がこれに総反対をした。アルンストの持ち分をポルシェ家とピエヒ家の双方が買い取って一件落着したのだが、結果的にポルシェ家の持ち分がピエヒ家のそれを僅かながら上回るようになった。

ポルシェは911の成功によって米国市場を中心に成長を続けたが、一九九〇年代に米国での販売不振で一時期経営難に陥って、ヴェンデリン・ヴィーデキング（Wendelin Wiedeking）がこれを見事に再建する。ヴィーデキングは一九五二年にバーデン=ヴュルテンベルク州アーレン（Aalen）に生まれ、アーヘン工科大学（Rheinisch-Westfälische Technische Hochschule Aachen/RWTH Aachen　英称：RWTH Aachen University）に学び、工学博士号を取得して一九八三年、三十一歳のときにポルシェで生産並びに資材管理の役員補佐として働き始め、一九九一年に生産管理を統括するようになって一九九三年にCEOに就任した。ヴィーデキングはトヨタ自動車のリーン生産に倣って、ポルシェの生産性の大幅な向上を実現して経営危機を脱した。採算性の悪かった928、968の生産を打ち切り、911には改良（964、993、そして996）を重ねてブランド価値を高め、高収益体質への転換を進める。一九九六年にはボクスターを投入して顧客層を拡大し、二〇〇二年に発売したフォルクスワーゲンのトゥアレグとの共同開発であるカイエンも大成功を収め、ポルシェの年間生産台数は5万台から10万台規模へと躍進して、ポルシェは世界で最も収益性の高い自動車会社、そしてヴィーデキングはドイツで最も高額な報酬を得る経営者となった。ヴィーデキングのポルシェのCEOとしての年間報酬は100億円に達していたといわれる。

ヴィーデキングは飽くなき事業意欲でフォルクスワーゲンの買収に乗り出して、ポルシェは二〇〇五年にフォルクスワーゲンの株式の20%を取得した。フォルクスワーゲンの売上高はポルシェの十数倍もあったから、この大胆不敵な買収をドイツのメディアは、羊飼いの少年ダビデと巨漢の戦士ゴリアテの戦いに例えて報じたが、フォルクスワーゲンの買収を戦闘的に進めるヴィーデキングの背後にはポルシェ家の四男ウルフギャング・ポルシェの存在があった。一方のフォルクスワーゲンの支配者はフェルディナンド・ピエヒである。この企業買収戦は実のところ、ポルシェ家とピエヒ家との骨肉を分けた権力闘争であった。

ポルシェは二〇〇八年十月にフォルクスワーゲンの敵対的買収を発表して、十一月に持ち株比率を約43%に上げ、二〇〇九年一月にはその比率を50・76%にして、フォルクスワーゲンを子会社にした。その後も複数の金融機関から追加取得できる権利も含めて75%まで買い増す方針であると伝えられたが、ポルシェは資金繰りに行き詰まって債務危機に陥り、逆にフォルクスワーゲンがポルシェを買収して二〇一一年半ばに経営統合することでこの争いは決着をした。ヴィーデキングは二〇〇九年九月に辞任したが、その退職金は50億円ほどであったという。

フォルクスワーゲンは二〇〇九年十二月にポルシェの持ち株会社である Porsche Zwischenholding GmbH の株式49・9%を買い取り、二〇一二年八月には残りの株式を買い取ってポルシェ（Dr. Ing. h.c. F. Porsche AG）を完全な子会社にした。そうしてフォルクスワーゲン、アウディ、セアト、シュコダ、ベントレー、ブガッティ、ランボルギーニ、商用車のスカニア、マン、そしてポルシェを支配下におくピエヒの自動車帝国が築き上げられたのである。この自動車帝国はマーチン・ヴィンターコーンを会長とする Management Board によって運営され、それを監督する Supervisory Board にフェルディナンド・ピエヒが会長として君臨している。

ところでピエヒは、二〇一〇年に自分の持ち株をオーストリアの二つの信託基金、フェルディナンド・カール・アルファとフェルディナンド・カール・ベータに移管した。そうすることで自分の死後に家族が安易に株を売ることに歯止めをかけたのである。この二つの基金に預けられた資産売却の為には、信託基金のManaging boardとAdvisory board、そしてピエヒの12人の子供の内の少なくとも9人の同意を得ることが必要となる。ピエヒの死後その資産の管理は妻のウルスラに委ねられることになっているが、ピエヒよりも十九歳年下の彼女がピエヒの死後に再婚するならばその権利を放棄しなければならない、と条件付けられている。ウルスラ・ピエヒは二〇一二年四月にフォルクスワーゲンAGのSupervisory Boardの役員に就任し、二〇一三年五月にはアウディAGのSupervisory Boardの役員にも就任している。

フォルクスワーゲン・グループ株式の過半数（50・73％）は、PAHSE（Porsche Automobil Holding SE）が所有している。そしてフォルクスワーゲンの最大の株主であるPAHSEの株式は、ポルシェ家とピエヒ家が所有している。買収合戦の末に両家はすべてを手中にしたことになる。つまるところ、ドイツ最大の自動車会社であるフォルクスワーゲンとその傘下のアウディ、セアト、シュコダ、ベントレー、ブガッティ、ランボルギーニ、スカニア、マン、そしてポルシェは、すべてポルシェ家とピエヒ家のものなのだ。

PAHSEは、マーチン・ヴィンターコーンを会長とする4人のExecutive Boardによって運営され、ウルフギャング・ポルシェを会長とする12人のSupervisory Boardによって監督される。Supervisory Boardにはピエヒ家の二男フェルディナンド・ピエヒと三男ハンス・ミフェル・ピエヒ（Hans Michel Piëch）が、そしてポルシェ家から四男ウルフギャングと長男であった故F・A・ポルシェの嫡子フェルディナンド・オリビエ・ポルシェ（Ferdinand Oliver Porsche）が名を連ねている。フォルクスワーゲン・グループをめぐるピエヒ家とポルシェ家の捻じれた綱引きには、既に次の世代が加わっている。

尚、二〇一二年、年末にドイツのシュツットガルト検察当局は、ポルシェの元CEOヴェンデリン・ヴィーデキングと元CFOホルガー・ヘルターをフォルクスワーゲンの買収計画に関連した株価不正操作の罪で起訴した、と発表した。当局によれば、フォルクスワーゲンの筆頭株主であったポルシェが、その持ち株比率を75％にすることを計画していたにもかかわらず、ふたりは二〇〇八年二月までの五回にわたる投資家への説明で、この計画を否定した。この虚偽の説明によってフォルクスワーゲン株の売りが誘発され、投資家に多額の損失を与えたという。

フォルクスワーゲンの気風

フォルクスワーゲンの組織には如何にもドイツらしい勤勉、規律、秩序を尊重する気風がある。全体の統制がよくとれており、よりよいものを追求する姿勢の日本企業のそれに似た風土がある。しかしながら組織内の指揮系統と意思伝達の仕方は、多分に暗示的な日本企業のそれに比べると遥かに明示的、明確かつ厳格であって殊に上意下達の意思伝達の仕方は大きく異なる。一般に日本の企業組織においては、現場の意思統一を前提に意思決定がされるから、下意上達を尊重する風潮があって意思決定と意思統一がしばしば同義語でありさえする。上下双方向の縦の意思疎通がはかられる一方で、組織内の同じ階層や部門内での横の意思疎通と意識の摺合せが恒常的に行われる。成熟した日本の企業組織は、意思決定に対して常に緩やかな合意形成がなされた状態にあるようなものだ。予定調和にない意思決定は組織内に軋轢と摩擦を生じさせる。それに比べるとドイツ企業の組織内の意思伝達は、上意下達の一方通行のようなものである。役職者の役割、責任と権限は厳格に規定されているから、その裁量権の範囲では小気味よく物事を判断して、下に向かって適格に（細かくといってもいいかもしれない）指示を下す。しかもその指示は絶対的なものである。日本の企業組織によく見られるような調整型の役職者など必要ないのだ。また日本の企業組織には稀に、本社のいうことなんか聞いてられるか、などといって暴れる現場隊長なども出現することがあり、それがまた組織上層部に認められて何かの拍子に偉くなったりする。ドイツの企業組織においてそういう人物の存在は想像し難い。組織を機能として捉えるならば、日本的な組織よりもドイツ的な組織のほうが間違いなく効率がいい。

他の日本企業と比べれば開放的で柔軟な組織であるホンダにおいてさえ、第四代目の社長に就任した川本さんが、当時困難な状況にあったホンダの舵取りにあたって社内で独裁的であるとの批判が生じたのである。それは批判というよりも陰口といったほうが正しいかもしれないが、何がそのような批判の対象となったのか、組織末端の現場で働いていた私には知る由もなかったが、予定調和にない意思表明と意思決定があったのだろうと社内の噂から想像された。社内に多少の摩擦があるのはわかっていたが敢えて独断的に事を進めたのだと、川本さんは社長を引退した後に語っている。

経験的に言えばドイツの企業組織にも忠誠心と規律と団結力が、日本企業に負けず劣らず見られるのだが、その土台となる価値観を形成するのは暗黙知ではなく、原則、規則、規格、基準、規程などの形式知によるものである。伝統的な日本の企業組織においては、その組織に何年もどっぷり浸かってその組織空間で共有される暗黙知を体得しなければ一人前と見なされないが、ドイツの企業組織の行動原理は明示的に形式知として厳格に定義されているから、日本の曖昧な組織原理のように何年もどっぷりと浸かって経験的に習得しなくとも、教育と訓練によって効率的に身に付けられはするものの、私などにはいささか窮屈に感じられる。

欧米車メーカーの日本市場進出の歴史はヤナセの歴史と表裏一体

日本でのフォルクスワーゲンは、かつてはヤナセが輸入元で、全国のヤナセ販売店を通じて売られていた。VGJの前身であるVAN（フォルクスワーゲン・アウディ・日本）は、有り体に言えばヤナセからフォルクスワーゲンの輸入代理店権を取り上げて、日本での販売台数の増加に乗り出したのである。

フォルクスワーゲンの日本法人が設立されたのは一九八三年七月で、社名は当初「フォルクスワーゲン株式会社（英文名 Volkswagen Asia Ltd.）」であったが、一九八九年八月に「フォルクスワーゲン アウディ日本株式会社 VAN」に変更された。ヤナセが輸入権を取り上げられたのはVANの時代である。社名は一九九六年九月にさらにVANからフォルクスワーゲン・グループ・ジャパン株式会社、VGJ、と改められた。

フォルクスワーゲンの販売台数の増加を目論むVANにとっては、店舗数の拡充が急務であった。VA

Nは店舗数を一挙に拡大する為に、ヤナセの販売店に加えて、新規編成の販売網としてファーレン店、そしてトヨタの販売網によるデュオ店の3チャネルを計画したが、梁瀬次郎はVANの進め方が長年の信頼関係を裏切るものだと激怒して、VANと手を切りフォルクスワーゲンの販売を一切停止した。梁瀬次郎はそれが余程腹に据えかねたらしく、販売を停止するだけでなく同じドイツのオペルをフォルクスワーゲンに替えて大々的に発売開始をした。一九九二年の年末を境にフォルクスワーゲンの販売をすべて終了し、翌年全国のヤナセ販売店の看板をオペルに入れ替えて一斉に販売をしたのである。ヤナセの撤退でフォルクスワーゲンの販売台数は一九九二年の2万9283台から翌年2万893台に落ち込み、一方オペルはヤナセの販売力で僅か1371台から1万7042台へと急伸した。

その後両ブランドともに台数を伸ばして、九六年にはオペルが3万339台、フォルクスワーゲンは5万491台の実績をあげるが、オペルは品質問題で次第に販売台数を減らし、二〇〇六年に日本市場から撤退をした。「赤いヴィータは良く売れた。よく壊れもしたが」と、ヤナセ関係者からよく聞く昔話である。

二〇〇五年にヤナセがファーレン店としてフォルクスワーゲンの販売を再開したとき、私はVGJ側の交渉当事者であって、ヤナセ側のフォルクスワーゲンに対する愛着と思い入れの深さをしみじみと感じた。フォルクスワーゲンの販売停止はもともとヤナセの望むところではなかったのである。当の梁瀬次郎も、販売停止後のフォルクスワーゲンの動向を気にかけていたという。「梁瀬さんにはいろいろと教えてもらって、本当に世話になった」とデュオ店を経営するトヨタ販社社長から聞いたことがある。

フォルクスワーゲンに限らず、欧米の自動車会社の日本市場への進出の歴史はヤナセの歴史と表裏一体である。

ヤナセは、梁瀬長太郎の設立した梁瀬商會（一九一五年、大正四年設立）に始まって、太平洋戦争前後の中断の時期はあったものの戦前からGMの輸入を手がけて、梁瀬次郎が経営を引き継いでからはGMに加えてメルセデス・ベンツ、フォルクスワーゲン、アウディの輸入販売権を取得して、日本の自動車市場の拡大とともに発展した。日本の自動車輸入関税は一九六五（昭和四十）年に撤廃されたが、ヤナセは輸入車の高価格政策を維持して丁寧な顧客対応と徹底したアフターサービスで、輸入車の高級ブランドとしての位置づけを確立した。国産車の開発技術力が向上して自動車の大衆化が進む市場環境にあって、ヤナセの採った輸入車の差別化戦略は見事なマーケティングの実践例である。

その後、クルーザー、アラジンストーブ、ノースアメリカンベアの輸入販売、アパレル事業、宝飾品などを展開し、商社的な志向性を高めたけれども、バブル崩壊以降自動車事業に回帰する。この時代ヤナセが使った「いいものだけを世界から」は、良くできたキャッチフレーズで、実に印象深い。また欧米自動車会社の日本法人の設立によって輸入代理店としての権利と業務は次第に縮小され、二〇〇二年にキャデラックとサーブを最後に輸入業務は終了した。二〇〇三年に伊藤忠商事傘下となって、全国240拠点でメルセデス・ベンツ、アウディ、BMW、クライスラー、フォルクスワーゲンなどを扱う日本最大の輸入車ディーラーである。

ヤナセはフォルクスワーゲンと併せてアウディも輸入販売をしており、VANがインポーターとなってからデュオ店、ファーレン店も初期の頃はフォルクスワーゲンとアウディを併売していた。ドイツおよび欧州でも、一九七八年以後アウディとフォルクスワーゲンは併売されていたが、九〇年代後半からブランドの戦略的強化の為に、フォルクスワーゲン、アウディそれぞれ専売の販売網構築を始めた。日本でも一九九八年にアウディ・ジャパンがVGJから分離独立するかたちで設立され、アウディ専売の販売網を編成した。

二〇〇一年十一月から二〇〇五年四月まで、私はVGJの営業部長職にあって、トヨタのデュオ店150店舗と、VGJが独自に編成したファーレン店50社100店舗と、併せて全国約250店舗を通じてフォルクスワーゲンの販売をするのが仕事であった。毎週月曜日に販売状況の確認をし、ルポ、ポロ、ゴルフ、ボーラ、ニュー・ビートル、パサート、それにトゥアレグ、トゥーラン、それぞれの月度計画に対する見通しを立て、計画との差異があれば（だいたい差異はあるもので）対策を練る。年間販売台数は約6万台で、販売構成比はデュオ店6割、ファーレン店4割であった。

ところで、このVGJが新しく契約した販売会社の商号であるドイツ語のファーレン（Fahren）は、「乗り物に乗って、行く」という意味で、日本人の耳に響きが好ましくなかなか良い名称である。自分が名付けたという人の話が記憶にはあるのだが、本書の執筆の為に関係者に問い合わせてみたが確認ができなかった。一方のデュオ（Duo）はトヨタ販社のフォルクスワーゲン店の為の屋号で、これは豊田章一郎氏の命名だと聞いている。

トヨタ自動車デュオ事業部とは毎月、名古屋市の桜通りにあったトヨタ自動車のオフィス、豊橋のVG

J本社のオフィス、あるいは赤坂アークヒルズにあったＶＧＪオフィスのいずれかで、定例会議を行った。名古屋市の桜通りにあったトヨタオフィスの建物の一階には、神谷正太郎の胸像があった。かつては販売のトヨタと称された、その礎を築き上げた人である。自動車の販売に携わる者として、販売の神様と謳われたその人の胸像の前を素通りするわけにもいかず、私は軽く敬礼をしてそれからエレベーターに乗って、トヨタとの打ち合わせに臨んだ。販売計画の進捗確認と計画との差異についての分析、その対策としての販売施策が主な議題である。

そうしてトヨタ自動車のデュオ事業部と打ち合わせをしていると、二言目には「トヨタではこうすることになっている」「トヨタではそういうことはしない」とあって、なかなかこちらの思うようには事が運ばない。トヨタのやり方を学ぶのはやぶさかではないのだけれども、仮にも私はフォルクスワーゲン・グループ・ジャパンの営業部長であって、その役割と責任を担っているから、「トヨタさんにお世話になってはいても、フォルクスワーゲンにはフォルクスワーゲンのやり方があるのです」と、主張を曲げないものだから、話し合いはときに紛糾した。

そうではなくとも、トヨタ自動車との取引を通じて、私はトヨタにある種独特な雰囲気を感じて、なるほどトヨタほどの企業ともなるとその企業文化と価値観が個々人のレベルまでよく浸透しているからそれが集団的な性格として立ち現れるのだろう、とホンダでの経験に照らして思うことがあった。それ以前ホンダの栃木営業所で働いていた頃に、ホンダの販売網とトヨタの販売網の質量のあまりの格差に気の遠くなるような思いをすることがあったけれども、その差を縮めていくのが仕事でもあって、その頃からトヨタ自動車は興味の尽きない存在ではあった。トヨタとホンダでは企業としての生い立ちも歴史も目指すところも違うから、その組織的性格も当然異なる。

ドイツ企業であるフォルクスワーゲンやフランス企業であるPSAと対比すれば、トヨタとホンダの共に日本的経営の傘に入る親類のようなものでその組織文化はむしろ似通っているけれども、それでもトヨタとホンダの組織的性格は明らかに違いがあって、その性格が結果的にはそれぞれの製品である自動車に反映されるのだから、その違いはむしろ強調されてよい。一国の基幹産業である自動車には、その国の工業力や技術力ばかりでなく国民性が反映されるものであって、トヨタとホンダに日本車としての共通性を求めるよりも個性を見出すほうが面白い。その違いはそれぞれの経営哲学、社是、運営方針、組織体制、人事制度など形式知の領域は無論、仕事の流儀や作法から言葉遣いや立ち居振る舞いに至る暗黙知の領域においてもあって、むしろ暗黙知の領域が結果的に製品としての自動車になって現れるのだ。

なお、VGJとトヨタ自動車との販売委託契約は二〇一〇年に解消され、その後トヨタ販社はフォルクスワーゲンを扱うデュオ店を、VGJとの直接契約を交わして継続している。

海外志向

「近頃の若者には海外志向がない」と、会社経営者や人事、採用の仕事をする人から聞くことがある。将来海外駐在に行きたいと思うかと訊くと、「希望しない」という答えが多いのらしい。海外留学者数も海外駐在希望者数も減少して、現代の若者は「内向き」の傾向にあるのだという。確かに日本人の海外留学者数は、二〇〇四年の8万2000人をピークに年々減り続け、二〇一三年には5万7000人まで落ち込んでいる。この若者の内向き傾向に政府は産学と危機感を共有して、「グローバル人材育成推進会議」を設置し、留学経験者数の増加、大学教育における TOEFL・TOEIC 対策、九月入学、通年採用、卒業後三年間の新卒扱いなどを促進している。

国際化の推進は大いに結構だけれども、それでも日本人の海外留学者数は、私が大学を卒業した一九八二年当時は2万人にも満たなかったから、三十年前に比べるとその数は三倍にも増えているのだ。また日本人の海外渡航者数を見ると、一九八二年には年間408万人であったのが、二〇一二年には年間1849万人と四倍に増えているし、日本人の海外居住者数も一九八二年には46万4000人（長期滞在者21万6000人、永住者24万8000人）だったのが、二〇一二年には118万人（長期滞在者78万人、永住者40万人）と倍以上増えている。三十年前と比べれば、日本人の「国際化」はかなり進んだのである。ある年を境に若者だけが「内向き」なってしまうわけがないし、日本の若者を「内向き」にしてしまうような歴史的出来事もなく、その理由も見あたらない。

あるいは、ここ十年程の留学者数の減少は、若者の変化によるものではなく、若者を送り出す側の親にその原因の一端があるのではないだろうか。子供を大学にいかせるだけでも大変な出費なのに、海外に送り出すとなると相当な負担である。仮に年収1000万円の高所得のあるサラリーマンにとっても、子供を留学させるのは容易ではないはずだ。大学を出すまでの教育費の他に、家のローンもあるだろうし、親の面倒も見ているかもしれないし、自分の老後の為の蓄えも欲しいだろう。サラリーマンにとって年収1000万への道は、長く険しい。家族の為に働くだけではなく、自分の人生だって楽しみたいはずだ。それなのにこの十年間、サラリーマンの平均年収は年々下がり続けたのだから、子供を留学に送り出せる親は減っているだろう、と思うのである。

それにしても、米国への留学者数の減少は著しい。二〇〇〇年にはその数が4万6000人であったのが、二〇一三年には2万人と、半分以下に激減している。つまり海外留学者数の減少の大半が米国への留学者数の減少によるものなのだ。これには、米国の日本に対する文化的な影響力の低下が、その遠因としてあるのではないだろうか。昔と違って、米国に憧れる若者など、余りいなくなってしまっただろう。確かに、専門的な分野を学ぶのであれば別だが、英語の習得を目的とするなら、留学先として米国以外の国を択んでもいいわけだ。一般的にある言語の習得は、その言語の背景となる地域と国の文化を学ぶことと不可分の関係にあるけれども、すくなくともビジネスの現場において日本人にとっての英語は、米国文化に根付く米国語である必要も、英国文化を豊かな背景とする英国語である必要もない。日本人の英語は、中国人、韓国人、タイ人、インド人、ドイツ人、フランス人の英語がそうであるように、国際的な公用語としての英語であればいい。

米国文化に好奇心や強い憧れのあった時代よりも、今の若者のほうが日本と日本文化に誇りと愛着を持っているようにも見受けられる。どこか外国に行ってみればわかることだが、日本は何でも便利で、清潔で、しかも安全な国である。海外旅行はさておき、仕事で暮らすとなると楽ではないはずだから、海外駐在の希望者数が減少傾向にあるのは当然なのかもしれない。それでも行ってみれば、きっと何かが見つかるはずなのだけれども。

第五章　日本的な存在としてのトヨタ

異質なものを取り込み発展するトヨタ

ホンダのことならいまでもわかる。私は社会人として生まれたときに、臍の緒がホンダにつながっていたからである。そして大事に育ててもらって、その恩を返さぬうちに飛び出してしまったから言わば不孝者である。それでもホンダの同期入社の連中と会えば、誰々がどこに駐在になった、転勤した、偉くなった、あるいは定年になったなどという噂を聞くし、後何年でわれわれもう定年だな、などと身内のように話をする。社内事情については知っていることよりも、知らないことのほうがもう多いけれども、それでも内輪の話がわかるのである。

トヨタのこともいくらかわかる。プジョーは日本全国で52の販社が83店舗の販売網を展開しているが（二〇一四年一月現在）、内7社11店舗はトヨタ販社の経営である。トヨタ販社の経営者と会えば、プジョーのことは無論だが話題は必ずトヨタのことに及ぶ。トヨタ販社は日本全国でおよそ280社500

0店舗を数えるから、プジョーを扱う販社はその一握りであるけれども、フォルクスワーゲンで働いていた頃には、トヨタ自動車を通じておよそ100社のトヨタ販社と取引があった。トヨタ店、トヨペット店のことを1部店、2部店などと呼ぶトヨタの社内用語で、トヨタの販売網の複雑な成り立ちについて教わり、トヨタ自動車の人事の話を聞き、そしてトヨタウェイなるものについて講釈も受けた。

ホンダにもトヨタにもその企業文化と価値観を伝達する為の、それぞれ独特の言い回しや表現がある。その土地で暮らさなければ意味はわかってもニュアンスのつかめない方言にそれは似ていて、組織の内側と外側で、部内者か部外者かによって、意思疎通に一線が画されている。組織文化とはそうしたものなのである。ホンダにもトヨタにもそれぞれ独自の組織文化があるけれども、いずれの組織もその在り方は日本的経営の枠組みの中にあって、フォルクスワーゲンやPSAプジョー・シトロエンと比べれば、その違いは大同小異である。しかしながら、ホンダがその発展期から国際企業としての名声を得る一方で、トヨタは豊田市に本社を構えるせいか、いつまでたっても田舎の大企業と揶揄され、村社会的な閉鎖的な体質があるのではないかと的外れな批判を受けさえする。トヨタの企業組織は異質なものを排除しようとする村社会的な体質などではなく、むしろ異質なものを意欲的に取り込み変容しようとさえして柔軟である。例えば米国での現地生産でGMと提携し、日本市場ではフォルクスワーゲンの販売を受託し、欧州ではPSAプジョー・シトロエンと提携してチェコに生産工場を設けた。そうでなければ世界最大の自動車会社に発展するわけがない。競合他社との協業における柔軟性という観点からすれば、かつて英国ローバー社との提携で失敗して以来、自主独立を貫いているホンダのほうがむしろ硬直的なのかもしれない。

トヨタもホンダも、その組織には運命共同体的な意識が強く働いているが、ホンダは日本的でありながらもその本質が暗黙知として閉じ込められており外部から見えないのに対して、トヨタは日本的であることを形式知にして衒うところがあるから、大きくなればなるほどその存在が却って日本的に見えてしまうのである。しかもトヨタは日本の自動車産業の主役の座にありながらもそれを雄弁に語ることがないし、語っても余り上手くなく、それがまた如何にも日本的ではある。そのトヨタの社史は立志伝中の人、豊田佐吉に始まる。佐吉翁は、戦前は日本の近代化に功労のあった代表的な人物として初等教育用の教科書に載っていた。昭和三十四年生れの私は子供の頃に教科書で、野口英世や金田一京介の伝記を読んでいる。貧しい家に生まれた野口英世が幼い頃に手に火傷で障害を負って、少年の頃に周囲の善意で手術を受けて医学を志すようになったことや、金田一京介がアイヌ語の単語の意味を、アイヌの子供たちと戯れながらひとつひとつ解明していったことなどを子供の頃に読んで知っている。豊田佐吉のことも子供の頃から知っている。教科書に載っていたかどうか覚えていないのだが、図書館の偉人伝記集に豊田佐吉があったはずだし、学校の先生が話をしてくれたのかもしれない。今日ではその発明品の自動織機に馴染がないせいか、佐吉翁は偉人伝記の最前列から後退してしまったようである。本田宗一郎がホンダの社長を退任した昭和四十八年に私は中学二年生であったが、本田宗一郎のことは小学校でも中学校でも教わらなかった。高校に通っても大学に入っても、本田宗一郎のことを聞いたことがないし、松下幸之助のことも井深大のことも、学校ではその名前すら聞いたことがない。いまでは子供向けの偉人伝記集に本田宗一郎を扱ったものもあるのだが、学校で本田宗一郎のことを教わったという話は聞いたことがない。佐吉翁のことを学校はもう教えないのだろうか。トヨタ、ホンダを知らない日本人はいないのだから、その創業者たちのことを教えればいいのにと思うのだが、学校では教えないものらしい。豊田佐吉も本田宗一郎も、子供にでもわかる偉業を成し遂げた人物である。

自動車産業の歴史的転換を目撃した佐吉

豊田佐吉は、遠江国敷知郡山口村（現・静岡県湖西市）に、父伊吉、母えいの長男として生まれた。小学校を卒業して大工の修業を始めるが、やがて貧困に喘ぐ村の暮らしをなんとかしなければという使命感と郷土愛から、村の若者を集めて勉強会を開いて将来を模索する。教育もなく金もなく何をすればいいのかさえもわからないのだが、郷土と社会そして国の為に生きるのだという志は高く持っていた。一八八五（明治十八）年に日本最初の特許法である専売特許条例が公布されると、十八歳の佐吉はこれに啓示を受けて、発明で社会に役立とうと決心をする。そして母の機を織る姿に自動織り機の着想を得て、その研究に没頭するようになる。しかし、この発明生活は困難なものであった。経済的に困窮し、しかも村社会で疎外されてしまう。その独創的な発想は村の人々の理解を得られずに、「男のくせに機ばかりいじるおかしなやつ」と揶揄され、少しばかりの田畑を売り減らしてあてもない研究につぎ込むものだから、村の人々からの批判に晒された。父の伊吉は佐吉の発明研究に反対していたが、母のえいは佐吉を励ました。逆境のなかで佐吉は日夜研究を続け、二十四歳の時に豊田式木製人力織機をようやく完成させて、村の人々に披露した。黒山の人だかりの中でこの織機で布を織って見せたのは母のえいであった。

明治期の日本経済の発展において繊維産業は基幹的な役割を果たしたが、佐吉は自動織機の発明によって紡績の工業化に道を切り拓いたのである。佐吉は織物機械の研究を続け、その生涯に発明特許84件、外国特許13件、実用新案35件を得ている。人力織機の発明によって織機製造の事業に乗り出し、一九〇六（明治三十九）年に名古屋に豊田織機株式会社を設立した。会社設立にあたっては社長には就任せずに役員として研究開発に専念した。しかし会社設立から数年後に、経営方針をめぐって社内的な対立と軋轢が生まれ、自ら設立した会社を辞めなければならなくなる。佐吉は半ば失意のうちに欧米視察にでかけ、アメリカから、イギリス、フランス、ベルギー、オランダ、ドイツ、ロシアを訪れ、モスクワからシベリアを経由して半年後に帰国した。この視察旅行で佐吉は欧米諸国の農業と工業の規模、設備、技術力の高さに圧倒されるのだが、紡績の分野においては自分の発明した自動織機にむしろ自信を深め、帰国後織機製造事業を再開する。また、欧米諸国で自動車が日常的に人の移動や貨物の輸送にもちいられているのを見て、自動車の国産化の必要性を感じ、帰国後周囲にそれを語るようになった。

佐吉の米欧訪問は一九一〇年のことだから、ヘンリー・フォードが大量生産方式を導入して自動車産業に革新をもたらしたT型フォードはすでに発売されている。十九世紀末から二十世紀初頭にかけて、欧米諸国において歴史に残る自動車の製造が始まっている。ベンツ、ダイムラー、オペル、ホルヒ、ブガッティ、パナール、プジョー、ルノー、フィアット、ロールス・ロイス、ゼネラル・モーターズ、フォードなどである。そして、フォードの創業者であるヘンリー・フォードは、1台1台手づくりであった自動車の製造方法に、部品の規格化とベルトコンベヤーでの流れ作業を導入して自動車の製造方法に革新をもたらし、大量生産を可能にした。

T型フォードの発売直前の一九〇八年には、米国での自動車の年間生産台数は、全社あわせても6万台程度で、そのうちフォードは1万台程であった。一九〇八年十月一日にT型フォードが発売されると、翌年にはフォードの生産台数は1万7000台になり、その翌年には3万台、翌々年には7万台と増えた。一九一三年には17万台、一九一四年に30万台、一九一五年には実に50万台まで飛躍的に生産台数が増大した。

T型フォードは、構造が簡単で軽量かつ頑丈なうえに馬力があり、操縦も修理も容易であった。製品として群を抜いて優れ、しかも廉価であった。当時、乗用車の価格は2000ドルほどであったところに、T型フォードはその半額以下の850ドルで売り出された。フォードの工場労働者は日給5、6ドルで働いていたから、半年分の稼ぎで自家用車が持てるようになったのである。さらに、T型フォードの価格は発売の翌年に690ドル、一九一三年には550ドル、一九二〇年代には275ドル、と劇的に引き下げられ爆発的に売れた。価格破壊である。一九二五年には年間202万台が生産され、一九〇八年から一九二七年までの累計台数は1500万台に達した。この記録的な生産台数を後にフォルクスワーゲンのビートルが上回るのは、時が流れてその四十五年後のことになる。

佐吉はこのT型フォードによる自動車産業の爆発的な歴史的転換を見たのである。明治維新以後の近代化の過程で、西欧諸国との彼我の差を目の当たりにした日本人は、欧米諸国の圧倒的な工業力とそれを背景にした軍事力に、日本がやがて植民地化され、隷属的な立場に落ちてしまうことを恐れ強い危機感を抱いているが、佐吉は欧米における自動車産業の革新性を見て憂国の念を募らせたのである。佐吉は技術者として、あるいは実業家として、日本国に自動車工業の必要性を長男喜一郎に説くようになった。

佐吉の長男喜一郎は東京帝国大学工学部機械工学科を卒業して豊田紡織に入社していたが、一九二三（大正十二）年九月一日の関東大震災の発生時、たまたま東京にいて、中央線沿いに列車の運行する駅まで歩いて、やっとの思いで名古屋に辿りついた。このとき輸送手段としての自動車の重要性を痛切に感じて、自動車事業の進出を決心したという。

関東大震災は、神奈川県相模湾北西沖80キロメートルを震源として、茨城県から千葉県、東京都、神奈川県、そして静岡県東部にいたるまで大きな被害をもたらした。鉄道が壊滅した為に代替の輸送手段として自動車が必要になったが、国産自動車はまだなかったから輸入車に頼らざるをえなかった。例えば、東京市電気局は、路面電車の代わりとして米国フォード社にトラック・シャシー800台を注文し、それを架装してバスとして運行をした。復興資材の運搬用等としてもトラック等の運搬車両が大量に輸入された。この震災で自動車需要が急増して、米国フォード社は一九二四（大正十三）年十二月に横浜に日本フォードを設立し、翌二十五年三月から組立生産を開始する。米国から完成車を輸出するよりも、日本で組み立てをするほうが、物流費、関税、工場の労賃が安かった。一九二七（昭和二）年にはGMことゼネラル・モーターズ社も日本法人を設立し、大阪で組立生産を始めた。

一九一二（大正元）年に日本全国で僅か521台にすぎなかった自動車の保有台数は、一九二六（大正末）年には4万台まで急増した。そのほとんどが輸入車で、当時のタクシーは、シボレー（GM）、フォード、あるいはダッジなどの米国車であった。一九三一（昭和六）年に、フォードとGMで、合計2万3000台を販売している。国内でも数社が自動車の生産を試みていたが、その販売実績は合計437台であった。

一方、関東大震災の発生時、本田宗一郎は東京の本郷湯島にあった自動車修理工場のアート商会（一九一七年創業）で修理工として働いていた。「お客の自動車をはやく運び出せ」という主人榊原郁三の大声に、慌てて自動車に飛び乗って工場の街路に出た。このとき宗一郎は十六歳である。生まれて初めての自動車の運転に興奮して、ごったがえす群衆のなかを縫うようにして自動車を走らせて無邪気に喜んだ。

本田宗一郎は、一九〇六（明治三十九）年十一月十七日、静岡県磐田郡光明村（現・浜松市天竜区）に生まれた。父の儀平は鍛冶屋であったが、祖父の代までは百姓で、家は貧乏だった。子供の頃勉強嫌いであったが好奇心は強く、殊に発動機や機械の類が好きで工作が得意であったという。尋常小学校から高等小学校へ進む頃、儀平が鍛冶屋から自転車に商売替えをする。儀平の取り寄せていた「輪業の世界」という業界紙を読んで、宗一郎はそこに載っていたアート商会の求人広告を見て、自動車修理工になろう、と応募した。高等小学校を出るとすぐに柳行李を担いで上京した。自動車修理工に憧れて上京したものの、なかなか修理などさせてはもらえない。来る日も来る日も、赤子を背負わされて子守をし、修理道具ではなく雑巾をもたされるばかりで、情けないのと辛いので故郷に逃げて帰ろうと何度も思うのだが、父と母を落胆させてはいけないと辛抱を続け、初めて自動車の修理をさせてもらったのは上京してから半年ばかり過ぎた大雪の降る日のことで、主人に突然「小僧、今日は忙しくてしょうがないから、こっちへきて手伝え」と言われた。

「一生忘れられない感激であった」と、宗一郎はこのときのことを述懐している。

丁稚奉公を始めて一年半ほどが過ぎた頃に関東大震災が起きて、本郷にあったアート商会はすっかり焼けてしまった。榊原は神田駅近くのガードで営業を再開したが、十数人いた使用人はほとんど田舎に帰り、残ったのは宗一郎ともうひとりだけになり仕事は忙しかった。自動車の修理で一番困ったのが車輪のスポークで、当時は木製だったから火事でことごとく燃えてしまったのである。

宗一郎はアート商会で六年間働いて暖簾分けを許され、故郷でアート商会浜松を開いて独立した。震災のときの経験から、鋳物製のスポークを発明して特許を取り、これが売れに売れて大いに稼いだ。戦前の平均的な月収が50円か60円であった時代に、月に1000円以上も稼いだ。大いに稼いで大いに遊んだ。自家用車を乗り回し、芸者をあげて飲めや歌えの大騒ぎをした。まだ二十代の半ばで、連日芸者を連れまわして、唄、端唄、都都逸などを自然に覚えるほどである。あまり豪遊するものだから税務署員に目をつけられて喧嘩になり、腹の虫がおさまらず税務署にホースで水をかけて新聞沙汰になったこともある。

企業としてのトヨタとホンダのそれぞれの企業文化を知るには、その創業者である豊田喜一郎と本田宗一郎の人生を知らなければならない。企業文化とはつまるところその創業者に始まる物語の連続性なのである。

一九二七（昭和二）年十一月に、佐吉は自動織機の数々の発明と日本の紡織産業の発展に対する貢献で、勲三等瑞宝章を授与され、天皇陛下への単独拝謁の栄に浴した。その帰宅後の内輪の宴会で佐吉は喜一郎に、

「わしは織機を発明し、お国の保護（特許制度）を受けて金をもうけたが、お国のためにも尽くした。この恩返しに喜一郎は自動車をつくれ。自動車をつくってお国のために尽くせ」と、語った。

記録によれば、喜一郎が豊田自動織機製作所に自動車製作部門を設置して自動車試作の準備に取りかかったのは、一九三三年九月一日のことである。社内には喜一郎のもとですでに自動車の調査・研究をしている社員たちがいた。

一九三四年一月二十九日、喜一郎は豊田自動織機の株主総会で自動車事業に取り組むこと、そのために資本金を100万円から一挙に300万円に増資することを求め、今年中に試作一号機を完了させる、と宣言した。利三郎も含めて身内からは反対があったけれども、「佐吉の遺志である」と押し切った。当時政府は輸送手段としてトラックを重要視し、国産化を図ろうとしていた。三井、三菱、住友などの財閥の連合体によって国産自動車工業を起こす案が検討されたが、財閥側が事業としての採算性に不安を感じて実現しなかった。三井三菱の大財閥さえ手出しをしない自動車事業に乗り出すことなど無茶であると身内は反対したのだが、喜一郎は頑として聞き入れず、その決心をこう書き残している。

「困難だからやるのだ。誰もやらないし、やれないから俺がやるのだ。そんな俺は阿呆かも知れないが、その阿呆がいなければ、世の中には新しいものは生まれないのだ。そこに人生の面白みがあり、また俺の人生の生き甲斐が、そこにあるのだ。できなくて倒れたら、自分の力が足りないのだから潔く腹を切るのだ」

喜一郎は、一九三五（昭和十）年四月に名古屋の豊田紡織本社に佐吉翁の胸像の前で、「豊田綱領」を発表した。自動車事業が、佐吉翁の思想と遺志であり、産業報国であることを示すのである。

一、上下一致、至誠業務に服し、産業報国の実を挙ぐべし。
一、研究と創造に心を致し、常に時流に先んずべし。
一、華美を戒め、質実剛健たるべし。
一、温情友愛の精神を発揮し、家庭的美風を作興すべし。
一、神仏を尊崇し、報恩感謝の生活を為すべし。

この豊田綱領には、二宮尊徳の報徳思想の影響があるといわれる。佐吉の父伊吉は、報徳思想の信奉者であり日蓮宗の熱心な信者であったことから、トヨタの経営思想に日蓮宗の影響を指摘する向きもある。確かに豊田綱領に報徳思想が反映されているのを読み取ることができるが、その思想はトヨタに限らず近代日本人の仕事観と労働観の形成に少なからぬ影響を与えている。私は檀那寺が浄土真宗の家に生まれ育ったので日蓮宗については照らすべき経験はないけれども、報徳思想なら薪を背負って歩きながら本を読む二宮金次郎少年の銅像を通じて子供の頃から知っている。その姿は人とし見習うべき手本であると、かつては日本人なら子供でも知っていた。

二宮尊徳、通称金次郎（きんじろう）は、相模国足柄上郡栢山村（現・神奈川県小田原市栢山）の人で、江戸末期を生きた農政の思想家である。貧しい農村に生まれ育ち、労働を通じた貧困の改善を尽くし、その実践で教えを説いた。奉公先であった小田原藩家老服部家の財政を建て直して、藩主大久保忠真にその農政の才を認められて名を成した。

小田原藩大久保家の分家旗本であった宇津家に請われ、その知行所である下野国桜町領（現・栃木県真岡市）へ赴き、十年かけて財政を立て直した。その後真岡代官領、さらに日光山領の財政立て直しを進める一方で、尊徳の弟子たちが方々の農村においてその仕法を実践して、当時の農村の暮らしが如何に貧しかったかということでもあるが、その数は600村に及んだという。この報徳思想は江戸末期に各地に結成された報徳社によって普及したが、とくに遠州、三河地方の農村に大きな影響を与えており、静岡県掛川市にその本部として大日本報徳社が設立され、現在は静岡県教育委員会が所管する特例社団法人となっている。

尊徳はその教えを報徳訓として以下のようにまとめている。

報徳訓

父母の根元は天地の命令にあり
身体の根元は父母の生育にあり
子孫の相続は夫婦の丹精にあり
父母の富貴は祖先の勤功にあり
吾身の富貴は父母の積善にあり
身命の長養は衣食住の三つにあり
衣食住の三つは田畑山林にあり
田畑山林は人民の勤耕にあり
今年の衣食は昨年の産業にあり
来年の衣食は今年の艱難にあり
年年歳歳報徳を忘るべからず

人は天地の徳から、君の徳、親の徳、先祖の徳など広大な恩徳を被っている。この恩徳に報いるのに徳行をもってする。人の暮らしは利己的であってはならず、誠を尽くしたものでなければならない。誠を尽くす心を至誠といい、至誠なる心で働き暮らすことを勤労という。勤労に励めば節度が保たれ無駄もなくなる。これを分度という。分度してもなお余りあるものを他に分け与えることを推譲という。これを日々の暮らしで実践すれば、人は物質的にも精神的にも豊かに暮らせる、というのがその思想である。

在野の実践哲学として農村を中心に広がっていた報徳思想を、明治政府は二宮金次郎の人物像に托して国家教育の教材に用いるようになり、修身教育と併せて一九一一（明治四十四）年から尋常小学二年生の唱歌に取り入れられている。

柴刈り縄ない　草鞋をつくり
親の手を助け　弟を世話し
兄弟仲良く　孝行つくす
手本は二宮金次郎

骨身を惜しまず　仕事をはげみ
夜なべ済まして　手習い読書
せわしい中にも　撓まず学ぶ
手本は二宮金次郎

家業大事に　費（ついえ）をはぶき

少しの物をも　粗末にせずに
遂には身を立て　人をもすくう
手本は二宮金次郎

稲作を中心とする農耕社会に如何にも相応しい実践の教えであり、農村の暮らしを原風景とする日本人の心情に寄り添う励ましでもある。

経営の神様といわれる松下幸之助は、トヨタ中興の祖である石田退三を経営の師として仰ぎ、石田は佐吉翁に薫陶を受けたことを終生矜持としていた。佐吉に限らず、明治生まれの企業経営者には尊徳の思想が気脈として通じており、第二次臨調の精神的礎となった土光敏夫が、小田原に尊徳記念館の建設を呼びかけたときに松下幸之助は是非もなく協力を惜しまなかった。

日本を代表する企業家の思想に尊徳の影響があれば、そこで働く数万から数十万人の人々にもそれは伝播する。佐吉翁の故郷である浜名湖近辺の遠州地方からは、ホンダ、スズキ、ヤマハ、河合楽器などの世界的企業が現れるのだが、その成功には報徳思想を熱心に受け入れた遠州人の気質が、楽器やオートバイなどの製造業において勤勉な労働者として下支えしたということがあったはずである。

おれだって遠州人だ、やらまいか！

本田宗一郎も遠州人である。ホンダがドリームD型を発売した一九四九（昭和二十四）年八月に、古橋広之進を始めとする日本人水泳選手団が米国に遠征し、次々と世界新記録を出して全米を驚かせ日本中が大いに沸いた。古橋は静岡県浜名郡雄踏町（現・浜松市西区）の生まれの遠州人で、宗一郎はその活躍に大いに触発された。

「日本人はアメリカに戦争で負けて、すっかり自信をなくしてる。けど古橋コウノシン（正しくはヒロノシンだが宗一郎はそう言っていた）は裸一貫頑張った。古橋が遠州人なら、おれだって遠州人だ、やらまいか！　と、こうなったわけ」と、ホンダの二代目社長であった河島喜好は語っている。「私には、河島、おまえは中学で古橋の一級上だろ、しっかりせい！　と」

「そのうち、どんどん言うことが過激になってきちゃって、浜松でボソボソやってたって、たかが知れてる、東京へ出るんだ、になり、ついには、世界一でないと日本一じゃない、という、あの名文句が出てくるに至るんです。そこまで発想が飛んじゃうか、すごいオッサンだなぁ、と、あきれ半ば、でしたがね（笑）。夢のようなでっかい目標を、まず口走ってしまう。いったん口にした以上は、いつか必ずやり遂げる。それが、おやじさんです。そう分かったのは、ずーっと後になってからですが」

明治生まれの遠州人である宗一郎も報徳思想の影響下にあったはずだが、その人物像にもホンダという企業にも報徳思想の影響が微塵も感じられない。宗一郎が破格の日本人であったからというより他はない。

土佐人でありながらも脱藩してまで世界を見渡して生きた坂本竜馬のように、宗一郎も生まれ育った家柄続柄や土地柄で型にはめようとしても、人物が大き過ぎておさまりきれないのである。

しかし、天才本田宗一郎の発想の独創性と経営哲学の普遍性が、世界のホンダとなって自動車史の表舞台に登場するのはまだ後のことで、豊田喜一郎が豊田綱領を起案した戦前のこの時期、宗一郎は浜松アート商会で大儲けをして、競技用自動車、レースカーを製作している。もともとアート商会の主人榊原がレース好きで、宗一郎はその影響を受けていた。一九二二（大正十一）年に報知新聞社主催で「第一回日本自動車レース」が東京・洲崎にて開催され、一九二六年まで十一回開催された。榊原は米国カーチス・ジェニーA1複葉機の中古航空エンジンを米車ミッチェルのシャーシに搭載したカーチス号を製作した。このカーチス号に榊原郁三の弟真一が操縦士、同乗機関士として宗一郎が乗り、一九二四年十一月の第五回日本自動車競走大会で優勝した。

一九三六年には多摩川河川敷（東急東横線の多摩川橋梁北側付近）に、日本初の常設サーキットとして多摩川スピードウェイが完成して、六月に「第一回全日本自動車競走大会」が開催された。宗一郎はフォード車を改造した浜松号に助手の弟の弁二郎とともに乗って参戦した。宗一郎の駆る浜松号は時速120キロを記録し優勝確実であったが、ゴール寸前のところで、修理中だったレースカーがピットから突然現れて接触した。浜松号は三回転して宗一郎は地面に叩き付けられて気を失った。病院で意識を回復すると、顔の左半面が潰れ、左腕は付け根からはずれて手首も折れていた。弟の弁二郎は脊椎骨折の重傷を負った。この第一回大会には日産自動車も参加していた。観覧席から見ていた鮎川義介は日産が無名の出場者に敗北したことに激怒して、社員を叱咤激励し、後の大会で優勝させたという逸話がある。

宗一郎は自動車競技で命拾いをしたが、それでも懲りずに十月の大会にまた参戦する。根っからそれが好きで、しかも負けず嫌いだから自動車競走をするのだが、それが天才の運命というべきか後に宗一郎は二輪でも、そして四輪でも、国際的レースに勝って技術力を証明することでホンダを世界的な企業へと押し上げていく。その自動車狂の競争熱と事業拡大の同時性が、戦後日本の稀有な成功物語となってホンダは輝きを放つのである。

全日本自動車競走大会は、軍国主義の高まりで僅か一年後の一九三七（昭和十二）年五月十六日を最後に停止され、戦前の日本のモータースポーツは発展を見ないままに消滅してしまう。日本でのモータースポーツの本格的な始動には、宗一郎が鈴鹿サーキットを建設する一九六二年まで、四半世紀ほど待たなければならない。なお、この多摩川スピードウェイでは、第二次世界大戦開戦後もオートバイの草レースが開催され、ガソリンの配給制度などで一時中断をしたが終戦後間もなくまたオートバイの草レースが開催された。

欧州では自動車がつくられるようになるとすぐに一般道路での自動車競技が盛んに行われたが、そもそも日本の道路は自動車競走ができるようなものではなかった。というよりも、道路と呼べるようなものは日本になかった。日本で本格的な道路網の整備が始まるのは、太平洋戦争の後のことで、一九五四（昭和二十九）年に、道路整備五か年計画が定まって道路網が整っていく。一九五九年にホンダはマン島TTレースに参戦して、ホンダの社員はマン島の道路がきれいに舗装されていることにいたく感心した。日本にそのような舗装道路はまだなかったのである。名神高速道路は一九六四年、東名高速道路は一九六九年の開通である。

文化としてのモータースポーツ

一九五六（昭和三十一）年に日本政府は、名神高速道路の経済的、技術的妥当性の調査の為に、米国からラルフ・ジェームズ・ワトキンスを長とする調査団を招いたが、その調査団が提出した詳細なレポートの中の冒頭の一項に「日本の道路は信じ難い程に悪い。工業国にしてこれほど完全にその道路網を無視してきた国は、日本をおいて他にはない」と述べられている。

そもそも江戸時代の各地の藩主の参勤交代も、江戸の庶民のお伊勢参りも皆徒歩である。殿様や姫様は籠に乗るけれども、担ぎ手はやっぱり歩くのである。江戸から東海道を下ればまず多摩川を渡り、さらに相模川、酒匂川と渡って箱根の峠を越えると、また富士川を渡りいよいよ大井川の渡しで、あるいは東に向かって日光東照宮をめざすには利根川を渡らなければ、というふうで日本の近代化には道路も要るが橋も要る。しかも国土の大半は山また山である。島と島も結ばなければならない。明治政府は道路網の整備よりも鉄道網の整備と海運の振興を優先したが、江戸時代の日本には馬車も走っていなかったのだからそれが当然の成り行きであった。

日本に馬車が登場するのは明治時代になってからのことだが、馬車は自動車の発明と発展に必要不可欠なものであった。馬車にエンジンを取り付けるところから自動車の歴史は始まって、馬車の型式名称が自動車の形状を指す呼称に変化して今日まで受け継がれている。例えば、カブリオレ（Cabriolet 一頭立ての二輪幌馬車）、キャラバン（Caravan 大型の幌馬車）コーチ（Coach 四頭立ての四輪大型馬車）クーペ（Coupe ふたり乗りの四輪箱型馬車）、リムジン（Limousine 一頭立の二輪客室付馬車）バギー（Buggy 一頭立ての軽装馬車）ワゴン（Wagon 二頭立て以上の四輪荷馬車）、などという呼称がそうである。馬車に関連することで言えば、今日フランスを代表する高級服飾品ブランドのエルメスは、元はと言えば高級馬具屋で、その歴史は十九世紀に遡る。十九世紀末のパリには約8万頭の馬がいたといわれ、パリの道路は馬車の為に整備され、いまもその面影を残すパリの住宅地の中庭は馬の居場所でもあった。

欧州諸国は大陸の平坦な地にあるから、日本とは違って馬車道を通すことなど簡単である。すべての道はローマに続くという格言があるけれども、その道はのんびり歩くものではなくて、馬車で疾走するのである。ローマ帝国の時代から馬車で競争をしていたのだから、英独仏伊の国いずれの人々も、馬車にエンジンを取り付けたときから何やら血が騒いで競争せずにいられなかったのに違いない。自動車の黎明期から、自動車産業の発展とモータースポーツは不可分の関係にある。レースは自動車の性能と技術を発揮するもので、速さを競うというわかりやすいかたちで繰り広げられ、それがモータースポーツとして育まれてきた。しかもレースでの勝利は、自動車会社にとっては競合関係における技術の優位性を示すことになってその宣伝効果は絶大である。とくに欧州においては英独仏伊のそれぞれの自動車会社が国の威信を背負って参戦するから、サッカーやラグビーの国別対抗戦にも似て、観戦者や支持者の裾野は広く、応援は熱狂的である。自動車はモータースポーツとともに発展をしてきたから、殖産興業の一環として自動車が発展した日本とはおのずから自動車文化の趣が異なるのだ。

「地球環境問題が深刻化する現在、レース活動は中止すべきではないのか」

二〇一三年の東京モーターショーでのことであったか、来日した某ドイツメーカーの上級幹部とのインタビューで、ある日本人記者がそう尋ねたところ、

「我々のつくっているものはバイオリンと同じなのだ。バイオリンは演奏しなければ意味がない。演奏が必要ないというのなら、君たち（日本人）のつくっているものはスコップと同じだ」

と、そのドイツ人は厳粛な面持ちで答えたという。

記録として残る最初の自動車競技は一八九四年にフランスで、パリのル・プチ・ジャーナルという新聞社の主催で、パリから西へ126キロ離れたルーアンまで走行して到着の順位を競うものであった。「馬要らずの馬車競争」Concours des Voitures sans Chevaux（Horeseless Carriages）と銘打って参加者を募ったところ102名の応募があって、最終的には7台の蒸気エンジン搭載車、14台のガソリンエンジン搭載車の計21台が出走した。そのほとんどがプジョー、ド・ディオン・ブートン、パナール、などフランスの自動車であった。ド・ディオン・ブートンは一八八三年から一九三二年まで自動車の生産をしていた会社で、量産では他社に先行して、一九〇〇年には400台の車両を製造している。他社へのエンジン供給を積極的に展開し、同年3000機以上のエンジンを生産した。世界で最初にV8エンジンの製品化にも成

功しており、その排気量は記録によると、6・1リットル、7・8リットル、14・7リットルなどという巨大なものがある。

フランス人技術者ジョージ・ブートンと共に、ド・ディオン・ブートンを創業したジュール・アルベール・ド・ディオン伯爵は、社交家であり、政治家でもあって広い人脈があったらしく、一八九八年にパリで自動車の見本市であるモーターショーを企画開催している。これが後に日本ではパリサロンの名で知られるモーターショーの始まりで、いまではドイツのフランクフルトモーターショーが奇数年、パリサロンが偶数年と交互に開催されている。モーターショーもレースと併せて、自動車産業の発展に欠かせない一大行事である。なお、一九一九年にパリに設立された国際自動車工業連合OICA（Organisation Internationale des Constructeurs d' Automobiles）が、今日世界各国で開催されるモーターショーの開催日程とそれぞれのその開催内容についての認定を行っている。

日本では一九五四（昭和二十九）年に東京モーターショーの起源である全日本自動車ショウが日比谷公園で開催され、二〇一三年の開催で四十三回目となる。東京モーターショーは、かつてはジュネーブ、パリ、フランクフルト、デトロイトと並んで世界五大モーターショーとして位置づけられていたが、近年は北京モーターショー、上海モーターショーに較べて、規模においても影響力においても劣ると認めざるを得ない。年間1000万台を超すいまや世界最大規模の自動車市場を背景に上海モーターショーと北京モーターショーでは、日本、韓国、欧州、米国、そして地元中国のすべての自動車が一堂に取り揃えられて圧巻である。上海モーターショーは東京モーターショーの開催年の春に、北京モーターショーと隔年で開催されているが、そのいずれもかつて一九八〇年代に華やかであった頃の東京モーターショーを凌駕する迫力と盛況ぶりなのである。モーターショーは各自動車会社が新型車を発表する場所であり、かつては欧州の自動車会社が東京モーターショーで世界初公開の、ワールドプレミアムとして、新型車を発表したこともあったけれども、いまや全くの新型車を発表するのは日本の自動車会社ばかりである。その新型車も軽自動車に代表されるような日本国内向けのものだから海外メディアは取材にもこない。なんとかならないだろうかと思うのだけれども、なんともならない。

自動車の黎明期から自動車競技は興行的に成功しており、フランスを中心に市街地や都市と都市を結ぶ一般道で盛んに行われたが、自動車の性能を極限まで発揮して競う為に、レースサーキットの開発も始まった。自動車競技を目的とする最初のサーキットはイギリスのサリーにあったブルックランズサーキットで、一九〇七年に開設され、第二次世界大戦で廃止されるまで英国のモータースポーツの中心地であった。米国のインディアナ500マイルレースは一九一一年に始まって、今日まで続いている。

ホンダのオートバイが世界に向けて飛躍する檜舞台となったマン島では、一九〇四年に自動車競技のゴードン・ベネット・カップ（Gordon Bennett Cup）の出場予選が行われている。ゴードン・ベネット・カップは、米国の新聞ニューヨーク・ヘラルドの社主でパリに暮らしていたジェイムズ・ゴードン・ベネット・ジュニアがフランス自動車クラブACF（Automobile Club de France）に働きかけて、一九〇〇年から一九〇五年にかけて開催された国別対抗自動車競技である。ド・ディオン・ブートンの創業者であるド・ディオン伯爵は、ACF創設者のひとりでもある。参加は国産車であることが条件で、1か国3台まで出場枠があった。走行距離は350キロから最長650キロまでで、フランス、オーストリア、ドイツ、アイルランドなどで開催された。このゴードン・ベネット・カップの出走自動車は、国別に車体の色が定められており、フランスは青、ドイツは白、アメリカは赤、ベルギーは黄、イギリスは緑、イタリアは、後年赤に変更されるがもとは黒だった。

国際自動車連盟FIA（Fédération Internationale de l'Automobile）の前身である国際自動車公認クラブ協会AIACR（Association Internationale des Automobile Clubs Reconnus）が設立されたのは一九〇四年のことで、一九二三年からヨーロッパ・グランプリを主催するようになる。第一回は一九二二年に完成したイタリアのサーキット、アウトドローモ・ナツィオナーレ・ディ・モンツァで、その後フランスのリオン、ベルギーのスパ・フランコルシャン、スペインのサン・セバスティアンなどのサーキットで開催された。ドイツの有名なサーキット、ニュルブルクリンクは一九二七年の開設である。

ゴードン・ベネット・カップ以降、自動車競技においてチームカラーとして国別に色を定めるのが慣習となって、フレンチブルー、イタリアンレッド、ブリティッシュグリーンなどのイメージが定着したが、ドイツの色は白であったのが後に銀に変わっている。一九二〇年代のドイツのレースカーは白で、ホワイトエレファントなどと呼ばれたが、一九三〇年代に活躍したメルセデス・ベンツとアウトウニオンのレースカーは銀色に輝いて、シルバーアローと呼ばれた。このドイツの色変更は偶発的なものである。一九三四年からレースカーの重量をタイヤと燃料を除いて最大750キロに制限する協会規定が設定されたのだが、メルセデス・ベンツW25がニュルブルクリンクでのレースの前に車両検査を受けたところ、その車重は751キロであった。そのままではレースに出られなくなるから、チームは咄嗟の対応で白の塗装を削ぎ落として翌日再検査を受けると、地金の銀色を現したW25の車重は750キロになっていた。この銀色のW25がレースに出走して見事優勝したのがシルバーアローの呼称の始まりだというが、その真偽のほどは定かではない。

宗一郎はホンダ設立の十六年後の一九六四（昭和三十九）年にF1に挑戦するにあたって車体色にゴールドを希望したが、すでに南アフリカのナショナルカラーになっていたので、アイボリーカラーをもらってそれに赤丸を付け加えた。宗一郎のF1マシンは車体に日の丸を纏って自動車の歴史に挑んだのである。一九七〇年代以降、F1マシンは走る広告塔となって、車体は多額の契約料を払うスポンサーのロゴで覆われるようになった。

第二次世界大戦の勃発で、欧州でのグランプリは一九三九年に中断されたが、終戦後の一九四五年九月九日には早くもブローニュの森でパリ杯と銘打ったレースが開催されている。

モナコ公国の公道を走るモナコ・グランプリがAIACRに公認を得て開催されたのは一九二九年からで、一九五〇年からF1世界選手権の競技会場となっている。やはり公道を利用するル・マンでの自動車競技は一九二三年から開催されているが、その主催団体は一九〇七年に創設されたフランス西部自動車クラブACO（Automobile Club de L'ouest）で、ル・マン市にその本部がある。AIACRは一九四七年の組織改編を経てFIA（国際自動車連盟）となり、一九五〇年からF1世界選手権を開催するようになって、モータースポーツの世界では絶大な影響力をもっているが、歴史的にACOはモータースポーツの運営についてFIAと一線を画しており、一九八〇年代にはプロトタイプのレーシングカーによる耐久レース運営の主導権を巡って摩擦と対立も生じている。

FIA本部はパリの中心地コンコルド広場に面した場所にあって、その歴代の会長職にはフランス人が6人、英国人ふたり、ドイツ人、イタリア人、ベルギー人が各ひとりずつ就任しており、現会長のジャン・トッド氏もフランス人で、政治力に長けたフランス人の力はモータースポーツの世界でも発揮されているかのように見受けられる。近年FIAとACOが共同で世界耐久選手権WEC（World Endurance Championship）を運営するようになった。トッド会長は、かつてプジョー・チームを監督として率いて一九九二年、一九九三年のル・マン24時間レースを連覇しているし、その後スクーデリア・フェラーリの監督に転身して一九九九年から二〇〇四年までフェラーリをF1優勝へと導いているから、ル・マンとF1の両方の関係者に睨みを利かせてFIAとACOの関係を強化したのだろうと察せられる。

自動車競技が始まってから一世紀を経た現在、欧州には多数のレースサーキット施設がある。なかでもフランスには、大小合わせて50ほど数えられ、そのほとんどは一般人に向けて開放され、自家用車で走ることができる。

大衆化を至上命題としてきた日本車

一九三六（昭和十一）年五月、日本では自動車製造を許可制とする「自動車製造事業法」が公布（同年七月より施行）され、トヨタ、日産自動車、東京自動車工業の3社が許可会社となった。この年に日本の自動車保有台数は12万6000台に増加していたが、そのほとんどはまだ米国車である。

自動車製造事業法は輸入車を締め出して国産車の促進を図るもので、製造を許可される会社の条件は、株式資本と議決権の過半数を日本人が所有し、取締役の半数以上が日本人であることを条件とする典型的な非関税障壁であった。しかし日本の技術水準が未熟で国産車で需要をみたすことは到底無理だったから、フォードとGMは輸入生産枠付きで操業の継続が認められた。輸入生産枠はフォードが1万2360台、GMが9470台であった。この年の十一月には自動車の輸入関税が50%から70%に引き上げられ、その後一九三七年の支那事変勃発による円為替相場下落で、一九三九年に米国車は日本から撤退した。

一九三六年、トヨタは刈谷町（現・刈谷市）にあった豊田自動織機製作所の自動車組立工場で、トラック910台　バス132台、乗用車100台、合計1142台を生産している。この工場は戦後トヨタ車体㈱となる。乗用車はシボレー、フォード、クライスラーなどのアメリカ車を分解して研究開発されたトヨダAA型で、一九四三年までに1404台が製造された。

米国ではT型フォードの価格破壊で、一九二〇年代に自動車の大衆化が一気に進んだ。T型フォードの価格は、一九〇八年の発売時850ドル、翌年に690ドル、一九一三年には550ドルで、一九二〇年代に275ドルまで引き下げられている。一九二〇年代のドル対円の為替レートは1ドル=2円前後であるから、円換算すると600円である。一九三〇年代になると米国の自動車市場ではT型フォードの廉価販売の時代が収束して、商品に付加価値をつけた差別化戦略が取られるようになり、自動車の平均価格はおおよそ500ドルから700ドルほどであった。日本は満州事変で戦時体制に入り、為替は円安となって1ドル=4円前後で、例えばトヨダAA開発の研究材料となった当時のシボレーは円換算すると2400円程度でトヨダAA型よりも遥かに安価であるが、というよりも、だからこそ日本政府は輸入車の関税を50%も70%も賦課したのである。

一九三七(昭和十二)年八月二十八日にトヨタ自動車が設立登録され、挙母町に新たな自動車工場の建設が始まる。挙母町は刈谷町と隣接しており、戦後挙母市となるが一九五九年一月一日に豊田市に改名され、トヨタ自動車工業の本社所在地は豊田市トヨタ町一番地となる。

挙母工場の竣工式は、十一月三日「明治節(明治天皇の誕生日)」の佳日を選んで執り行われ、作業服姿の喜一郎が神前で竣工の辞を読み上げた。トヨタ自動車工業の創立記念日は、この日、一九三八年十一月三日(挙母工場の竣工日)として定められている。

「先行(佐吉翁)之を辞に遺し、我等之を実践し、自動車工業の生誕を看る。皇国未曾有の非常時に際会し、吾等の使命日に重く、茲に国策に順応して工場を挙母地方に設け、一大自動車工業を確立せんとす。
各自持ちの任務に満腔の誠を致せ。集りて偉大の力を生ず、連鎖の一環の集まりなり。一個人の不注意を以って、全工場の努力を空しうす、一本のピンも其の働きは国家に繋がる、各自の業務に無駄あるべからず」

日本の自動車の保有台数は一九三九年に22万2246台まで増えた。その内訳は、トラック11万8242台、バス2万4024台、乗用車5万9317台、小型二輪2万6663台であったが、それ以降は米国車が撤退して、日本の自動車の製造はもっぱら軍用となる。一九四一（昭和十六）年十二月八日、日本軍がハワイ真珠湾を襲撃して太平洋戦争に突入し、トヨタは一九四四年一月に軍需会社に指定される。

ところで、皇室において自動車の使用が始まったのは一九一三（大正二）年からで、英国製の一九一二年式の7人乗りのディムラーが所謂御料車となった最初の自動車である。このディムラーは、一九一〇年から一九三六年まで英国王位にあったジョージ五世の車両と同型のものが1台、それとは別にもう1台のディムラーが購入されている。御料車の選定の為に事前に調査団が派遣されて、ディムラーの他にメルセデス・ベンツ、フィアットなどを訪問したらしいが、日英同盟を尊重してディムラーに決まったものらしい。

大正天皇の御料車となったディムラーは、その起源を一八九三年の Daimler Motor Syndicate に遡る英国にかってあった高級自動車の会社で、日本語では英国のそれをディムラーと呼び、ドイツのそれをダイムラーと呼ぶが、もともとはどちらも自動車を発明したドイツのゴットリープ・ダイムラーに由来している。英国ディムラーの創設者であるフレデリック・リチャード・シムスはゴットリープ・ダイムラーの友人であり、ダイムラー・モトーレン・ゲゼルシャフトの英国における代理店でもあって、自動車会社を興すにあたってディムラーの名称使用権を買ったのである。ドイツのダイムラーは、ダイムラー・モトーレン・ゲゼルシャフトからダイムラー・ベンツ、ダイムラー・クライスラー、そしてダイムラーAGと変遷しているが、一九〇八年以来ダイムラーの名称を自動車に使っておらず、メルセデス・ベンツとして今日のブランドを築き上げてきた。英国ディムラーは、一九六〇年にジャガーに買収され、そのジャガーは斜陽の英国自動車産業にあって変遷を重ね、一時期はフォード傘下となっていたが、二〇〇八年からはインドのタタ・モーターズの所有するところとなっている。

英国では街の風景にも人々にも、伝統と長年の生活習慣から醸し出されるしっとりした佇まいと雰囲気があって、かつては英国の自動車にもそれは感じられた。英国ブランドではあってももはや外国資本の傘下にあるせいか、そうした英国趣味がいまや失われつつあるように見受けられるのだが、自動車産業を衰退させてしまった英国ではそれは致し方のないことかもしれない。

皇室では、その後一九二一（大正十）年に、一九二〇年式のロールス・ロイス、シルバーゴーストが2台、一九三二（昭和七）年にはメルセデス・ベンツ770K、グロッサー・メルセデスが御料車となっている。一九三〇年に発表されたこのグロッサー・メルセデスは、国家元首などの公用車として開発されたもので7・7Lスーパーチャージャー付き直列8気筒エンジンを搭載しており、カイザー・ウィルヘイムII世、ヒンデンブルク大統領、シャム国王、ツェサール・ブルガリア王、アルバニア国王、スウェーデンのグスタフ王、スペインのフランコ将軍などにも納められている。一九五一年のGHQ占領下にあっては当然のことながら御料車は米国製になって、キャデラック・75リムジンが導入された。

日本製自動車が御料車として登場するのは、一九六七年の日産・プリンスロイヤルが初めてである。プリンス自動車工業株式会社は一九四七年の創業で、一九六六年八月一日に日産自動車と合併したが、元航空技術者が多く集まっており、スカイライン、グロリアを開発してその技術力は評価が高かった。御料車の開発中にプリンス自動車が日産自動車に吸収合併され、車名はニッサンプリンスロイヤルとなった。一般向け販売はされず、製造されたのは7台のみである。昭和から平成まで四十年近く御料車としてあって、二〇〇四年二月に使用停止が決まり、その後継として二〇〇六年にトヨタ自動車製造のセンチュリーロイヤルが御料車となった。センチュリーロイヤルは皇室用として4台だけ製造された。

日本の自動車の発達の歴史は、ヘンリー・フォードが大量生産を可能にして大衆に普及させた自動車の延長線上にある。欧州においては自動車が大衆化するだけでなく、その発達と進化の系譜は多様な階層があって、競技の為の限界性能の追求と、豪華な誂えによる差別化の追求が飽くことなく続けられている。大衆化を至上命題としてきた日本の自動車の発展の歴史は、スポーツカーと高級車による複次的な展開がなく、大衆車の性能と機能に改良を加え続ける一次的な展開となっている。そもそも日本では自動車競技で極限まで性能を発揮する必要も機会もなく、鉄道ほどの長距離を移動する手段でもなかったから、自動車に求められる要件は限定的であり、その限定された枠のなかで求められる自動車を、本田宗一郎を例外として、日本人は真面目一筋につくってきた。自動車に限らずいわゆる高級品の価値には権威の裏づけが必要であって、欧州諸国において自動車の性能は競技活動での優劣によって権威づけられ、高級嗜好の自動車は絵画や音楽などの芸術品、あるいは時計や宝石などの高級装飾品に似て、各国の王室とそれに連なる貴族、元貴族の華麗なる人々の贔屓によって権威づけられてきた。その二つの権威の歴史的融合で欧州は高級車の産地となっている。

そうしてみると自動車産業史のなかで、本田宗一郎の存在はやはり異彩を放っている。日本を追いかけて発達した韓国の自動車産業では言うに及ばず、いまや自動車大国になりつつある中国でも、その発展過程に第二の本田宗一郎が現れることはついになかったのである。

何をして生きていこうか

喜一郎が挙母に工場の建設を始めた頃、宗一郎は新規事業を始めていた。アート商会浜松で、自動車修理の商売は繁盛していたのだが、自動車の保有が急に増えてさらに商売がさらに拡大する見通しはないし、「いくら修理がうまくても東京や米国から頼みにくるでもない」と、もっと他に何かやりたくなったのである。そうして物資不足のなかで原料の調達のできるピストンリングの製造に乗り出し、機械に投資をして50人ほどの工員を抱え、つくればすぐに売れるだろうと高を括って始めたのだが、そう簡単にはいかなかった。宗一郎のつくったピストンリングは、粗悪な品質で売り物にならなかった。宗一郎は工場に籠りきりで、毎日夜中まで鋳物の研究に取り組んだ。髪の毛が伸び放題になると妻を呼び出して切らせ、疲れてくると酒を一杯ひっかけて炉辺の御座の上でごろ寝をして、精魂が尽き果てるほどであったがそれでも成果は得られなかった。蓄えも底をついて妻の物まで質屋に入れるありさまである。それでも研究を続けて、困り果てたあげくに、うまくいかないのは鋳物の基礎知識がないからだとようやく気がついて、気がつくとすぐに浜松高専（現・静岡大学工学部）を訪ねて、校長に頼み込んで聴講生となり金属工学の基礎から勉強をした。勉強をしながらピストンリングの改良を重ねて、九か月かけてようやく商品化に成功した。

ピストンリングをつくれるようになってからも宗一郎は高専には通い続けたが、授業は聴いてもノートを取らないし、試験も受けずにいるものだから学校側から退学を言い渡されてしまう。校長先生にその訳を尋ねにいくと、試験を受けない者には卒業免状はやれない、と言われた。宗一郎は、卒業免状なんかなんの役にも立たない、映画の切符なら必ず映画館に入れるが、卒業免状では映画も見られやしない、などといって悪態をついて校長先生を怒らせた。しかも退学になったからといって月謝を払わずに、好きな時間だけ授業を聴きにいき、勉強は大いに役立つものだと感心をする。まるでフーテンの寅さんのようである。

宗一郎は一九三九（昭和十四）年に、アート商会浜松を弟子に譲り渡して、新しくつくった東海精機重工業でピストンリングの生産に専念するようになった。苦心惨憺の研究の結果、ピストンリングはつくれるようになったものの、量産され商品化するまでにはなお努力が必要であった。トヨタ自動車に納めようと3万本ほどつくり、その中から50本ほど選んで納品検査をしたところ合格したのは3本だけであった。これは宗一郎にとって相当に悔しかったに違いなく、さらに研究を重ねて後にトヨタとも取引をするようになる。戦時中には東海精機は船舶、トラック、航空機のピストンリングを生産する軍需工場となって、トヨタからの資本を受け入れて石田退三が社長となった。東海精機は資本金1200万円、従業員200

0人の大企業となったが、空爆で山下工場を破壊され、さらに一九四五年一月十三日、三河地方に震災をもたらした南海大地震がおきて磐田工場が倒壊した。そして翌年の八月十五日、終戦を迎える。軍需工場の多かった浜松は繰り返し激しい空襲を受けて、一面焼け野原になった。

戦争が終わると、トヨタからは何か部品をつくるようにと言われたのだが、宗一郎は東海精機の自己の持ち分を45万円で全部トヨタに引き取ってもらって事業を手放した。トヨタから指図をされるのが窮屈だったのだ。そうして「しばらくは何もしない」と家人に言って遊んで暮らした。日中は庭石に腰かけているだけで本当に何もせずに、夜になると人を呼んできて酒盛りをする。酒は医薬用アルコールを、ドラム缶1本1万円で買ってきて自家用合成酒をつくるのである。そうして一年ばかり何もせずに、これから何をして生きていこうかと考えていた。ときに宗一郎は三十八歳であった。

トヨタの精神的支柱として存在する豊田家

終戦の年、喜一郎は五十一歳である。日本の自動車保有台数は、戦前の約半分の9万6781台になっていた。その内訳は、トラックが5万5506台、バス1万2792台、乗用車は僅か1万8113台である。トヨタは戦時下では軍の統制を受け、終戦後はダグラス・マッカーサーを最高司令官とするGHQ（連合国軍総司令部）の支配下にあってトラックの製造を認められたものの、喜一郎は会社の存続に腐心しなければならなかった。

ＧＨＱは、日本の現存する政治形態を利用した間接占領方式を採用しつつ非軍事化と民主化を図る為に、婦人に対する参政権付与、労働組合の結成奨励、教育制度民主化（教育改革）と国家神道廃止、人権弾圧体制の解体、経済制度の民主化（財閥解体と農地改革）の五大改革を推進する。これによって戦後の日本社会の枠組みは定まるのだが、それぞれの改革について日本国あるいは日本人としての総括と評価がなされないまま、半世紀以上が過ぎて今日に至っている。

戦後日本の経済活動の生産水準は、石炭・鉄鋼など基礎物資の供給不足のために低迷していたが、政府戦時債務の支払い、経済復興の為の投融資の拡大などで通貨供給が急膨張してインフレーションがおこる。物価統制はされていたのだが、公定価格と実勢（闇）価格の格差は広がり、物資の闇取引が横行して正常な経済活動の回復を妨げていた。石炭、鉄鋼の生産が増加した後も、復興金融公庫で発行する復興債権によって通過供給量はさらに膨れ上がってインフレーションは加速した。終戦時の物価を一とすると、翌年には倍になり、その翌年には十倍、そして五年後には百倍になった。歴史的なハイパーインフレーションである。

一九四九（昭和二十四）年二月一日、マッカーサー連合国最高司令官の財政顧問（公使）としてジョセフ・ドッジが、６名の経済政策の専門家を連れて来日する。ドッジは来日後の記者会見で「日本の経済は両足を地につけていず、竹馬にのっているようなものである。竹馬の片足は米国の援助、他方は国内的な補助金の機構である。竹馬の足をあまり高くしすぎると転んで首を折る危険がある」と、日本経済のおかれている状況を評した。そして、その来日目的である日本経済の自立と安定を図る為の緊縮財政と金融引き締め政策を実施する。いわゆるドッジ・ラインである。

まず国家予算を、前年度は1419億円の歳出超過であったのを、一九四九（昭和二十四）年度は1567億円の歳入超過になるように編成をした。公共事業費を半減して、公共料金は値上げした。公定価格維持の為に政府予算で埋め合わせをしていた価格差補給金を削減し、復興金融金庫の復興債の発行を禁止した。そして輸出安定促進の為に為替レートは、1ドル=360円に設定された。

これによってインフレは収束に向かったが、倒産が多発し、失業者が増大する安定不況となった。ドッジ不況とも呼ばれる、このドッジ・ラインの経済的効果については評価が定まっていないようで、インフレを抑制し経済の安定化に効果があったと評する向きもあれば、当時日本の生産力は復興しつつあり、物価高騰も収まりつつあったから、朝鮮戦争による特需でいずれにしても経済は活性化したのであって、ドッジ・ラインはむしろ経済復興を遅らせたに過ぎない、と酷評する向きもある。

この時期、トヨタは倒産寸前の危機的な状況にあった。販売不振と売掛金の回収遅延から、2億円の資金調達が必要であった。一九五〇年には人員整理に反対する労働争議が発生して銀行の支援に頼らざるを得ない事態に陥る。トヨタ自販（トヨタ自動車販売株式会社）が設立されたのはこのときである。この状況の打開のために打ち出されたのが、日銀斡旋による市中銀行二十数行による協調融資であったが、自動車販売代金の回収停滞が経営悪化の大きな原因であることから、この時の融資の条件が販売管理会社の業務分割であり、トヨタ自工の販売部門を分離独立したトヨタ自販が設立された。

トヨタ自販の本社は、トヨタ自工名古屋事務所内旧販売部が所在した名古屋市中村区笹島一丁目二二一に置かれ、トヨタ自工の常務であった神谷正太郎が社長に就任をした。一九五〇年四月三日のことである。神谷は戦前から販売会社の設立構想を抱いていたとも言われ、その後、販売のトヨタと言われる強大な販売網を築き上げ、その功績をもってやがて販売の神様と称されるようになる。

労働争議は二か月に及んで六月十日に集結した。喜一郎は組合員の前で、不本意ながら人員整理をしなければ会社は生き残れない。自分も責任をとって辞める、と涙ながらに語った。喜一郎の後任には、豊田自動織機製作所の社長であった石田退三が、トヨタ自動車三代目の社長として就任した。労働争議のときに、利三郎、喜一郎、英二、それに石田の4人で利三郎の家で話し合いをしてその結果、喜一郎から社長就任を頼まれて石田が社長を引き受けることになった。石田は愛知県知多郡小鈴谷村字大谷（現・常滑市）の農家に生まれた。田舎の小学校の代用教員、京大阪の洋家具店の丁稚、東京の呉服行商などを経て、服部商店（現在の興和）で上海に駐在員として働いているときに佐吉翁に出会い豊田紡織に入社をして、一九四八年から豊田自動織機製作所の社長を務めていた。英二は、一九一三年、愛知県西春日井郡金城村（現・名古屋市西区堀端町）に豊田平吉の二男として生まれた。平吉は佐吉の弟である。東京帝国大学工学部機械工学科を卒業して豊田自動織機に入り、喜一郎の指示で東京芝浦に研究所をつくり自動車開発の研究と試作を始め、一貫して自動車事業を担ってきた。

石田はやむを得ぬ状況で社長を引き受けたものの、喜一郎の社長復帰が念頭にあったはずである。喜一郎の不慮の死によって一九五〇年から一九六一年まで石田は社長職にあって、経営危機を乗り越えたトヨタ中興の祖であるけれども、「おれは佐吉翁から薫陶を受けた」が口癖で、豊田家への忠誠心が厚かった。

豊田家をトヨタの組織の精神的支柱に据えたのはおそらく石田で、佐吉翁を始祖とする豊田家を祀り、日本の伝統的な社会的枠組みである家意識を、トヨタの組織的価値観として醸成した。トヨタの家意識は、石田から四代目社長の中川不器男を経て、一九六七年豊田英二が五代目社長に就任してから、六代目豊田章一郎、そして七代目豊田達郎が一九九五年に退任するまでの二十八年間、トヨタの経営が三代にわたって豊田家において継承されたことで、恰も家制度の家督相続者の如く、豊田家はトヨタの事業の継続性と組織の安定性を担保する存在となったのである。

家制度は近世日本、特に江戸時代に武士階級の家を単位とする社会の規範と継続性の為に確立された制度である。明治政府は戸籍法によって家制度を明文化し、一八九八（明治三十一）年に制定された明治民法において、戸主権と家督相続制度を骨子としてそれをさらに補強した。

一九四七（昭和二十二）年に、日本国憲法の制定、女性参政権の施行により民法が大幅に改正され、法的には家制度は廃止されたが、社会的な枠組みとしては今も根強くある。

今日の家族経営による事業体にも家意識が強くある。とくに中小企業にあって経営者は、後継者として実子を育てるかどうかは一大事で、その事業継承は家制度における家の存続に似ている。創業家による企業支配もしくは企業経営は別段珍しいことではなく、むしろ日本では企業経営のごく一般的な在り方で、かつての家制度が企業組織に内在しているかのようである。しかしながらトヨタが特別なのは、豊田家が資本家としてトヨタを所有するのではなく、その企業組織の精神性の象徴あるいは精神的支柱として存在していることである。世界的な大企業でありながらも、トヨタの組織に厳然として深く共有されているトヨタと豊田家のその関係性こそが、トヨタが真に日本的な企業であることを示すのである。

一九五〇（昭和二十五）年六月二十五日、朝鮮半島で朝鮮民主主義人民共和国（北朝鮮）の軍隊が北緯38度線を越え、大韓民国（韓国）に侵攻して朝鮮戦争が勃発する。

韓国軍の装備を早急に補うため、戦場に最も近い日本の工業力が利用され、同年七月十日には早くも米国第8軍調達部からトラックの引き合いがあった。

この特需の発生でトヨタ自工は生産計画を月産650台から1000台へ引き上げた。トヨタ自工の業績は朝鮮特需により急速に回復して喜一郎の社長復帰が内定し、一九五二年の夏の株主総会で承認される予定であった。喜一郎はトヨタ自工の社長を辞任したあと、東京と名古屋の間を行き来しながら、ヘリコプターとそれに搭載する新方式のガソリン・エンジンの研究に取り組んでいた。復帰が決まり張り切っていたという。

しかし喜一郎の復帰は叶わず、一九五二（昭和二十七）年三月二十七日に五十七歳で逝ってしまう。脳溢血の為の突然の逝去であった。

喜一郎逝去の折、利三郎は闘病中であった。

英二が喜一郎の葬式の経過を名古屋の家に報告に行くと、床の中から利三郎は、

「とにかくトヨタは乗用車をやれ」

と、呻くように言った。

利三郎はトヨタが自動車をやることに一番反対していたのであったが、

「トヨタはいまごろトラックばかりやってはいかぬ。何が何でも乗用車をやれ」

と言うのである。

「乗用車は今準備を進めております。間もなく完成するので、必ず見てください」

と、英二は励ましたが、利三郎はその完成車を見ることなく一九五二年六月三日に逝去した。

利三郎は享年六十八歳、英二はこの年三十八歳であった。

世界のホンダの誕生

終戦の翌年の夏、宗一郎は弟の弁二郎や元の従業員数人を集めて、東海精機の工場跡地に寄せ集めの材木で小さな工場を建てて、本田技術研究所の看板を掲げた。最初は織物機械を改良したものをつくろうと試みたのだがうまくいかず、他にも花模様入りのスリガラスの製造や編み竹をモルタルで固める屋根板製造なども試て、いずれもうまくいかなかった。というよりも、もっと他の何かを探していたというべきだろう。そうして、同年九月のある日、友人の家にあった旧陸軍の94式6号無線機発電用エンジンを見て閃いた。その無線発電用エンジンを自転車の補助動力に使おうと思いたったのである。旧日本軍の無線機は海軍も含めいろいろな用途で膨大な種類の物が生産されたらしく、そのなかで94式6号無線機は比較的小型で、終戦まで旧日本陸軍野戦用の主たる無線機として大量に出回っていたらしい。94式は皇紀二五九四年、西暦一九三四（昭和九）年の型式のことである。

そうした閃きは、何かを常に求めていてこそ突然あるもので、宗一郎は戦争が終わってからずっと探し求めていたものをようやくそこに発見したのだ。世界のホンダ誕生の瞬間である。

馬車をエンジンに取り付けて自動車が誕生したように、自転車にエンジンを取り付けてオートバイは誕生したのだが、その歴史は自動車よりも古く、十九世紀中頃まで遡り、初期の頃は蒸気機関が取り付けられていた。二十世紀に入ると欧米でオートバイは盛んに生産されるようになったが、戦前の日本では自動車よりもむしろ台数が少なく、僅かにハーレー・ダビッドソンを模倣した陸王が生産されていたに過ぎなかった。

思うだけではなく実行するところに凡庸な人生と非凡なそれの違いがある。宗一郎はすぐさま無線機発電用エンジンを自転車に取り付け、家にあった湯たんぽをガソリンタンクにして、補助エンジン付き自転車を試作した。そしていくつかの改良を加え、この無線機発電用エンジンを500基ほど買い集めると、自転車用補助エンジンとして早速売り出した。するとこの自転車用補助エンジン500基はたちまち売り切れた。

宗一郎は商機を見てエンジンの製造にとりかかる。しかも最初はエンジンの構造を自分で考案してつくろうとする。宗一郎の考案したエンジンは製品化できずに既成の技術でエンジンをつくることになるのだが、以後も宗一郎は一貫して自社の技術に独創性を求める。ホンダで新製品、新技術が開発されると、宗一郎はまず「どこが新しいんだ？　どこが余所とちがうんだ？」と尋ね、それは口癖のようでもあった。

一九四七年十一月に自転車補助用エンジン、ホンダA型の生産が始まる。これがB型、C型と改良されて生産台数が増え、工場設備を拡張した。一九四七年七月には、多摩川で行われた日米対抗オートレース大会にホンダはC型で初の公式出場し、クラス優勝している。一九四八（昭和二十三）年九月二十四日に、宗一郎は浜松市板屋町に資本金100万円で本田技研工業株式会社を設立する。九月二十四日はホンダの設立記念日となるが、しかし34人の従業員はその日も皆いつものように忙しく仕事をしていたという。宗一郎の仕事の流儀は怒鳴る、ぶん殴る、で古い時代の親方の徒弟に対する振る舞いそのものでありながら、その発想は先端的な経営者の感覚で、従業員はその矛盾に奔走させられ、ときには感心もしながら働いていた。

一九七九年十月にホンダのオートバイの累計生産台数は1億台を突破するが、その最初の1台は一九四九年八月に発売されたD型から始まる。ホンダが初めて開発したエンジンと車体一体型のドリーム号D型で、当初こそ売れたもののクラッチ操作に難があって販売は伸び悩んだ。通常は左手側のレバーはクラッチ操作であるが、ドリーム号D型のそれは前輪ブレーキで、右手側の短いレバーは、エンジンのキック始動を容易にし、エンジンを停止させる為のデコンプレッション（圧縮抜き）レバーになっており、クラッチレバーが省略されている。シフトペダルを左足のつま先で前に踏み込めば、1速に入る。足を離せばニュートラルに戻り、ペダルをカカトで後ろに踏めば2速に入る。コーンクラッチ機構による半自動的なクラッチシステムを持つ、日本最初のオートバイである。ローとハイの2段変速だが、ローに入れたまま走ろうとすると、常時つま先でペダルを踏んでいなければならず、長い坂道などではつま先がくたびれる。

ユーザーの為に開発した新機構が苦情の原因となってあまり売れなくなったところが、ホンダらしい創意工夫故の失敗である。

ホンダ初めての4ストロークエンジンを搭載したドリームE型が開発されたのは一九五一年で、そのエンジンを設計した河島喜好が実走して箱根の峠を越えたのは七月十五日のことである。

「実は箱根峠は、だいぶ前から、僕らのテストコースだったんです。登れる自信は十分あったんですが、この日はおやじさんと藤澤さんが後を付いて来るんで、緊張しましたね。藤澤さんの目の前でオーバーヒートなんかしちゃったら、おやじさんの面目は丸つぶれでしょう。ちょうど台風の時で豪雨をものともせず、トップギアのまま一気に駆け登ったとされてますが、雨と、水しぶきがジャージャーかかって運がよかった、空冷が水冷になっちゃってよく冷えたから、と、僕は冗談を言ってるわけです。トップギアで登ったといっても、変速ギアが2段しかないんだから、当たり前（笑）。

ま、それを考えれば、よく粘る、いいエンジンだったと思います。」

E型は十月に発売されると、好評を得てよく売れた。半年後に月産500台、途中3段変速に改良され、一年後には月産2000台になった。

一九五二（昭和二十七）年、宗一郎はその功績が認められて藍綬褒章を授与された。授賞式後の晩餐会で高松宮宣仁親王より、

「本田、発明、工夫というのは随分骨の折れることだろうな」

と労いの言葉を賜り、

「殿下はそうお思いでしょうが、私にとっては好きでやっているのですから、全部苦労とは思いません。世に言う、惚れて通えば千里も一里というやつで、ひとさまが見れば苦しいようでも本人は楽しんでいるのですから、表彰されようとは夢にも思っていませんでした」

と謙遜したものの、惚れて通えば、のくだりについては何と思召されたであろうか、と後で気になった。

以後、宗一郎は高松宮から近しく接せられるようになり、それから数年後の全日本自動車ショウにて拝謁の折に、

「日本の大臣とかお偉方は、国産品愛用なんて言ってあんな性能の悪い国産車に乗ったりするからいけない。こんなものには乗れないと突っぱねれば一生懸命に研究するから、日本の自動車ももっと進歩するだろう」

と言われたのを、まさに正鵠を得たものと真摯に受け止めている。

ディムラー、ロールス・ロイス、メルセデス、などの自動車がおそらく高松宮の意中にはあって、宗一郎もそれを察していたはずである。

初めての純国産乗用車

当時日本政府は海外からの技術導入による自動車工業の振興を促進しており、一九五一年六月三菱重工業が米国のカイザー・フレーザー社と提携による乗用車「ヘンリーJ」の組立生産を開始、一九五二年七

月日野ヂーゼル工業（現・日野自動車）がフランスのルノー公団と乗用車「ルノー4CV」の製造販売に関する提携、同年十二月、日産自動車がイギリスのオースチン社と乗用車「オースチンA40」に関する技術提携を、一九五三年二月いすゞ自動車がイギリスのルーツ社と乗用車「ヒルマン・ミンクス」に関する技術提携を締結して、その後五、六年間、生産を行っている。なお今日では、米国のカイザー・フレーザー、英国のオースチンとルーツは消滅し、日野といすゞは乗用車から撤退している。

日本銀行総裁であった一万田尚登は、「日本で自動車工業を育成しようと努力することは無意味だ。いまは国際分業の時代だ。アメリカで安い車ができるのだから、自動車はアメリカに依存すればいい」などと発言している。

そういう時代にあって、しかしトヨタは純国産（自社）技術による乗用車の開発に挑戦した。一九五一（昭和二十六）年末に、この国産初の乗用車の開発は始まって、その設計方針は以下の六つの要件にまとめられた。

1. アメリカンスタイルとし、明るく軽快な感じをだす。
2. ボディサイズは、小型車規格一杯とし、貧弱に見えないこと。
3. 乗り心地がよく、運転性能の優れた車とする。
4. タクシー用として格安な車とする。
5. 丈夫で、悪路に十分耐える車とする。

6．最高速度は100キロメートルとする。

また、潜在顧客であるタクシー業界の要望を調査して、観音開きのドアの採用が決まり、一九五五（昭和三十）年一月に、「トヨペットクラウン」が発表された。その諸元は左記の通りである。

全長	4285㎜
全幅	1680㎜
全高	1525㎜
ホイールベース	2530㎜
車両重量	1210㎏
エンジン	水冷直列4気筒OHV　1453cc　48ps
駆動方式	FR
変速機	3速MT
サスペンション	前：ダブルウイッシュボーン＋コイルスプリング 後：リジッドアクスル＋リーフスプリング
価格	101万5000円

初の本格的国産乗用車として誕生したクラウンは、発売初年の登録台数は7000台を超え、このクラスのシェアの60%近くを占め、翌年は1万2000台に迫ってシェアは68・8%を記録した。初代クラウンはトヨタの対米輸出1号として一九五八年に船積みが始まった。当初1500ccで馬力の不足が著しく、米国で普及しつつあった州間ハイウェイのランプを登っていくのはやっとのことだった。エンジンは後に1900ccに変更されたが、高速での操縦安定性が悪く、オーバーヒートが多発した。その性能は悪路を走る日本には適していたものの、舗装路を高速でも走る米国では通用せず、一九六〇年末に対米輸出は中断された。

初代クラウンの開発責任者であった中村健也は、一九五五年にトヨタの社内誌でクラウン発表後の反響について、インタビューに答えるかたちで以下のような話をしている。

「最初のクラウンをお出しになって市場の反響というのはどうだったんでしょうか」

「もう、えらいお祭り騒ぎ的に受けてね。まずいところがあっても、なんでもとにかく許してくれた。まずいところを謝ると、『小さな傷だ、すぐ直る』とお客のほうがなぐさめてくれた」

「それは、どうしてですか」

「いやぁ、『なんか、悪いなんて言っちゃ、悪い』というような、そういう雰囲気。むしろ、トヨペット同好会だとか、いわゆるごひいき筋がね、『おまえ、そんなに謝らなくていいんだ』『これが、本当に、金甌無欠』、金の甌に傷がないという文句を引用して『よくできてるんだから、おまえがそんなこと言わなくていい。本当に、ちょっとしたキズだ』と言う。それでいて、ブレーキ圧が抜けてどっかにぶつけてしまう。『それはまずい』と言うんで、謝るでしょ。『いやいや、そんなことはいいんだ。そんなものはすぐ直る』とお客さんがそういうふうなんです」

「すごいですね。日本中で、このクラウンというものを盛り育てるというか、そういう雰囲気が非常にあったわけですね」

「極論だけど『国中を上げて僕の尻押しをしてくれた』という感じだった。新聞なんかに投書も出ていたけど『あの人はようやった』とか、ともかく褒めちぎられたんです。朝日新聞が、ロンドン－東京5万キロやったでしょ」

「ええ、そうでしたね。私もあの本一所懸命読みましたよ」

「その特派員が、『ヨーロッパで120キロぐらいで走った』『砂漠へ行っても故障がなかった』とか言うんですがね。そんなの走れるはずがない。どう考えたって、100キロがいいとこだというのを。実際は、部品を持った部隊が各地に待機していて車を修理したはずなのに。それも何も、もうとにかく、やたらと褒めるんです。それで、僕が『朝日新聞というのは日本でも聞こえた一流の新聞、マスコミの雄たるものがそんなトヨタの肩を持っちゃ、あんたのほうの沽券にかかわるんじゃないか』『ことに、5万キロをトヨタに代わって走ってくれて、それを褒めちぎるなんていうのはちょっと行き過ぎじゃないか。もう少し控えてものを言う方がいいと思うがね』と言ったんですよ。そしたら、そのときの朝日新聞の答えが、『トヨタがこういう評判を取ったというのは事実だ。トヨタの評判がニュースなんだから、朝日新聞がトヨタを扱うのはニュースを分かり易くしただけだ』と」

「日本という国が、登っていく勢いをシンボライズしていたんでしょうね。あの本は、トヨタをどうとかじゃなくて、『日本国民として誇りに思う』という感じですよね」

マン島TTレース挑戦

宗一郎がマン島TTレース出場宣言をしたのは、一九五四（昭和二十九）年三月二十日である。突然の宣言であった。宣言文は社内向けと社外向けが用意され、宗一郎の話を藤澤が文章にまとめた。

戦後日本でのオートバイ競技は、一九四九年に多摩川スピードウェイで全日本モーターサイクル選手権大会、一九五二年に関東モーターサイクル選手権大会、一九五三年にはオートレースの業界団体である日本小型自動車競争会主催の「名古屋TTレース（正式名称　全日本選抜優良軽オートバイ旅行賞大パレード）」とオフロードレースとしての色彩が強い「第一回富士登山オートレース」などが開催されている。そして一九五五年十一月に群馬県の浅間高原で「第一回全日本モーターサイクル耐久ロードレース」、通称浅間レースが開催された。一九五七年に開催された第二回目には専用コースが建設されたが、浅間山のふもとの荒れ地を整地しただけで、路面は舗装されていなかった。

ホンダは一九五五年四月にE型の後継であるドリームSBとSAを発売した。SBはエンジン排気量が350cc、SAは250ccで、SAは富士登山レースで優勝したが、実はレースでなかなか勝てなかった。

浅間レースには125cc、250cc、350cc、500ccのクラスがあって、第一回目でホンダは125ccクラスにはベンリイJC、250cc以上のクラスにはドリームSAを改良して出場したが、125ccでは、ヤマハが1位から4位まで優勝し、250ccではアート商会浜松支店の従業員であった伊藤正のライラックが優勝して、その勝利でライラックの評価を高めた。ホンダは市場で需要が大きい125cc、250ccでこそ勝ちたかったのだが、二回目の大会でも125cc、250ccではヤマハの圧勝だった。宗一郎は一回目の大会も二回目の大会も観戦していた。一回目では顔を真っ赤にして興奮していたが、二回目のときには目の前でヤマハが優勝をするのを見て、「負けちまったものはしょうがねえ」とぽつりと呟いた。ホンダは一九五九年六月にマン島TTレースに出場した後に、同年開催された第三回目の浅間レースで優勝を果たした。

ホンダが、日本のメーカーとして初めて海外のレースに参戦したのは一九五四年に開催されたサンパウロ市の400年祭記念オートレースで、宗一郎がマン島TTレース出場宣言をしたのはその後のことである。

ホンダは一九五九年六月のマン島TTレースに参戦して、125ccクラスで6位、7位、8位、11位に入賞した。そして翌々年には125cc、250ccクラスともに、1位から5位を独占して完全優勝を遂げた。

創業期から常に世界と対峙してきた宗一郎のその気構えは、社是として明文化され一九五六年一月発行の社内報で公表された。当時のホンダの事業規模からすれば気負ってはいるが、宗一郎が常々口にしていたことを文章にまとめたものである。

社是

「わが社は世界的視野に立ち、顧客の要請に応えて、性能の優れた、廉価な製品を生産する。
わが社の発展を期することは、ひとり従業員と株主の幸福に寄与するに止まらない。
良い商品を供給することによって顧客に喜ばれ、関係諸会社の興隆に資し、さらに日本工業の技術水準を高め、もって社会に貢献することこそ、わが社存立の目的である。」

「わが社の運営方針」

この目的実現のためには、会社はつねに次のような方針に則って運営されることが必要である。

一、常に夢と若さを保つこと

わが社は、世界の日進月歩の技術に伍して、日本の業界をリードしつつ発展して行かなければならない。
その道程に横たわる幾多の苦難と障碍を乗り越えてゆくためには、遠大な理想と不屈の若さが必要である。

二、理論とアイデアと時間を尊重すること

最高の製品は、最高の理論の上に立つ。優れたアイデアは、その理論を飛躍的に発展させ理論を探究し、アイデアを尊重するところに、わが社の発展の基盤がある。どんなにすぐれた理論でも、すばらしいアイデアでも、それが必要な時に活用され、実現されなければなんら価値もない。経済も距離も時間におきかえられようとする現代においては、とくにこの時間の観念を強調し、いわゆる時をかせぐことを忘れてはならない。

三、仕事を愛し職場を明るくすること

働きよい職場で本当に仕事に情熱を打ち込むことのできることほど幸福なことはない。われわれはいつも相手の立場を尊重し、お互いの美点を認め合う気持ちをもつことが大切である。職場は人格練磨の場であり、人間完成のところでもある。真に自己の一生を託すことのできる職場を作り上げることこそ全体の幸福を探求する道であり、そのためにこそみんなで協力し合ってゆかなければならない。

四、調和のとれた仕事の流れを作り上げること優れた製品が作りだされるためには、あたかもオーケストラがすばらしい音楽を奏でるように、人も機会もいろいろの設備も、あらゆる機能がひとつの律動となって、流れるように躍動していなければならない。従業員のひとりひとりが生産から販売まで会社の大きな律動の中で、不可欠の部分を構成していることを自覚しつつ、すべての努力を組織を通じて総合してゆくこと、正に完成された職場の境地である。

五、不断の研究と努力を忘れないこと

世界の激しい市場競争の中にあって、わが社が確固たる地位を築き上げるためには、たゆみない研究と努力を一日もゆるがせにしてはならない。常に将来に備えて、現状に満足することなく積極的に改善に努めることが肝要である。ここに始めて作る者の喜びが生まれまた売る人の喜び、買う人の喜びが同時に実現できるのである。

特振法案に逆らって

日本の自動車産業は、一九五〇年代後半から目覚ましい発達を遂げるのだが、それを促進したのは通商産業省による産業政策であり、後にジェームズ・アベグレンが日本株式会社（Japan Inc.）と命名する政府と企業の緊密な協調関係の成果ということが、当事者としての企業側の認識がどうであったかはさておき、さしずめ本田宗一郎などはその説に与しなかったであろうが、一般的には通説となっている。

具体的には一九五六年に制定された「機械工業振興臨時措置法」（機振法）にそれは始まる。当時も今も機械工業は広範な部品・加工工業から構成され、その多くは中小下請け企業であるが、機械工業の最終製品はもとより完成機械であり、自動車はその象徴的な製品である。機振法は、国際社会でいずれ迎えることになる貿易自由化に向けて、機械工業の国際競争力を高めるための合理化を促進し、その振興を図ることを目的としていた。通商産業大臣（の名前で）が合理化基本計画や生産技術向上基準を策定し、それに基づいて日本開発銀行と中小企業金融公庫が設備投資の為の資金を特利で融資するというものである。特定機械として指定された機種は、銑鉄鋳物、ダイカスト、ねじ、歯車、工作機械、切削工具、金型軸受、精密測定器など、それに自動車部品である。一般に通産省が行政指導をする業界では、必ず工業会が設置され、工業会の事務所に通産省の役人が加わり事実上の指導をしていくのが産業政策の実務的な展開方法であった。日本産業機械工業会、日本工作機械工業会、日本鋳造機械工業会、日本ダイカストマシン工業会、日本金型工業会、日本自動車部品工業会、日本自動車工業会、といったふうである。

機振法は、一九五六年三月に、五年間の時限立法として制定されたが、その後一九六一年三月、一九六六年六月の二度延長され一九七一年まで存続した。

通商産業省自動車課は、一九五五年五月十八日に国産自動車技術を前提とする「国民車育成要綱案」を発表している。国民車の条件は、最高時速１００km以上、定員4人、エンジン排気量３５０cc〜５００cc、燃費30km／L以上、販売価格25万円以下である。この条件を満たす自動車を募り、試作車の試験に第一次性能試験を受けさせ、より量産に適した一車種を選定し、財政資金を投入して育成を図るという構想であった。しかしこの「国民車構想」は通産省が正式に発表したものではなく、通産省幹部が構想案を新聞記者の目に付きやすいように、わざと机上に放置し、意図的に情報を漏らすかたちで世間に出したものであった。当局が世論を喚起する為の情報操作であるが、当局の意のままに情報を流す日本の報道機関の体質を示す一例でもある。

この「国民車構想の発表」に、自動車業界は当惑したという。さまざまな案や意見が表明されたが、最終的に一九五五年九月八日の自動車工業会理事会で、25万円程度の国民車の開発は不可能という結論が出された。戦争で多くの優秀な技術者を失った日本にそんな車の開発が可能なのかという思いがあったのです、というふうに説明しているが、それは表向きの理由で、通産省が最終的に特定の1社だけに資金を助成し、生産を集中させることに実は不服だったのである。

また通産省は、来るべき貿易自由化、外資の資本自由化に対応すべく、一九六一年に特振法（特定産業振興臨時措置法案）を起案した。特振法の精神は、政府（官僚）が先頭に立って、貿易と資本の自由化に対抗する日本型官民協調態勢で企業の国際競争力を高めることである。その対象として、鉄鋼業（合金鉄・特殊鋼・電線）・石油化学（化学繊維）・自動車産業（乗用車・自動車タイヤ）を特定産業に指定し、税制や金融面での恩恵を与えると共に、合理化を進め、合併ないし整理統合、設備投資を進めることを骨子とする。

官僚が産業政策を立案し、業界を指導し、天下り先を確保し、日本型社会主義経済を築こうとするものである。官僚的な発想ではあるものの、愛国心と使命感によるものであった。その構想は、乗用車事業への新規参入を認めずに、既存のトヨタ、日産、東洋工業（現・マツダ）を量産車グループ、プリンス、いすゞ、日野を特殊車グループ、三菱、富士重工、東洋工業、ダイハツを小型車グループに集約して競争力を高めるものであった。

宗一郎は、いずれ自動車事業へ参入するつもりであった。一九六〇（昭和三十五）年に本田技術研究所を本体から分離独立して、四輪研究開発部隊も発足していた。

特振法成立に向けて精力的に動いたのは、当時の通産省企業局長佐橋滋であった。佐橋は、岐阜県土岐市の出身で、東京帝国大学法学部卒業後、一九三五年に商工省入省、通産省重工業局長、企業局長を歴任して、ミスター通産省の異名があった。佐橋は新産業秩序の形成を謳い文句に、特振法案をつくりその成立に奔走したが、野党、業界団体などが反対して、三度にわたる国会での審議未了の末廃案となった。しかしながら、日本の経済政策の基本思想が官民協調方式と体制金融にあることは変わりはない。

宗一郎は特振法の立法化に真っ向から反対して、佐橋滋と対面し、後にテレビのインタビューに応えて佐橋滋と会った時のことを次のように語っている。

「どうにも納得できないということで、僕は暴れたわけで、特振法とは何事だ。おれはやる（自動車をつくる）権利がある。既存のメーカーだけが自動車をつくって、われわれがやってはいけないという法律をつくるとは何事だ。自由である。大きな物を、永久に大きいとだれが断言できる。歴史を見なさい。新興勢力が伸びるに決まっている。そんなに合同（合併）させたかったら、通産省が株主になって、株主総会でものを言え！　と怒ったのです。うちは株式会社であり、政府の命令で、おれは動かない」

出された茶に口もつけずに宗一郎は立ち上がって、会談は決裂した。そして、自動車会社としての実績をつくる為に、軽トラックT360とスポーツカーS360を大急ぎで開発するのである。

一九六〇年代後半、経済成長に伴う所得の上昇で、個人消費が急速に拡大した。戦後の経済復興を象徴するテレビ、電気冷蔵庫、電気洗濯機、三種の神器に次いで、カー、クーラー、カラーテレビの3Cと呼ばれる耐久消費財の普及が進んだ。

日本政府は自動車工業が国内需要に対応する水準にあると判断したのか、一九六五年に完成乗用車の輸入を解放した。日本の自動車の大衆化を牽引する日産サニーとトヨタ・カローラが発売されたのは一九六六（昭和四十一）年である。初代サニーが発売されたのは同年四月で、価格は41万円からである。人々の自動車に対する関心は高く、十月二十六日から十四日間開催された第十三回東京モーターショーの入場者は150万人を超えた。

トヨタはサニーのエンジンが1000ccであったことに対抗して、開発中であったカローラのエンジンを1100ccに変更して「プラス100ccの余裕」と宣伝をした。日産は一九七〇年に発売した二代目サニーで「隣りのクルマが小さく見えます」と、カローラを連想させる広告展開をした。カローラとサニーの拡販競争は長く続いて、結果としてトヨタ・カローラは一九六九（昭和四十四）年から二〇〇一（平成十三）年までの三十三年間、日本における販売台数一位の自動車となった。

ホンダのN360は、一九六七年三月に発売された。価格は31万3000円であった。すでに前年の十月に発表され、東京モーターショーで展示されていた。発売後、スバル360を抜いて軽自動車で販売一位となり、発売二十六か月後の一九六九年四月には国内届出実績が50万台、一九七〇年九月には生産開始四十三か月で生産累計100万台を記録する。

一九六〇年代は日本におけるモータリゼーションの到来である。日本の自動車市場は、一九六〇年の40万台から一九七〇年には410万台と十倍になって、自動車の保有台数は一九六七年に1000万台を超えた。日本は一九六七年に315万台を生産して、西ドイツを抜いて世界第二位の自動車生産国となった。

日本の国民総生産（GNP）は一九六八年に、イタリア、イギリス、フランス、西ドイツを抜いて、世界第二位の経済大国となる。明治以来追いかけてきた欧米諸国に工業技術力で追いつき、経済力で遂に肩を並べたのである。その後も市場規模は拡大し、一九八〇年には500万台、一九九〇年には777万台となった。

しかしバブル経済が崩壊すると自動車市場は次第に縮小して、二〇〇〇年に596万台、そして二〇一〇年は495万台で、三十年前とほぼ同じ市場規模になる。長期的には人口減少で市場規模はさらに縮小すると予測せざるを得ない。

宗一郎は一九七三（昭和四十八）年、ホンダ創立二十五周年記念を前に、藤澤とともにふたりそろって現役を退き取締役最高顧問となった。宗一郎の技術者としての限界を見て、藤澤が決断した引退であった。空冷エンジンに固執する宗一郎に対する社内の反発が強く収拾不能な状態にあって、宗一郎の引退で決着することを期して、藤澤がまず自らの引退を表明した。宗一郎は会社の社印も見たことがなく、経営はすべて藤澤に任せていたから、藤澤の意図を察して潔くそれに従ったのである。本田家も藤澤家もホンダの経営には無関係である。ホンダでは、役員の子弟すら入社を許されていない。宗一郎と藤澤が決めたことである。宗一郎は、会社名をホンダにすべきではなかった、と語ることすらあったという。

礼儀作法

国際化の影響だろうか。公共の場で出入口の扉を開けたら、後に続く人の為にちょっと待つ、という西洋式の礼儀が日本でも一般的になりつつある。しかしいまはまだ、日本人のその礼儀作法には、地域差や個人差が見られる。いつであったか東京都心の某百貨店の出入口で、私が後の人の為に扉を開けたまま振り返ると、すぐ後から老婦人たちがぞろぞろと出てきた。なかに男性もいたのだが、誰もその扉を私から受け取ろうとしない。礼を言う人もない。私はやむなくドアボーイのように扉を開けたまま、どこか田舎から上京してきたらしいその一団が通り過ぎるのを見送った。似たようなことは他にもあって、地方都市のホテルなどの出入口で、先を行く人が後ろを振り返ることもなく通り過ぎて自分の眼前で扉が閉まる、ということがままある。

パリのホテルやレストランで男が女に先を譲るのを見て、日本の淑女は「やっぱりこっちの男性は優しいわねえ」と感心するが、勘違いしてはいけない。あれは男の優しさなどではなく、日本人がお辞儀をするのと同じく、社会の決まりごとである。きちんとした家に育った男子なら、誰もが心得る礼儀作法である。

近頃は日本慣れした外国人の中に、丁寧にお辞儀をする人がいる。私はそれを微笑ましく思う。日本と日本文化に愛着がなければできないことである。

公共の場での振る舞いに喧しい西洋社会と違って、日本人の礼儀作法はそれぞれの属する集団において、より細かく厳しく求められるものである。例えば、集合時間の五分前に、ひとりを除いて全員が揃ってしまった場合、最後のひとりが年長者か、立場が上の者であればいい。そこにいる皆は何事もなく最後のひとりを待つばかりである。しかし最後のひとりが年少者か、立場が下の者ならば、そこに集まった人々は五分間を待たされたような不満を感じるに違いない。最後のひとりとなった年少者は、集合時間にきっちり間に合っていても、「お待たせしました」と、詫びなければならない。それが挨拶である。日本人としての礼儀である。ところが近頃は「自分は悪くないのに、どうして謝らなければならないのか」と、日本人であっても思う人があるようだ。

「ごめんなさい」「すみません」「申し訳ない」「失礼しました」と謝ってばかりいては国際社会でやっていけないから、そうした日本人としての礼儀がないがしろになるのだろうか。日本人の礼儀作法が世界に通用するとはいわないが、国際化の為に忘れてしまうようならば由々しきことである。

第六章　販売の神様

絶対的な信頼を前提とした仕事

豊田喜一郎は自動車事業に本格的に乗り出した頃、日本にまだ幾人もいなかった自動車事業の経験者を積極的に採用しており、販売の神様と称えられる神谷正太郎はそのひとりとして一九三五（昭和十）年に豊田自動織機製作所自動車部に入社した。神谷は喜一郎に自動車の販売を託されて、後にトヨタの大販売網を築き上げて販売の神様と呼ばれるようになる。藤澤武夫も本田宗一郎に販売に関わることを託されて、オートバイに始まるホンダの販売網を築き上げるのだが、藤澤に至っては資金繰りまで任されてホンダの経営を実質的に取り仕切った。喜一郎と神谷、そして宗一郎と藤澤のふたりの関係は、同郷でも同窓でも友人でもなく親戚でもない。もとはと言えば見ず知らずの赤の他人である。それが初対面で相手の人物と力量を見込むと、契約どころか具体的な取り決めなど何もないままに「販売のことは一任する」「金のことは任せた」と全幅の信頼を寄せて事業を運営するのである。

十三歳年の離れた井深大と盛田昭夫は、戦後間もない一九四六（昭和二十一）年に東京通信研究所を設立して、二人三脚で世界のソニーを築き上げた。井深と盛田も赤の他人である。契約書も具体的な決め事もなく、互いに相手の人物と力量を見込んで一緒にやろう、と事業を始めたのである。

「私と盛田君とは年こそ十年もの違いがあるが、ふたりはそのころからウマが合った。盛田君は阪大理学部出身のすぐれた技術将校だったが、そうした彼の教養に私の心を動かすものがあり、熱戦爆弾の研究を通じて心と心の結びつきを深めていった」と井深は言い、盛田は、「井深さんとは年が十三歳も離れているんですが、初めから同じ年のように思えた。平気でものを言いましたし、井深さんも腹を立てずに聴いてくれました」と述懐している。

トヨタ、ホンダ、そしてソニーの創業期のこのような絶対的な信頼を前提にした人間関係が、契約社会の欧米諸国において成立するものかどうか、私はその例を知らない。

神谷は一八九八（明治三十一）年、愛知県知多郡に生まれ、名古屋商業学校を卒業、学校推薦で一九一七（大正六）年に三井物産に入社した。一九二〇（大正九）年から米国シアトル支社に勤務しその後、当時三井物産最大の海外支社であった英国ロンドンに駐在する。一九二四（大正十三）年に海外駐在を終えて帰国したのを機に、思うところあって三井物産を退社した。三井物産の学歴偏重、閨閥尊重の社風に出世の限界を感じて嫌になっていたのである。それは野心の裏返しでもあって、神谷は翌年の四月に単身渡英すると神谷商事を設立した。三井物産で得た人脈をもとに日本向けに鉄類、インド向けの真鍮の輸出事業を始めてたちまち業績を伸ばし、いずれは三井物産を抜くのだなどと言って憚らなかったが、英国で長期の炭鉱ストライキの為に鉄鋼の供給が停滞し、一方日本で金融恐慌が起こる。二度と宮仕えはしないと三井物産を辞めて独立したものの、不況の波に晒されて野望は潰え、一九二七（昭和二）年に帰国する。

再び帰国した神谷は翌年の一月に日本GMに入社した。米国の自動車会社フォードは一九二四（大正十三）年、GMは一九二七年に日本法人をそれぞれ設立して日本市場での本格的な活動を始めたが、自動車の大量生産に革新をもたらしたT型フォードは製品末期を迎えていた。ヘンリー・フォードはT型フォードの成功にとらわれ過ぎて、GM始め競合他社の新型車には目もくれず、ひたすらT型をより安く大量に供給し続けた。自動車が普及するにつれて顧客の嗜好は多様になり、GMは大衆車から高級車までの豊富な品揃えによって米国の自動車市場攻勢をかけてフォードを凌駕するようになるが、神谷が日本GMに入社したのはちょうどその頃であった。

神谷は日本フォードと日本GMに応募して両社から採用通知をもらったのだが、日本フォードはT型からA型への車種切り替えの狭間にあって入社時期が数か月先になるというので、当面の生活の為に明日からでも出社して欲しいという日本GMに入社した。そして豊田喜一郎に出会うまで、七年間日本GMに勤めた。

GMは創業初期から多様な車種で海外進出をしており南アメリカ、ヨーロッパ、アジア、オーストラリアなど世界中に生産拠点を展開していたが、海外戦略をさらに強化して一九二五年に英国のボクスホールを買収、一九二九年にはドイツのオペルを80％買収して三年後の一九三一年には完全子会社化し、さらにオーストラリアのホールデンも傘下に収めた。ナチス台頭後GMはオペルの経営権を放棄するが、第二次世界大戦後の一九四八年に再び支配下に置いた。

日本GMは一九二七（昭和二）年から一九四一（昭和十六）年まで、大阪（現・大阪市大正区鶴町一丁目、大阪市営渡船船町渡船場付近）にあって、シボレーの組立生産および販売サービスを行った。神谷は日本GMで事務職から始めて、一九三〇年に副販売部長となり、東京支配人を経て、大阪本社の販売広告部長になる。当時日本GMの組織においては日本人としては最高位の役職であった。そして一九三五年に人を介して豊田喜一郎と出会い、豊田自動織機製作所自動車部の販売責任者（役員待遇）として転職をした。国産トヨダ号G1型トラックが発表されたのは神谷の入社後間もない一九三五年十一月である。一九三七年トヨタ自動車工業株式会社発足時に、神谷は取締役販売部長に就任する。日本GMからは他にも後にトヨタ自販社長となる加藤誠之を含む数名が転職している。

当時日本GMは全国各府県にそれぞれ1社代理店を配置して、シボレーとトラックを販売した。高級車のビュイック、オールズモビル、GMCトラックは東京、名古屋、大阪の三都市にそれぞれ1社の代理店が置かれ、東京は東日本、名古屋は中部北陸、大阪は西日本を広く商圏として受け持った。シボレーの価格は2300円から2400円、ビュイックなら3300円から3400円であった。平均的な月給が50円から60円の時代だから、家1軒が買えるほどの値段である。自動車の販売価格は代理店の裁量に委ねられていたので利幅は大きかったけれども、代理店契約には車両の展示とサービス施設の確保、在庫車両の確保、販売責任台数などの義務が課されており、その義務を果たさなければ契約は解除される。そうではなくても高額な車両代金の為の資金負担は大きく、GMの代理店は二、三年ですぐに潰れた。それでも輸入車事業には魅力があってGMの代理店となる出資者は絶えることがなかったから、日本GMの米国人にとっては代理店がどうなろうが、自動車が売れればそれでよかった。神谷は日本GMで西洋式の契約主義と日本的商習慣との狭間にあって、それでも代理店の立場を尊重した働きをして一目を置かれた。今日でもなお西洋人の下で働くことには困難があるから、当時の状況は想像するに余りある。もともと三井物産で杓子定規に生きるのを嫌った人である。事業の成否は不確かであったけれども、愛国心から喜一郎が決死の覚悟で始めた自動車を神谷は意気に感じてそれに賭けた。もとより国産車の成功は日本人としての本懐であり、神谷にはGMの代理店との信頼関係があって、トヨタの販売網構築に頼むところがあったのである。

名古屋でGMの代理店であった日の出モータースの山口昇は、神谷がGMを辞めてトヨタの為に働くのならば、とそれに倣ってGMの販売権を返上して一九三五(昭和十)年九月に日本で最初のトヨタの代理店になった。

トヨタの販売網編成の歴史における、山口の存在とその役割は大きい。山口は神谷よりも二歳年上で、愛知県碧南郡新川町(現・碧南市東山町)に生まれ、苦学をしながら慶応大学に学び、野球選手として活躍した。経済的な余裕がなくやむなく慶応大学を中退して、台湾製糖の求人に応じて野球選手として台湾に渡った。兵役の為に内地に戻り、その後製糸工場の会社を創業する。しかし関東大震災の影響で会社は潰れ、生活に窮して一九二七(昭和二)年に友人に紹介された自動車販売会社ユタカ自動車に就職をした。

ユタカ自動車はもともと大正十二年にカトウ屋という社名でフォードの代理店として設立されて昭和二年に経営に行き詰って出資者が替わり、クライスラーの代理店となって社名もユタカ自動車と改められた。山口は社員30人ほどのこの会社で経理をみていたのだが、同年七月にまたもや経営は行き詰まって、一度清算をした後にGMの代理店として再出発した。GM代理店となったユタカ自動車は三度経営に行き詰まり、一九二八年二月に新しい出資者を得て社名をイサオ自動車と改められる。経営に行き詰ると出資者が入れ替わる、その繰り返しである。イサオ自動車もまたしても経営に行き詰り、一九二九年四月に日の出モータースに改められた。イサオ自動車の再建にあたって山口は30人の社員全員を新会社に残そうと腐心して、日本GMの担当であった神谷の支援でそれは実現する。山口は神谷に恩義を感じていた。

山口は日の出モータースの一取締役の立場にあって、日の出モータースの出資者も他の役員たちもトヨタの代理店になることに反対した。商品としてのトヨタの自動車はまだ生産されておらず、あるのは信頼関係とやる気だけである。山口は神谷と豊田喜一郎と日本の為に、と役員たちを説得して一九三五年九月にGMの販売権を返上した。

同年十一月、豊田自動織機自動車部のトラック、トヨダG1型トラックが発売された。価格は3200円でシボレー、フォードのトラックよりも200円安かったが、性能と品質は米国車のそれと比較するまでもなく及ばなかった。この年G1型トラックの生産台数は僅か20台であったが、一九三六年に月200台生産されるようになり、同年九月に豊田自動織機製作所は、日産自動車とともに自動車製造許可会社となった。一方で日本フォードと日本GMの組立生産台数は過去の実績をもとにフォードは年間1万23

60台、GMは9470台に制限され、輸入関税も引き上げられて一九三七（昭和十二）年には両社とも日本での組立生産を停止して撤退した。

喜一郎がトヨタ自動車工業株式会社を設立したのは、神谷が豊田自動織機製作所自動車部に入社した三年後の一九三七年八月二十七日で、一九三八年に明治節の十一月三日を選んで挙母工場の竣工式を行い、皇国未曾有の非常時に際会し国策に順応して工場を挙母地方に設け一大自動車工業を確立せん、と神前に誓ったその頃、神谷はすでにトヨタの販売網を編成していた。満州、台湾、朝鮮を含む全国各府県に、地元資本による1府県1社の代理店体制である。その多くは神谷の勧誘に応じた元GMの代理店であり、日の出モータースはその先駆けであった。

日の出モータースは一九三七年十二月二十三日に名古屋トヨタ販売株式会社と社名を改め、一九四二年戦時下の経済統制によって愛知県自動車配給株式会社となり山口はその社長に就任する。戦後一九四八年に愛知県自動車販売供給会社は愛知トヨタ自動車株式会社となる。

一九三八年、日本政府（第一次近衛内閣）は戦争に国の人的物的資源を投入する為の国家総動員法を施行した。一九四一（昭和十六）年八月政府（東条内閣）は国家総動員法に基づく重要産業団体令を公布して、鉄鋼、石炭、セメント、電気機械、造船、貿易、自動車など十二の産業部門を統制して臨戦体制をさらに強化する。自動車産業においては一九四二年七月十日に、トヨタ自工、日産自動車、ディーゼル自工、日本内燃機などを会員とする自動車統制会が組織され、自動車の流通を統制する日本自動車配給株式会社（日配）が設立された。神谷は日配の常務取締役に就任し、車両集配の責任者となった。

自動車統制会によって日配が組織され、さらに各府県のメーカー系列の代理店を統合して地方自動車配給株式会社（自配）４７社が設立された。日の出モータースを前身とする名古屋トヨタは、日産販社と統合されて愛知県自配となって、山口がその社長に就任した。

日配は各メーカーが生産する自動車を一括して買い入れ、鉄道省、商工省、自動車統制会で配給先について協議の上、といっても軍需優先であるが、各府県の自配が客先に納入するのである。

神谷は日配の要職にあって、トヨタ系列と日産系列を統合した全国の自配と取引を通じて、おそらく自配各社の主要人物と関係づくりを図っていたはずで、戦争が終わるとただちに自配各社をトヨタの代理店となるよう勧誘を始めた。一九四六（昭和二十一）年五月十八日には、全国の自動車配給会社をトヨタの挙母工場に招いて、豊田喜一郎と共にトヨタの事業方針を説明して、トヨタ系列の代理店となるよう呼びかけた。

終戦後神谷の勧誘に応じてトヨタの代理店となった自配は、一九四六年七月福井、八月茨城、滋賀、広島、山口、九月愛知、和歌山、富山、岐阜、宮崎、奈良、新潟、大分、十月岩手、三重、十一月静岡、鹿児島、十二月長野、島根、の各社である。そしてしばらく間をおいて、一九四九年四月の福岡自配がトヨタの代理店となって、合計２０社を数え、その他の府県では新規の代理店が設置された。

一方日産系の代理店となることを選択した各府県の自配は、一九四六（昭和二十一）年七月石川、十月京都、十一月長崎、兵庫、栃木、群馬、十二月山梨、佐賀、一九四七（昭和二十二）年一月東京、千葉、三月宮城、埼玉、十一月岡山　それに一九四九（昭和二十四）年二月大阪の合計１４社で、その他の府県の代理店は新規の契約である。

奈良自配のように日産系列の自配のトヨタ代理店への転向もあった。奈良自配の社長であった菊地武三郎は宮崎県児湯郡都農町の出身で、家は代々佐土原藩の藩医で父も医者であった。宮崎中学を卒業後明治大学に進んだが、父が亡くなって大学を中退せざるをえずやがて大阪で職を求め、梁瀬自動車大阪支店に勤めた後に、一九二五（大正十五）年に奈良で自動車用オイル専門の販売店を創業する。タクシーやバスの運営も手がけ事業を拡大したが、一九三三（昭和八）年に自社のバスが電車と衝突して16名の犠牲者を出す大事故を起こし、菊地は進退窮まって事業から退いた。その後奈良市会議員になるが、再び大阪に戻ってGM代理店豊国自動車㈱で働いた。そして一九三八（昭和十三）年に奈良日産自動車㈱を設立し、代表取締役専務に就任して、日産自動車販売組合の理事長も務めた。自動車統制会の下、全国各府県の代理店が自配に統合されると、菊地は奈良自配の社長となった。

そして菊池は全国自動車配給組合の組合長に就任し、副組合長には愛知自配の山口が就任した。菊池は自配の代表として山口と共同で当局との折衝にあたり、その活動を通じてふたりの間には連帯感が生まれ、菊地が山口を介して日配の要職にあった神谷の人脈に連なった。

奈良自配の菊池が日産出身であるにもかかわらずトヨタ代理店に転向したその影響は大きく、元日産系の山口、富山、岩手、三重、宮崎、島根の各自配がトヨタの代理店となった。

一九四六（昭和二十一）年十一月に、全国各地のトヨタ代理店による、トヨタ自動車販売組合が設立された。その設立にあたって山口は日産系列出身者との融和の為に、菊地を組合理事長に推して、山口は副理事長に就任した。トヨタ自動車販売組合は菊池理事長、山口副理事長の体制で、一九四八（二十三）年五月にトヨタ自動車販売店協会に改称され、一九五〇（昭和二十五）年十月に菊池が理事長を退任してその後任に山口が理事長に就任した。以後山口は、一九七三（昭和四十八）年一月に山口の為にもうけられた会長職に就任するまでの二十二年間、トヨタ販売店協会理事長を務めた。

一九四九年の年末、ドッジ・ラインによる不況でトヨタは極度の販売不振からに倒産の危機に陥る。トヨタ救済の為に日銀斡旋による市中銀行二十数行による協調融資が実施されるが、その融資の条件として販売部門の独立分社の申し入れがあり、一九五〇年四月にトヨタ自動車工業（トヨタ自工）から独立してトヨタ自動車販売（トヨタ自販）が設立され、神谷は社長に就任した。

運命共同体的な販売網

神谷はトヨタ販売網を構築するばかりでなく、日本におけるモータリゼーションの到来に向けて、モータリゼーションそのものを促進する為の施策を展開した。自動車の割賦販売の導入、自動車保険の開発、アフターサービスの充実、セールスマンの教育、自動車学校の開設など、神谷は日本の自動車市場を開拓した先駆者となった。

神谷の販売戦略と施策にはGMでの経験と影響があったはずだが、販売網の構築にあたってはその経験がむしろ否定的に反映されている。日本GMとその代理店は契約に基づく利益追求の合理的関係に過ぎなかったが、トヨタとその販売代理店の関係は、契約の主体となる販売会社の法人としての個々の独立性を尊重しつつも、全体としての価値観と目的を共有する運命共同体的な販売網となる。おそらく神谷はそこまで意図していなかったはずだが、その販売網は豊田家を精神的支柱とするトヨタの家意識を共有して、トヨタの販売代理店は企業としてのトヨタの周縁にありながら、むしろトヨタの組織文化と価値観を二重、三重に取り囲み補強する、販売網ならぬ防御網のようでもある。

一九五〇（昭和二十五）年から一九八二（昭和五十七）年まで、トヨタ自工から分離独立していたトヨタ自販時代にその構想は完成の域に達してトヨタの販売力は他社を圧倒するが、日米自動車貿易摩擦において日本市場の閉鎖性を象徴する系列取引の典型例とも見なされるようになる。

一九五〇年、トヨタの販売実績は9228台で内乗用車は548台、大半はトラックなどの貨物車輌である。同年六月に朝鮮戦争が勃発して特需が起こり、トヨタも業績を順調に伸ばして、一九五五（昭和三十）年の国内販売台数は2万2240台、内乗用車7055台であった。ところが全国的に販売台数が伸びたのにもかかわらず、大市場である東京での販売台数が伸びなかった。つまり東京トヨタの販売実績がまったく振るわなかったのである。

戦後のトヨタ販売網の再編にあたって、神谷は山口と共同で各府県の自配から代理店を選定しているのだが、東京自配は代理店に選ばれずに、山口が神奈川トヨタの創業者である上野健に協力を求めて、東京トヨタが一九四六（昭和二十一）年十月に設立された。東京トヨタは、上野の人脈を通じて古河財閥系の銀行、生命保険、鉄道、タイヤ製造企業などの慶応大学出身者を中心に新設された会社であった。

山口と上野は慶応野球部時代からの盟友である。そもそも製糸工場が潰れて職を探していた山口にユタカ自動車を斡旋したのは、東京の富裕な家に生まれ、広い人脈を持つ上野であった。山口は苦労の末にトヨタの代理店となって事業を軌道に乗せ、後に上野は山口の勧めで一九三九（昭和十四）年に神奈川トヨタ販売株式会社を設立した。上野は戦時中の自配には参加しなかったけれども、戦後一九四六年に神奈川トヨタ販売を再度設立した。神奈川トヨタ販売は一九四八年に神奈川トヨタ自動車㈱に社名を変更して今日に至る。

東京自配は実はトヨタの代理店になることを希望したのだがトヨタに断られて日産の代理店となった、という話が東京自配当事者の証言として残っているから、東京自配がトヨタ代理店から外されたのには何かしらの事情があったらしいのだが、あるいは東京の代理店選定にあたって神谷、山口、上野、菊地の間に行き違いがあったのかもしれない。いずれにしてもそうした経緯で設立された東京トヨタの販売実績は低迷するばかりで、神谷は大市場である東京を放っておくわけにもいかず、1府県1社の販売網政策の方針を曲げて、一九五三（昭和二十八）年二月十四日にトヨタ自販の子会社として東京トヨペット株式会社を設立して四月から営業を開始した。資本金は3000万円で、社長にはトヨタ自販の役員が就任し、トヨタ自販の社長である神谷が会長に就いた。

東京トヨペットの設立は、トヨタ自販の掲げた各府県に地元資本1社であるべきはずの販売網政策に悖るから、全国のトヨタ販社から当然反発があった。東京トヨペットの設立は東京市場の状況に対応する為の例外措置で全国的に展開する意図はない、つまり同一商圏において複数代理店の設置はしない、と神谷は説明をした。さらに全国のトヨタ販社に東京トヨペットへ資本参加（資本金の20％）を募って理解を求めて事は一件落着をする。

しかし神谷のこの説明は二年後に反故になり、東京での例外措置であったはずのトヨタ店とトヨペット店の設立が全国的に展開された。トヨタの販売網はトヨタ店とトヨペット店とに複数系列化して販社数と店舗数が拡大されるのである。

神谷がトヨタ販売網の複数系列化した背景には、一九五四（昭和二十九）年九月に発売されたSKB型トラックの販売不振があった。

一九四〇年代から五〇年代は、オート三輪全盛の時代である。オート三輪は、当時のオートバイと同じくエンジンは空冷V型2気筒が主流で、その上に据え付けたサドルに跨りバーハンドルで前輪を直接操縦する簡単な構造で、同程度の積載量（750kg〜1・5t）の小型四輪トラックよりも小回りが利き、しかも格段に廉価であった。発動機製造（ダイハツ）、東洋工業（マツダ）、日本内燃機製造（くろがね）、中日本重工業（商標は「みずしま」。三菱系）、愛知機械工業（ヂャイアント）、三井精機（オリエント）などの多数のメーカーが生産し、オート三輪の市場は急拡大した。

SKBは、オート三輪よりも遥かに優れた商品性能の小型トラックとして水冷4気筒エンジンを搭載して開発されたのだが、オート三輪の価格が45万円程であったのに対してSKBの価格は標準仕様62万5000円で、その商品力は価格差を埋め合わせるものではなかった。また朝鮮戦争休戦後の市場停滞もあって、SKBは発売翌年の一九五五年の月産台数は僅か200台程度だった。

神谷は、トヨタ自工の社長石田退三との拡販協議の結果、SKB専用の販売網の設立を決断して、それと併せてSKBの果敢な値下げを実施する。一九五六年一月に価格を7万2000円引き下げて55万3000円にし、五月には更に53万8000円に値下げした。一方オート三輪の車体は自動車に近づいて、バーハンドルから丸いステアリングを備えるようになったが、価格は上昇してSKBと競合するようになる。

もとよりオート三輪よりも商品性の優れたSKBは、価格改定と販売網の拡充でその販売が着実に伸びて、一九五六年八月の月産台数は約1000台から翌年四月には2000台へと倍増した。SKBの価格改定は継続的に実施され、一九五七年二月に49万5000円、一九五八年には46万円に引き下げられ、そしてオート三輪は市場から駆逐された。

なお、SKB型トラックは販売促進の一環で愛称を公募して一九五六年七月にトヨエースと名付けられ、トヨタの定番商品となって今日に至っている。

トヨタ店からトヨエースの販売を取り上げてトヨペット店の専売にすることに山口を理事長とする販売店協会は強く反発したが、それがトヨタ繁栄の為になるなら、と結局はトヨペット店の全国展開を受け入れる。

一九五六(昭和三十一)年三月に名豊自動車(後の名古屋トヨペット)が最初のトヨペット販社となり、次いで四月に横浜、仙台、三重、埼玉、岐阜、神戸の各トヨペット販社が設立された。トヨペット販社の設立にあたって、神谷は既存販社以外からの資本参入を前提としていた。1府県1社の販社体制では、地域の販売活動は既存販社1社に排他的に委ねられているから、その販売台数の如何は販社次第である。トヨペット店の設立は、既存販社とは別の新規資本の参入で販売網を複次的に拡大し、販社間に競争原理を導入してトヨタ車をさらに拡販するのが目的であるが、既存販社は商圏を侵されるから当然反対する。トヨタ販売網の複数系列化という大きな政策転換について、神谷と山口の間でどのような話し合いがあったのかは判らないが、トヨタ店からのトヨペット店への資本参加について、経営支配にならない程度であれば認めるという如何にも玉虫色の規制が施されているのは、神谷と山口あるいはトヨタ自販と販売店協会との間に何らかの折衝があってのことだろう。

名古屋トヨペット創業時の社長榊原正三は山口の亡妻の実弟で、山口がトヨタ自販に強く推して名古屋トヨペットの社長に就任した。また名古屋トヨペットは創業時の社員62名は、全員愛知トヨタからの出向で、役員も派遣された。名古屋トヨペットは愛知トヨタの子会社ではないが、言わば愛知トヨタからの暖簾分けをしたようなもの、あるいは分家のようなものであった。その後榊原正三が社長を退任すると一九五九（昭和三十四）年三月に愛知トヨタの常務取締役であった小栗虎之助が社長に就任した。以後愛知トヨタは山口家、名古屋トヨペットは小栗家、神奈川トヨタは上野家、奈良トヨタは菊地家によってその経営が継承されている。

トヨペット店の専売車としてトヨエースに次いで初代コロナが発売された一九五七（昭和三十二）年七月一日には、トヨタ販売網はトヨタ店49社、トヨペット店51社、トヨタディーゼル店9社、合計109社となる。

トヨタディーゼル店は、一九五七年三月に発売された新開発D型ディーゼル・エンジンを搭載した5トン積みDA60型トラックの発売に併せて、札幌、宮城、東京、横浜、静岡、名古屋、大阪、神戸、福岡の主要都市に設立され、その後埼玉、千葉の2社が加わり11社となったが、一九六一年発売の大衆乗用車パブリカを併売するようになってパブリカ店へ、その後さらにカローラ店へと変遷して消滅する。

パブリカ店はトヨタの本格的大衆車として開発されたパブリカの専売店として、一九六一（昭和三十六）年六月に設立された。トヨタ自販はパブリカ店の設立にあたって、トヨペット店に次いで新たな地元資本の参加を求めた。しかも同一府県内に多数の販社を併設して販社間に競争原理を導入することを試みるのだが、店舗開発もパブリカの販売も捗々しくはなかった。パブリカは発売当初月間3000台、その後月間1万台を販売目標にしていたが、実際には月間1600台程度であった。

トヨタ自販はパブリカ導入の失敗で、パブリカ店の販売網政策を小規模販社から資本集約型へと方針を転換して、一九六二（昭和三十七）年二月東京にパブリカ朝日株式会社（現在のトヨタ東京カローラ株式会社）を設立した。またその後、東京トヨタは結局経営難に陥り一九六七（昭和四十二）年にトヨタ自販の資本参入によって子会社となった。東京以外の府県でも地元資本からトヨタの連結子会社となった販社が数社あるがそれも例外的な場合であって、地元資本を優先する方針は一貫している。

一九六五（昭和四十）年、トヨタ販売網は、トヨタ店49社302店舗、トヨペット店53社290店舗、パブリカ店69社228店舗、合計171社820店舗であった。

一九六六（昭和四十一）年に発売されたカローラは大いに売れて、一九六九（昭和四十四）年にパブリカ店の名称もカローラ店に改められる。

その後、トヨタ販売網の複数系列化はさらに重層的な構えとなって、一九六七（昭和四十二）年にはトヨタオート店も開設され、一九七〇（昭和四十五）年にトヨタ販売網はカローラ店84社654店舗、トヨタ店49社420店舗、トヨペット店52社503店舗、トヨタオート店62社344店舗 トヨタ販社合計で252社3367店舗と、急速に拡大した。

さらに一九八〇（昭和五十五）年にトヨタビスタ店が展開され、トヨタ店50社718店舗、トヨペット店52社821店舗、カローラ店82社1079店舗、トヨタオート店69社685店舗、トヨタビスタ店66社256店舗、全体で319社3559店舗、そしてバブル絶頂期の一九九〇年（平成二）年には、トヨタ店50社894店舗、トヨペット店52社970店舗、カローラ店79社1199店舗、トヨタオート店66社900店舗、ビスタ店66社566店舗、合計313社4529店舗となる。

トヨタ店、トヨペット店、カローラ店、トヨタオート店、それにビスタ店の重層的な販売網に、神谷がどこまでそれを意識していたかはわからないが、トヨタはかつてGMのアルフレッド・スローンが確立したバッジエンジニアリングの手法による商品を展開したのである。マークⅡとクレスタとチェイサー、カムリとビスタ、カローラレビンとスプリンタートレノ、セリカとカレン、ターセルとコルサなど、基本的な諸元、性能、装備は共有でありながら、フロント・グリルやバンパー、リアランプなどの外観に違いを演出して、それぞれの名称で系列店ごとに売られた。相次ぐ新商品の投入と販売網の複数系列店の展開が相俟って、トヨタの販売台数は一九六〇年の12万7000台から一九七〇年に111万台、そして一九八〇年に194万台へと飛躍的に伸びて、一九九〇年には254万台に達した。

バブル崩壊後、販売台数は減少して二〇〇〇年には177万台となり、一九九八年八月トヨタオート店がネッツトヨタ店へ改称され、二〇〇四年五月にネッツトヨタ店とトヨタビスタ店のネッツ店への統合が実施された。バブル崩壊後、販社数は減少しているものの、店舗数はむしろ増加して5000店舗を超えた。

二〇一〇年現在、トヨタ販売網はトヨタ店49社、1070店舗、トヨペット店52社、1074店舗、カローラ店74社、1311店舗、ネッツ店108社、1616店舗　合計283社、5071店舗である。販売台数は156万台であった。


トヨタは世界有数の大企業でありながら、豊田家を精神的支柱とする家意識に根差した企業文化を持つところが如何にも日本的である。創業家による企業支配もしくは企業経営は、日本においても外国においても格段珍しいことではない。トヨタが真に日本的なのは、その経営支配の根拠が株式の所有でも株主としての議決権でもなく、豊田家を主家とする擬似的な家中としてトヨタの組織が成立しているところにある。しかもその擬似的家中はトヨタ自動車のみならず、全国300社のトヨタ代理店販社の経営支配構造にも成立している。トヨタの販売網は、戦後1府県1社の自配からトヨタ店への転換から始まり、販売網の重層的展開によって全国に300社が5000店舗を構えて、それぞれ一国一城の主として各地域にある。愛知県の山口家、小栗家、奈良県の菊地家、神奈川県の上野家、宮原家など、殆どの各府県に家中的企業体があって、トヨタ自動車とトヨタ販社の関係には恰も徳川三百諸侯の如く、豊田家を総領とする擬制的な家組織が成立している。

そもそも今日の1都1道2府43県の行政区分は、徳川三百諸侯の領地を原型として明治維新後の廃藩置県によって明治年間に定められたもので、歴史と文化に根差した商慣習や消費志向を地理的に分類する枠組みでもあるから、トヨタが実施した1府県1社の代理店の配置は自然の成り行きであった。

一八七一年八月二十九日（旧暦明治四年七月十四日）に、明治政府は徳川幕府体制下の三百諸侯の領地を、中央政府管下の府と県に置き換えて3府302県を制定した。三百諸侯というのはいわゆる大名のことで、徳川幕府家臣のうち一万石以上の所領を持つ家中を大名と言い、一万石以下の領地の家中を旗本と言った。藩の呼称は明治政府が廃藩置県の行政改革に用いて人口に膾炙するようになったけれども、江戸時代には大名を主とする家臣の集団を家中と呼んだ。家中は領主として人的組織に由来し、藩は領地としての地理的区分に由来する。3府302県は地理的区分ではなく大名家の数で、廃藩置県は江戸時代の言葉で言うならお家取潰しである。明治政府はそうとは言わずに廃藩置県と称して、家中と呼ばれる組織的行政区分を地理的行政区分に転換したのである。しかし大名の領地には地勢的な合理性がなく、飛び地も少なくなかったから、行政区分に相応しい地理的なまとまりになるように何度か見直しが重ねられて、一八八九（明治二十二）年に、北海道と3府43県に落ち着いた。

トヨタの販売網は、その創業期から神谷の人間関係を軸に構築されており、一九五〇（昭和二十五）年に、トヨタ自工から分離独立してトヨタ自販が設立されると、神谷は社長に就任してさらに販売網を拡大した。トヨタ代理店300社は、それぞれ会社組織として独立してはいるものの、多くの販社は相互に資本関係があって、実質的な経営母体はその数の半分ほどに集約される。例えば山口家は持ち株会社の下に、愛知トヨタ、トヨタカローラ愛豊、ネッツトヨタ愛知、ネッツトヨタ東海の各販社を経営し、小栗家も持ち株会社の下に名古屋トヨペット、ネッツトヨタ中京、ネッツトヨタ信州、トヨタカローラ南信州、ネッツトヨタ信州を経営しており、上野家もやはり持ち株会社の下に神奈川トヨタ、トヨタカローラ横浜、ネッツトヨタ横浜、ネッツトヨタ湘南を経営している。

ざっくりと言えば、トヨタ店、トヨペット店、そしてカローラ店は本家的存在で、オート店、ビスタ店はその分家的な存在なのである。実際トヨタ販社の経営者にその来歴を聞けば、「自分の祖父がトヨタ店を始めて、それを継いだのは長男の伯父で、オートを始めたのは自分の父親で、だからトヨタ店の社長と自分は従兄の間柄で」というような血縁で繋がり、資本関係での繋がりは複次的なものとなっている。

トヨタが新規代理店を最後に募ったのは一九八〇（昭和五十五）年に開設したトヨタビスタ店で、それももう三十年以上も前のことであり、全国のトヨタ販社の家中的な相関関係には当然ながら格式のようなものもある。

私はある地方の実業家から、昔トヨタビスタへの出店を検討して、その可能性は十分にあったのだけれども、「いまさらトヨタの販売店を始めても、数ある販社のその末席に連なることになる」と人伝に聞き、それでは面白くないからフォード店を展開することにした、と聞いたことがある。

トヨタの組織文化をより強固にした販売網

トヨタ販社の経営権相続は、喜一郎に始まる豊田家と同様に祖父から父、父から子へと三世代目を迎えているが、二世代以降の販社経営者の中には、トヨタ自動車（合併以前の自工もしくは自販）で働いた経歴のある人が少なくない。制度として定められているわけではなくあくまで任意であるが、トヨタ販社の経営者の子弟でいずれ家業を継ぐ立場にあれば、大学卒業後にトヨタ自動車に就職するようにとトヨタ自動車の担当者から勧められる。そして入社すれば一般社員と同じで新入社員研修を経て正式配属になり、三年、五年、長くて七年ほど働いて、トヨタとその組織文化を経験で理解し、暗黙知を共有するのである。

ところでトヨタ自販の設立は、経営危機に直面した結果の不可避的な成り行きであったように見えるのだが、実は神谷は戦前から自販の構想を持っていたとも伝えられている。前述のように日本GMでの西洋式の契約至上主義の取引関係に否定的であった神谷は、トヨタ販売網の構築にあたって運命共同体的な関係を志向し、生産者としてのトヨタ自工よりもむしろ販売店側に立った将来構想を持っていたのかもしれない。メーカーと販売店とは生産者と販売者という垂直的な関係にあるが、トヨタ自販と販売店は共に販売を生業とする水平的関係にあって、神谷と各販社経営者あるいはトヨタ自販と各販社が有機的に繋がる、それこそ日本全国を覆う大きな網のように広がった。

一方本家本元のトヨタ自工においては、石田退三から中川不器男を経て、一九六七（昭和四十二）年に豊田英二が五代目社長に就任する。英二は佐吉の甥であり、喜一郎の従弟である。

喜一郎の不慮の死によって、止むを得ずトヨタ自工の社長に就任した石田には豊田家の家臣の如き忠誠心があった。佐吉に始まる豊田家を奉り、喜一郎がまとめたトヨタ綱領に示されるその思想を噛み砕いてトヨタの組織に根付かせ、トヨタの経営がいずれ豊田家に継承されるようにその布石を打ち、地ならしをしたはずである。しかしながら、石田と神谷は豊田家の位置づけについて、その将来像を共有していなかったようである。話し合ったことくらいはあったかもしれないが、すくなくとも神谷には自販と自工の合併の意思はなかった。

英二はトヨタ自工の社長就任後、一九六九（昭和四十四）年頃に神谷に対して、「そろそろ会社を一本にすることを考えたほうがいいのではないか」と遠回しに合併を提案した。すると神谷は、「ちょっと待って欲しい、考えておく」と言ったものの、それにはついに応えなかった。英二も催促しなかった。神谷は自販と自工の合併について言及することがないまま、一九七五（昭和五十）年に社長を退いて会長職に就き、さらに名誉会長となって一九八〇（昭和五十五）年十二月二十五日に八十二歳で没した。

トヨタ自販の社長は、二代目加藤誠之、三代目山本定蔵、そして一九八一（昭和五十六）年に、トヨタ自工との合併を前提として豊田章一郎がトヨタ自販の四代目の社長に就任した。一九八二（昭和五十七）年一月に、トヨタ自工とトヨタ自販の合併が発表され、七月一日に正式合併してトヨタ自動車となった。

一九五〇（昭和二十五）年から一九八二（昭和五十七）年まで、トヨタ販社にとって取引の主体はトヨタ自販であり、豊田家は生産者としてのトヨタの象徴的存在であったのが、トヨタ自動車の誕生で取引の主体的当事者となり、結果的にはそのことがトヨタ自動車とトヨタ販社の関係に、豊田家を総領とする擬似的家制度の性格をかたちづくることになる。もともとトヨタ自販とトヨタ代理店には神谷の志向した運命共同体的な理念があって、その中心的存在であったトヨタ自販が合併によってトヨタ自動車に置き換えられた。それはおそらく神谷の、そして石田の意図するところではなかったはずだが、日本全国に広がるトヨタの販売網は、豊田家を精神的支柱とするトヨタの家意識的組織文化をより強固なものにしてきたのである。

野心的で独創的だったホンダの販売網

藤澤武夫の展開したホンダの販売網は、限られた経営資源で最後発メーカーとして自動車市場に参入した為に、大資本集約型のトヨタのそれと対極を示す小資本分散型で編成されるが、製品開発において宗一郎がそうであったように、その発想はきわめて野心的かつ独創的であった。

藤澤がホンダに入社した一九四九（昭和二十四）年頃、日本のオートバイ販売店は全国で300店ほどしかなく、そのうちホンダの代理店は20店ばかりであった。それ以前は、各地からリュックサックを背負った商人が浜松までホンダの補助エンジンを仕入に来ていたのだが、戦後の混乱期から脱して、さすがにそうしたブローカーまがいの商人たちは姿を消していた。

宗一郎と、マーケティングとマネジメントに稀有な才能を発揮してホンダの立役者となる藤澤武夫との運命の出会いは、ドリーム号D型発売の頃である。宗一郎と藤澤の出会いは、ふたりの共通の知人であった竹島弘がお膳立てをしたものであった。竹島がホンダの可能性をどれだけ予見していたのかはわからない。仕事に繋がりのある誰かと誰かを引き合わせてみただけのことであったのかもしれない。

藤澤武夫は、東京市小石川区（現・東京都文京区）に父秀四郎、母ゆきの長男として生まれた。上に姉がふたりあって、父秀四郎は銀行員などいくつかの仕事を転々とした後、実映社という映画館のスライド広告を製作する宣伝会社を経営していた。藤澤は大柄ではあったが三歳のとき肺炎を患いその後も病気がちで、運動神経が鈍く読書を好む内向的な性格であった。

父秀四朗は、関東大震災で会社が焼失して仕事が立ち行かなくなり、借金が残って体調を崩した。

「男はどんな逆境にあっても、決して自らの心を卑しくしてはならない」

と、借金取りに追われる貧乏生活にあって息子に諭した。

藤澤は教師になることを志して奨学金制度のある東京高等師範学校を受験するが失敗して、病床に伏した父の代わりに家計を担った。しかしなかなか職は定まらず、日雇い仕事に出たり、筆耕屋をしたりして、暇な時間はひたすら文学書を読んだ。一九三〇年に徴兵されて一年間を軍隊で過ごした後再び筆耕屋生活に戻り、一九三四（昭和九）年、二十三歳のときに日本橋八丁堀の鉄鋼材を斡旋する三ツ輪商会に就職した。店員は10人ほどで、月給15円であった。筆耕屋で月40円余あった収入は三分の一になったのだが、何かしらの可能性を感じてのことであった。三ツ輪商会で、藤澤は営業回りで次々に得意先を開拓して実績をあげた。誠心誠意に得意先に対応し、納品期日が遅れそうな時は、その場しのぎの言い訳をせず、正直に理由を述べて詫びた。詫びるだけではなく代案あるいは次善の策を用意して必ずそれを実行した。

値動きの激しい鉄鋼材を扱うから投機的な読みも必要であった。そうして藤澤は三ツ輪商会で、商売の心得と勘所を身につけた。三ツ輪商会の店主が軍隊に召集されると、その留守役となって代わりに経営をするようになった。しかし藤澤は仲介商売に限界を感じるようになって、三ツ輪商会の番頭役を務めながら、一九三九（昭和十四）年に自分の会社を設立した。日本機工研究所という切削工具を製作する会社であったが、技術的な裏付けがなく製品の完成までに三年を要して、三ツ輪商会の店主が軍隊から帰って来たのを潮に藤澤は独立をした。そして取引先の中島飛行機から、板橋の工場へ切削工具の検査に来たのが竹島弘であった。浜松に天才的な技術者がいる、と竹島は本田宗一郎のことを話題にした。竹島は中島飛行機にピストンリングを納入していた東海精機重工業の本田宗一郎を知っていたのである。

一九四五年六月、藤澤はかろうじて空襲の被害を免れた工場を福島に移転させる決意をして、運送貨車の許可に手間取り、機械を福島に運んだその日に戦争が終わった。

藤澤は戦後の日本では切削工具より建築用木材が商売になると考えて、山林を買い製材業を始める。いずれは東京に復帰するつもりで折りごとに上京してはいたのだが、一九四八（昭和二十三）年の夏に、製材所の機械部品を買い求めに上京して、市ヶ谷駅の近くで偶然、商工省に勤めていた竹島と再会した。その立ち話で竹島から本田宗一郎が自転車用補助エンジンの製造を始めたことなどを聞かされ、また帰京を促されもした。それから間もなく藤澤は帰京を決断して、福島の製材所を閉めて池袋に材木店を開いた。

竹島のお膳立てで藤澤武夫と本田宗一郎が、阿佐ヶ谷の竹島の自宅で対面するのは一九四九年八月で、ホンダ設立のほぼ一年後、ドリームD型発売直後である。竹島は宗一郎の求める人材と藤澤の求める仕事が一致すると思ったからふたりを引き合わせたのに違いないが、竹島が思ったよりもふたりの求めるところは合致して、双方とも瞬時に相手を認めて意気投合をする。宗一郎は四十二歳、藤澤は三十八歳であった。宗一郎と藤澤は、出会ってからしばらくの間、毎日毎晩、夜を徹して語り合った。高揚して語り尽きない日々が続いたという。

その二か月後の十月に、藤澤は本田技研工業株式会社の常務取締役に就任した。そして一九七三（昭和四十八）年に揃って引退するまでホンダに情熱を傾け、心血を注いでその成功を成し遂げる。本田宗一郎と藤澤武夫のふたりの関係は、舞台役者と演出家のようであり、演奏家と作曲家のようでもある。あるいはボクサーとトレーナーのようであり、プロゴルファーとキャディのようでもある。どちらが欠けてもいけない。どちらにも才能と情熱と努力があって、互いに認め尊重し、そして能力の限界に挑むのである。状況は異なるけれども、豊田喜一郎も神谷正太郎に販売は一切任せて、自らは開発と生産に専念した。いずれも主従関係や雇用関係といった枠組みを超えた同志の間柄と言うべきである。

日本全国5万5000軒の自転車店に出した手紙

藤澤がホンダに入社すると、宗一郎は銀行との取引と営業を、つまり実質的な経営を藤澤に一任して研究開発に専念するようになる。そして一九五二（昭和二十七）年三月、ホンダ発展の原動力となる自転車用補助エンジンカブF型を開発した。それまでの自転車用補助エンジンはタンクのオイルで衣服が汚れたが、ホンダのカブF型は、そのオイル漏れを防ぐ為に琺瑯処理を施した白いタンクと、2ストローク50ccの赤い小型軽量エンジンを組み合わせて大衆受けするように見栄えも工夫されている。ホンダはまだ無名の会社で、藤澤にとっては資金繰りもさることながら、新商品の販路拡大が大きな課題であった。

宗一郎がカブF型を開発した頃には、ホンダはドリーム号の成功で300店ほどの代理店と取引をしていたのだが、藤澤はホンダの販路を拡大する為に日本全国5万5000軒の自転車店に手紙を書いて出した。その手紙の原文はホンダ社内にも保存されていないようで、以下の文章は藤澤自身がその内容を振り返ったものである。

あなたがたの先祖は、日露戦争のあと、チェーンを直したり、パンクの修理をしたりすることなど思いもつかないというときに、勇気をもって輸入自転車を売る決心をした。それが今日、あなたがたの商売になっている。ところで、戦後、時代は変わってきている。エンジンをつけたものを、お客さんは要求している。ホンダはいま、そのエンジンをつくった。あなたがたは興味があるだろうか。返事をもらいたい。

当時のことだから宛名はすべて手書きで、筆耕屋に外注したのだが間に合わずに従業員が総掛かりで書き、それでも人手が足りずに三菱銀行京橋支店の行員達もホンダの東京営業所に来て手伝った。ホンダの創業期から三菱銀行は主力銀行であるが、藤澤がホンダで仕事を始めた頃にはホンダの本社はまだ浜松にあって、一九五〇（昭和二十五）年に京橋に東京営業所が開設されて、三菱銀行京橋支店との取引が始まったのだろう。その後一九五三年に、八重洲に二階建ての社屋を建設してそこが本社となる。

一九五四年にホンダは資金繰りに行き詰って存続を危うくするが、当時の三菱銀行京橋支店鈴木時太の奔走によって融資が実行されて危機を乗り越えた。鈴木時太は三菱銀行を辞めた後にホンダの監査役として迎えられ、ホンダの取引口座はいまも三菱銀行京橋支店にある。ホンダが存続する限り三菱銀行のその恩を永久に忘れてはならない、と藤澤は社内報に書き残しているが、藤澤武夫の全国5万5000店の自転車屋向けの手紙を、三菱銀行京橋支店の行員たちが宛名書きをしたそのときの支店長は鈴木時太の前任者であろう片岡孔一という人である。片岡は一九五一（昭和二十六）年に完成したホンダの白子工場を視察してその徹底した品質管理に感銘を受けたという。三菱銀行はホンダの将来性を高く評価していたに違いない。藤澤は三菱銀行に、ホンダの経営の実情を常に包み隠さず何でも話をしたという。京橋にあったホンダの東京営業所は、間口二畳半ばかり、奥行は六畳の小さな構えで、そこを埋め尽くすほど返事の手紙が全国から寄せられた。全部で3万通ほどの返事があった。返事を貰った自転車屋に、藤澤はもう一度手紙を出した。

ご興味があって、大変有難う。ついては、1軒に1台ずつ差し上げる。小売りは2万5000円だが、卸しを1万9000円にいたします。郵便為替でも結構だし、三菱銀行京橋支店に振り込んでいただいてもよい。

藤澤は同じ宛先に、三菱銀行京橋支店長片岡孔一に以下のような内容の手紙を出してもらって、無名のホンダの名前に信用を付けた。

ホンダは私どもの取引先で、非常に立派な会社です。ホンダ宛の送金は、ぜひ三菱銀行京橋支店に振り込んで下さい。

一九五二年の四月頃から、全国の自転車店からの入金があった。最初に5000店、その後1万3000店ほどから入金があって、製品を送ると追加注文が相次いで最終的には3万5000店ほどがカブF型の取引先となった。藤澤はカブF型によって全国展開の販路を確保し、ホンダの発展を確信したという。

カブF型を売り込む為に藤澤は全国5万5000軒の自転車屋に手紙を出したが、その住所氏名をいったいどこから入手したのであろうか。まだ電話も普及していない時代のことだから、そうしたデータは容易に入手できなかったはずで、全国の商工地図から自転車屋の住所を拾うくらいしか方法はなかったのではないか。商工地図は明治末から戦後にかけて発行されていた、日本各地の主に商店や会社の案内地図である。地図の縮尺は数千分の一で、番地や公共機関、神社仏閣、商店、会社、食堂、著名人の邸宅など、通常の区分図や都市図、官製地形図にない生活情報が表示され、地図裏面が職業別の住所録になっていた。

代表的な商工地図に「大日本職業別明細図」がある。

「大日本職業別明細図」は、大正六年に、木谷佐一が東京交通社を興して、発行を始めた商工地図で、毎年刊行して昭和十二年頃には全国の主要都市を網羅するようになったが、戦時中に発刊が停止されている。戦後それに類した商工地図があったらしいから、藤澤はそういったものを利用したのかもしれないが定かなことは判らない。

ホンダが本格的にオートバイの生産を始めた一九五〇年代は、日本のオートバイ産業の勃興期である。

陸王内燃機関㈱、㈱目黒製作所、㈱北川自動車工業、㈱昌和製作所、㈱板垣、㈱宮田製作所、ブリヂストンタイヤ㈱、新三菱重工業㈱、富士重工業㈱、スミタ発動機㈱、東京発動機㈱、丸正自動車製造㈱、㈱トヨモーター、富士機械㈱、ミシマ軽発工業㈱、㈱ロケット商会、㈱山口自転車工場、㈱マーチン製作所など、オートバイの生産者が急増したが、一九六〇年代にすべて事業から撤退、あるいは廃業した。戦後復興期のことであり公式な資料が残っていないが、一九五〇年代には200社以上のオートバイメーカーが存在していたと言われる。

また日本の自転車産業は、藤澤がその手紙に書いたように、明治中期に輸入自転車の修理と補修部品の生産で始まった。第一次大戦中に自転車の輸入が途絶えて国産化が促進され、一九三〇年代前半に年間50万台、三〇年代後半には年間生産台数は100万台まで増えたが、太平洋戦争に突入して生産台数は減少し、終戦時の一九四五年には僅か1万8000台となった。

戦後の復興期には自転車の生産メーカーも急増して、一九六〇年代には1000社以上あったと言われる。生産台数もまた急速に伸びて、一九五〇年には年間100万台、一九六〇年代に年間300万台、一九七〇年代前半には900万台に達したが、その後低コストの輸入自転車に押されて国内生産は激減した。

オートバイの販売網で自動車を売る

藤澤の手紙によって、自転車店は補助エンジンを売るようになり、オートバイを売るようになり、やがて自動車を売るようになる。ホンダは戦後一介の町工場からオートバイメーカーとして急成長を遂げ、一九六〇年代に特振法案（特定産業振興臨時措置法案）に急かされるようにして俄かに自動車メーカーとなった。特振法案は乗用車の輸入自由化をする前に日本の自動車産業の国際競争力を高めるべく通産省が行政指導方針としてまとめたもので、新規参入を制限して既存の自動車メーカーの集中的育成を目的としていた。同法案は一九六三年にまとめられ、一九六四年に国会で審議され結局廃案となったのだが、ホンダは自動車メーカーとしての実績をつくるべく一九六二年十月に開催された第九回全日本自動車ショーに、軽トラックT360、ホンダスポーツS360、S500を出展し、翌年八月にT360、十月にはS500を慌ただしく発売した。尚、二〇一一年現在、自転車店の数は約1万8000店舗で、年々減少傾向にあるが、この店舗数には大型スーパーなどでの自転車の扱いは含まれておらず、大型複合店舗での自転車の販売の影響で小型店舗が減少していると推定される。

ホンダは一九六七年に軽自動車N360で本格的に自動車事業に進出するのだが、自動車の販売網を整備する時間も資金的余裕もなく、このオートバイの販売網を活用した。その支援体制として全国各地にサービス工場をホンダSF（Service Factory）、ホンダ中古車販売㈱、ホンダ信販㈱、そして㈱ホンダ営研を設立した。

ホンダ営研はいわば営業職を専門とする人材会社である。全国70か所に本田技研の営業所が設置され、営研マンはそこに常駐した。ホンダの販売網は町や村の自転車店に整備工場や中古車店など2万5000店で構成され、自動車のセールスマンなどいないからその代わりに営研マンが商談をする。売買契約の主体はあくまでも販売店であるから、営研マンの仕事は営業代行業のようなものである。そして割賦販売の要望があればホンダ信販が対応し、下取り車があればホンダ中販が引き取り、修理点検はSFが行う。販売店の役割は地域密着でのお客様との関係づくりである。

ホンダは営業所と全国280店の代理店を通じて全国約4800店のオートバイ店でN360を売り、一九六八年には販売網強化の為に、全国で約4000店のホンダ専門店と約8000店のホンダショップを選定した。ホンダ専門店とホンダショップは、販売店として求められる要件が異なり、車両の仕切り価格も違う。ホンダショップは一定の要件を満たせばホンダ専門店に格上げされ、仕入れの利幅も高くなるのである。販売店としての一定の要件を満たせば車両の利幅が高くなるというこの契約方式で、ホンダは町や村の自動車店から始まった販売網を自動車販売網へ転換していった。

一九七二年にホンダシビックが発売になると、取扱い車種によって軽四輪特約店、小型車特約店、一般販売店に分け、小型車特約店にはショウルームや整備工場の設置と計画販売を求め、店舗の大型化と販売力の拡充を促進した。そして一九七八年には新チャネル、ベルノをフランチャイズ方式で新規参入の販売店を募り、HISCOの店舗をベルノの店へと変更をした。この頃には全国のホンダの販売店は4000店からその半分の2000店ほどに集約されて、一九八五年には比較的規模の大きい販売店を「クリオ」チャネル、大多数の中小規模店を「プリモ」チャネルに再編成をして、ホンダはベルノ、クリオ、プリモの3チャネル体制を構築した。

一九七〇年代から八〇年代にかけて、トヨタはトヨタ、トヨペット、カローラ、オートに新チャネルのビスタを加えて5チャンネルにしたし、日産も日産、日産モーター、日産プリンス、日産サニー、日産チェリーの5チャンネルを展開し、マツダまでもマツダ、アンフィニ、ユーノス、オートザム、オートラマの5チャネルを展開していた。拡大する自動車市場を取りこぼさないようにする為に販売網を張り巡らせて、陣取り合戦をしたのである。前述したように複数チャネルを展開しても、チャネルごとの専用車種など、とても開発できないから、例えば、トヨタのマークII、チェイサー、クレスタや、日産のセドリック、グロリア、ホンダのアコード、ビガーなど同じ車体の外観と名前を変えただけのいわゆるバッジエンジニアリングによって、各メーカーとも対応したのである。バブルがはじけて九〇年代以降に各社それぞれ再編を余儀なくされた。一九九五年にホンダはプリモ店を支援していた全国都道府県46か所の営業所を19か所に集約し、二〇〇〇年には全廃した。またホンダ販売会社の中古車部門を長く支えてきたHISCOも、一九九五年に全国81か所の中古車販売拠点を各地の販売会社に移管して解散した。そして二〇〇六年三月一日に3チャネルに終止符が打たれ、プリモ1489店舗、クリオ512店舗、ベルノ399店舗は、ホンダカーズとして統一された。

人と自分

自分のことはさておき、人の仕事ぶりはよく見えるものだ。例えば異動や転職で職場が変わると、否が応でも周囲を観察することになる。そうして周囲を観察していると、仕事のできる人と、そうでなさそうな人の違いがなんとなく見えてくる。組織で仕事をするには、それぞれが与えられた役割を果たさなければならない。その役割をきちんとこなしていれば仕事は円滑に進むし、そうでなければ澱んでしまう。仕事の流れに沿って人と人が動き話をするから、やがてそれが見てとれる。学校を出たばかりの新入社員にも、会社に慣れてくるとそれがわかるはずだ。

仕事のできる人は、概ね社内での評判がいい。仕事熱心な余り周囲と摩擦や軋轢を起こしてしまう人もあるが、仕事はつまるところ人と人である。嫌われてしまっては元も子もない。誰だって気持ちよく仕事のできる相手のほうがいいに決まっている。かといって仕事そのものよりも上司の機嫌ばかり気にしている人は、たいてい女子社員に軽蔑されることになる。

人のことはわかっても、自分がどう見られているかはわからない。それを知る為に、三六〇度調査（多面評価）がある。日本の組織文化にはあまり馴染まないように思われるのだが、欧米に倣って導入された人事管理手法のひとつである。職場のある人物（自分）についてその周囲の人たちに、例えば、「自分に厳しく、規則を守る人だ」「感情的にならずに常に冷静かつ沈着な行動をとる」「会社の地位に関わりなく、人の意見をよく聞く」といった質問をする。周囲の人々に、自分がどう見えているか尋ねるのである。答えは五段階評価で、「まったくそのとおりだ」「どちらかといえばそうだ」「どちらともいえない」「どちらかといえばそうではない」「まったくそうではない」のなかから選ぶのが一般的で、その結果を集計したものが当の本人に示される。

多くの場合、その結果はあまり愉快なものではない。例えば「言うこととやることが首尾一貫している」という設問に対して、「まったくそうではない」と答えている人が全体の二割いる、とか、「誰とでも分け隔てなく話をする」という設問に対して「まったくそうではない」と答えている人が全体の三割もいる、などと示される。自分にはそのつもりがなくても、そう見えているのだと知ることになる。それを知って、さてどうするか。誰かに見られているからと、にわかに態度を変えるのも妙だし、そう簡単に変えられるものでもない。三六〇度調査がどれ程本役に立つものかはわからないが、自分が周囲を見ているのと同じように、自分も見られているのだと、あらためて知る機会にはなる。

第七章

獅子の標章

五度目の転職

フォルクスワーゲンを辞めてプジョーで働くことに決めたことを打ち明けると、社長の梅野さんは、

「わからんなあ、どうしてそうなるのか」

と、渋い顔をした。

「いままで、うまくやってきたじゃないか」

「はい。それはそうなのですが」

仕事は確かに順調ではあった。梅野さんを始め他の幹部社員と部下たちも、ドイツ本社と日本駐在のドイツ人たちとも、そして取引先である販売店とトヨタ自動車の人たちとも、もう気心も知れていたし、困難はあったけれども対処していくことはできると思っていた。転職をすればまた見知らぬ人たちと仕事をしなければならず、ひょっとするとうまくいかないかもしれない。もう四十半ばなのだからここらあたり

で腰を据えてじっくりやればいいではないか、と思わないでもないのだが、フォルクスワーゲンで仕事をしながらどこかしっくりしないものも感じていた。それはフォルクスワーゲンの問題ではなく、私の性分とでもいうべき個人的な問題で、例えば与党である自民党に投票する気になれないこと、例えば巨人軍ばかりが勝つと面白くないと感じること、例えばトヨタの自動車にあまり興味が持てないことなどに似ていて、多数が多数であることによって何か主張をしているように感じると、私はついつい鼻白んでしまうのである。フォルクスワーゲンは世界の自動車市場で覇権を握り、日本では輸入車販売台数No.1メーカーとして、日本車の牙城を崩しにかかる。大いに野心的で、挑戦しがいのある仕事ではないか、と、ぐっと飲み込んではみたもののなかなか腹に落ちないのである。九州男児のやっかいな反骨精神が燻るのか、肥後もっこすの血が流れるせいか、あるいは転職を繰り返すうちに愛社精神など持てなくなってしまったのか、それともフランス文化に感化されてしまったせいか、などと思っているところにプジョーに誘われて、理屈も合理性もないのだが、どうしてもやってみたくなってしまったのだ。

梅野さんは私にいくつか質問を投げかけて、

「まあ、いくら言ったところで聞かないだろう、頑固だからな」

と、呆れたように笑った。

「すみません、我儘をいいまして」

そうして五度目の転職が決まり、二〇〇五年の三月の中頃から五月の連休明けまで七週間の休みを取った。休みを取るのに、大学を卒業してから二十三年間、ずっとよく働いてきたではないか、と自分に言い聞かせるようにして、プジョー・ジャポンからクルマを1台借りて旅に出た。本当は406クーペに乗りたかったのだが、実際借りることができたのは307SWであった。しかも広報車だというのに袖ヶ浦ナンバーである。プジョー・ジャポンは、輸入する車両を千葉港で陸揚げして、長南にあるVPC（Vehicle Preparation Center）から全国の販売店に出荷していたから、千葉のVPCの施設に社用車は保管されてあり、登録も千葉でするから袖ヶ浦ナンバーなのである。

別に袖ヶ浦に文句があるわけではなく、広報車であれば媒体を通じて露出されるのだから品川ナンバーにすべきでは、と私が疑問を呈すると、「それはそうなんですが、フランス人の許可がおりなくて」と担当者は言い訳をした。

「じゃあ、いずれ僕がそのフランス人と話をするから」

フォルクスワーゲンでも、「ドイツ人が許可をしなくて」という台詞を聞かされることがままあった。例え日本人同士であっても、現状を変える何かの為に誰かを説得するのは決して簡単なことではない。ましてや相手の立場が上で、しかも外国人であれば尚更であるが、まだ入社もしていないのに、と先が思いやられた。

それ以前に社長リチャード・マレーさんから、エージェント経由で是非会っておきたいと呼び出された。せっかくの長い休暇だし、入社したらいやでも話をすることになるのだから、とあまり気乗りがしなかったが、どうしても会いたいと求められて、三月のある日に会社を訪ねると、部屋でふたりきりになったところでマレーさんは用件を切り出した。

「実は、私は会社を辞めることになっている」

マレーさんは英国系の南アフリカ国籍の人で、一九九三年からプジョー・ジャポンの社長を務めている。プジョー・ジャポンは一九八九年一月に、オートモビル・プジョー、スズキ自動車そしてローバー・ジャパンの3社の合弁で設立された。それ以前は西武百貨店・セゾングループの西武自動車販売がプジョーの輸入元であった。一九九三年に合弁相手がスズキ自動車とローバー・ジャパンからインチケープ（Inchcape）に代わって、マレーさんはインチケープから派遣されて来日したのである。インチケープは一八四七年に英国で創業された歴史のある貿易会社で、現在は自動車販売を主な事業としてヨーロッパ、アフリカ、アジア、オーストラリア、南米の各地域に、トヨタ、レクサス、マツダ、ホンダ、BMW、メルセデス、フォルクスワーゲン、アウディなどを扱っている。

二〇〇〇年にプジョー・ジャポンがオートモビル・プジョーの100％の子会社になってからも、マレーさんは社長として日本に留まり、さらに五年社長を務めた。エグゼクティブサーチ会社の仲介を経てマレーさんと私が初めて話し合いを持ったのは二〇〇四年の暮れのことで、それからフランス本社のフランス人とのインタビューも含めて、何度か話し合いをした。マレーさんは私の採用を進める一方で、自分自身の進退についてフランス本社と話し合っていたのだという。私が出社する頃にはプジョーを辞めて、もう日本を離れている。だから会っておく必要があった。新しい社長はオートモビル・プジョーからフランス人がくることになっていて、新社長の赴任は私の入社と同じ頃になるだろう、とマレーさんは言った。

マレーさんは会社を辞めることになった経緯については話さなかったし、私も訊ねなかった。後任のフランス人とテレビ会議の用意があるというのだが、私は断った。

「いま話したいことは、特にありませんから」

「そうか。じゃあ、断っておくとしよう」

正直なところ面倒だった。所詮会社勤めの身である。当たり前のことだけれども、会社では部下は上司を選べない。

「フランス人と仕事をするのはどうでしたか」

と、私が尋ねると、

「いずれわかるよ」“You will see.”

と、マレーさんは言った。マレーさんの母国語は英語で、仏語を話さない。

「プジョーを、頼むよ」

「はい。最善を尽くします」

私はマレーさんと固く握手をして別れた。

ところで、千葉のVPCはさる外資系企業の持ち物で、私がプジョー・シトロエン・ジャポンの社長に就任した年に契約期間が切れ、延長を申し込むと値上げを要求された。であれば、と、VPCの移転を検討して、二〇一三年の夏に愛知県の三河湾神野埠頭に新PVCを開設した。三河湾は豊橋市、田原市、蒲郡市、豊川市にわたる日本最大の自動車輸入港湾でフォルクスワーゲン・グループ、フィアット・クライスラー、ボルボ、ジャガー・ランドローバーが陸揚げされている。フォルクスワーゲン・グループ・ジャパンの本社は明海埠頭にあって、豊橋は通い慣れた土地である。

プジョー・ジャポンから借り出した307SWで、私は東京から故郷の熊本まで釣りの旅をした。釣りは、渓流のフライ・フィッシングである。豊川上流の寒狭川、木曽川、長良川の上流吉田川、京都の美山川、島根の匹見川など、民宿に泊まりつつ川でヤマメやアマゴを相手に遊ぶのである。民宿を予約する際に電話で問い合わせると、どこの宿も口をそろえて釣り場の状況はよくないと言った。その前の年、二〇〇四年は台風が集中的に上陸した年で、西日本で多くの川が氾濫した。実際場所によっては河川工事が行われており、釣果はあまり思わしくなかった。釣れないときは釣竿を畳み、地図を睨みながら（ナビゲーションが装着されていなかった）プジョー307を走らせて、桜の花を眺めた。緑豊かな山には清き流れの川があり、山里の村では農家が田畑を耕している。日本の春である。そうして東京から熊本まで、プジョー307SWでのんびりと往復をした。

プジョー・シトロエン・ジャポンの社長に

マレーさんの後任のティエリー・ポアラさんは二〇〇五年六月から二〇〇八年のプジョー・ジャポンとシトロエン・ジャポンの合併を経て二〇一一年八月まで社長を務めた。シトロエン・ジャポンはオートモビル・シトロエンの100％子会社として二〇〇一年に設立され、当時日本でのシトロエンの輸入を行っていた新西武自動車に代理店権利の返上を求めて、翌二〇〇二年四月から輸入業務を開始していたのだが台数が伸び悩み、二〇〇八年四月にプジョー・ジャポンに吸収合併されて私はこの愛すべき自動車を取り扱うこととなる。

シトロエンはその創成期から、先鋭的な自動車開発で常に注目される存在で、日本においても古くからクルマを愛好する人々にとって一種独特な存在である。『カーグラフィック』誌の創刊者、小林彰太郎さんは、シトロエン愛好家のひとりであった。シトロエン、そしてプジョーの新車発表会や試乗会に小林さんはよく見えた。シトロエン、プジョーの新車発表会や試乗会の会場で、プジョー・シトロエン・ジャポンの社長として檀上から聴衆の中に小林さん、そして『間違いだらけのクルマ選び』の徳大寺有恒さんの姿を見つけると、どうも妙な按配だな、と新商品の話をしながら思うのであった。若かった頃に小林さんや徳大寺さんの自動車評論を読んでいなければ、フォルクスワーゲンのゴルフを特別な存在に感じることはなかったかもしれないし、プジョーそしてシトロエンを好きになることもなかったかもしれず、輸入車の世界で仕事をすることにはならなかったかもしれない、と思うのである。二〇一三年七月に箱根で開催したシトロエンDS3カブリオの試乗会にも小林さんは来られ、それが小林さんの姿を見る最後の機会となってしまった。年の暮れにパレスホテルで行われた小林さんの「お別れの会」の会場には、古いベントレーに乗る小林さんの大きな写真を見ながらそのことを思った。「お別れの会」には大勢の人が集まって、互いに挨拶をしたり話をしたりで時間が過ぎたのだが、会場にはホンダの第四代社長であった川本信彦さんの姿もあった。

そのうち会場で梅野さんと顔を合わせて、川本さんが会場に来ておられますよ、と私が言うと、

「挨拶した?」

「いえ、僕は面識がないものですから」

えっ、と梅野さんは驚いたけれども、川本さんが私のことを知るわけがない。私がホンダを辞めたのはもう二十年も前のことで、しかも私は新米の営業主任であった。そもそも梅野さんともホンダでは勤務場所と担当業務がすれ違い、フォルクスワーゲン・グループ・ジャパンの営業部長候補として面接を受けるまで話をしたことがなかったのだ。

それでも私は梅野さんの名前と顔は知っていて、面接のときに梅野さんが私に、

「ようやく君の顔を見ることができたな」

と言ったその意味がわからなかった。

私はホンダを辞めるときにタイに駐在することが決まっていると慰留され、そのとき梅野さんは本社のアジア・太平洋州営業部長として人事権を握るその当事者であって、その人事に私が穴をあけてしまったのだと、梅野さんから聞いたのはフォルクスワーゲンに入社してからずいぶん経ってからのことである。

川本さんは私を知らなくとも、入交さんの後を追いかけてホンダを辞めた社員がいたことは知っているに違いない。川本さんの姿を見かけても、挨拶をして自己紹介をする気になれなかった。

二〇一二年九月に開催された鈴鹿サーキット開設五十周年記念イベントで、ホンダの第七代、現社長の伊東孝紳さんと話をする機会があって、私がホンダ出身であることを言うと、

「どうしてホンダを辞めたのですか?」

と尋ねられた。

「実は、ホンダを辞めてセガへ行きましたので」

と私が言うと伊東さんはすぐに、

「ああ、入交さんの」

と、何か腑に落ちたような表情であった。

鈴鹿サーキットの設立五十周年記念イベントには日本の自動車各社とともに海外インポーターも招かれ、イベント当日のパレード・ランに日産の志賀さんの乗るスカイラインGT－Rやポルシェ・ジャパンの黒坂さんが乗るポルシェ356に連なって、私はシトロエンのDS5でサーキットを周回した。晩餐会で伊東さんにご挨拶はしたのだが、名前を名乗るだけで話をする時間はなかった。前夜の晩餐会では食事の合間に、海外から招待されたジェームズ・アーサー・ロッドマン、ケニー・ロバーツ、ワイン・ガードナー、エディ・ローソン、そしてF1ドライバーのアレッサンドロ・ナニーニなどの名だたるレーサーたちと、鈴鹿サーキットでのレースで優勝者たちと飾ったチームの映像が歴史を追って順に紹介され、一九九一年のスポーツカー世界選手権で優勝したプジョー905も紹介された。

晩餐会の後、鈴鹿サーキット・ホテルに宿泊して、翌早朝、私が露天風呂に行くと、伊東さんがひとり湯に浸かっておられた。他には誰もいない。私は湯に浸かると、裸のままでどうしたものかとも思ったのだが、目があったので、

「おはようございます」

とこちらから声をかけてイベントへの招待の礼を言い、ホンダの出身であることなどを話したのである。

伊東さんは湯に浸かったまま、私の話が終わるのを待っておられたらしく、

「じゃあ、お先に」

と、立ちあがったその体が赤みを帯びていた。

「まあ、いいや。挨拶にいこう」

という梅野さんの後をついていき、私は名刺を出して川本さんに挨拶をした。川本さんの差し出された名刺には肩書きがなかった。赤いホンダロゴに並べて名前だけのその名刺が、私には重く感じられた。

「彼もホンダ出身なのですよ」

と、梅野さんから紹介されて私は、川本さんが専務の頃にF1開催中の鈴鹿サーキットで、オランダから来日したモータージャーナリストとのインタビューをされたことがあって、その担当者として立ち会ったという遠い過去のことを話した。オランダのジャーナリストからの取材申し込みは、ホンダのトップに商品開発についてインタビューをしたいというもので、丁重な対応するようにとオランダの現地法人から要請を受けたのだが調整がつかずに困っていたところ、

「川本さんに頼んでみな。カワさんならやってくれるって」

と上司に言われて、秘書室を通じて依頼したところ即座に了解を得て、川本さんが何か特別な人のように思った。

川本さんは、しばし何かを思い出そうとしておられるかのようであったが、会場内をぐるりと見回して、

「もう時代は変わったな」

と、言われた。

小林彰太郎さんがプジョーとシトロエンのジャーナリスト向けの新車発表会や試乗会によく見えたこと、この夏の箱根でのシトロエンDSカブリオの試乗会にも参加されたことを私は話した。

「彰太郎さんは英国車が好きだったけど、シトロエンも好きだったからな」

そして川本さんは梅野さんと、河島喜好さん、本田さちさんが亡くなったことなどを話された。頃合いをみはからって私はその場を辞去した。

二〇一四年一月七日に高輪のプリンスホテルで開催された自動車4団体（日本自動車工業会、日本自動車部品工業会、日本自動車車体工業会、日本自動車機械器具工業会）の新春賀詞交歓会の会場で、徳大寺さんと話をする機会があった。

徳大寺さんも、シトロエンとプジョーの発表会や試乗会によく見えるので、まずその礼を申し上げ、二年ほどまえに買って頂いたシトロエンDS3の調子を伺った。

「うん、いいですよ。家内が気にいってよく乗っています。今年は何が出るのですか？」

私はプジョー208、シトロエンDS3、C3が新型のエンジンに切り替わること、その新型エンジンを積んだプジョー2008が二月に発売であること、その新型エンジンについて説明をした。

「それはいいですねえ。試乗会はいつですか？」

と、徳大寺さんは尋ねられ、私はそれと併せてシトロエンからは年後半にC4ピカソが発売になることなどを話した。

話が一段落すると、徳大寺さんと一緒にいた自動車評論家の松本英雄さんが私に言った。

「豊田章男さんが挨拶にこられるから、ここで待っていてくださいと、トヨタの広報の人から言われたのです」

松本さんはこの数年車椅子を使っておられる徳大寺さんに、新車発表会や試乗会に付き添っているのである。賀詞交換会は終わりに近づいて、会場を立ち去る人もいる。徳大寺さんと松本さんはやや手持ち無沙汰のようであった。会場内を見回して豊田章男さんの姿を探すと、名詞交換の長い行列に応対しておられ、まだ時間がかかりそうである。

「巨匠、上野さんと私は同じ店で服を買ってるんです。ずっと前から同じ店に通っていたんです」

と松本さんが徳大寺さんに言った。そのことを互いに知ってから、私と松本さんは顔を合わせると、自動車よりもむしろ洋服の話をするようになった。

「巨匠から僕は服を誉められるのですよ」

と、松本さんは私に言った
「うん、君の服はなかなかいいよ。どこの店だって?」

松本さんは徳大寺さんに自由が丘にあるその店の場所を説明したが、店の近くには適当な目印がない。

「八幡中学のほうに向かう道沿いです」

と、私が説明を加えると、

「八幡中学。家内は八幡中学の卒業だよ」

「そうでしたね、巨匠」

「なるほど、あのあたりか」

松本さんと私は徳大寺さんに、その店で仕立てるスーツのことなどについて説明をした後、小林彰太郎さんの「お別れの会」のことについて、当日の会場には1000人を超える参加者があったらしいこと、会場に大きく飾られていた小林さんの写真が本当に良かったことなど、話し合った。

豊田章男さんとの名刺交換の行列はまだ終わらない。

「私は学校を卒業してからすぐにホンダに入社したのですが、転職をしてフォルクスワーゲンで仕事をするようになりまして」

と私が言うと、徳大寺さんは目を見開いて、

「ほほう」

と、頷かれた。

「それからまた転職をして、プジョー、そしてシトロエンをやるようになったのですが」

「ほう」

「若かった頃に、小林彰太郎さんや徳大寺さんの自動車評論を読んでいなかったら、『間違いだらけのクルマ選び』がなかったら、輸入車をやろうと思わなかったかもしれないし、プジョー、シトロエンを好きになることもなかったかもしれないと、新車発表会や試乗会で小林さんと徳大寺さんのお姿を見てそう思

うので、それをいつかお話ししようと思っていたのですが、小林さんは亡くなられてしまいました」

徳大寺さんは車椅子から一礼された。

「そうですか。それはありがとうございます」

ありがとうございます、と繰り返し言われた。その徳大寺さんも二〇一四年十一月に急逝された。

最良の鉄製品につけられた獅子の標章

プジョーの歴史は古く、ドイツ国境近くのフランシュ＝コンテ地域圏にある街モンベリアール（Montbéliard）がプジョーとプジョー家の故郷である。歴史ある企業にはその国と地域の文化的特色が明示的にあるいは暗示的に反映されるもので、フランスの自動車評論家アンドレ・コスタはその著書、『獅子の標章』（英語版）で、宗教革命とプロテスタントの精神性がプジョーに与えた影響からプジョー家の歴史を説き起こしている。

アンドレ・コスタは一九五〇年から一九九〇年代の初めまで、フランスの自動車雑誌『オート・ジャーナル』の編集長を務めた人で、私はフランス・ホンダに駐在時代にシビックであったか、プレリュードかアコードであったか、ジャーナリスト向けの試乗会で食事を共にしたことがある。当時コスタ氏は六十歳くらいで、私は三十歳を過ぎたばかりであった。

「初めて日本に行ったときは、まだ高速道路もなかったな」

私はフランス・ホンダのフランス人に指示されるままにその席に座ったのだが、食事の間中私はコスタ氏から如何に日本車が未熟であったかという話を聞かされ、なんだか説教をされているような気分だった。

「あの人、何?」

彼が何者であるかを知らなかったので食事の後で尋ねると、それがコスタ氏であった。

『獅子の標章』は、コスタ氏の残した数少ない著作であると同時に、プジョー家が正式に認めたプジョーの歴史書でもあり、ピエール・プジョーがその序文を寄稿している。ピエール・プジョーは、プジョーの創業者ジャン・ピエール・プジョー（Jean-Pierre Peugeot）から数えて七代目のプジョー家の当主であり、PSAプジョー・シトロエンの支配者でもある。

「アンドレ・コスタはこの仕事にまさに適した人物である、と私は思う。彼はあらゆるメーカーのすべての自動車について、その成功と失敗の公の歴史だけではなく内部事情についても知っているのだが、自動車への思い入れが強すぎて、メーカーの経営戦略についての独自な解釈や、経営者の意思決定と選択の理由について憶測もしている。しかしながら、外部の評論家としての時には批判的ですらある分析が、企業の歴史に興味深い視点を与えていることを認めざるをえないのである（筆者訳）」

そのコスタ氏は、プジョーの歴史を次のような文章で始めている。

「人、家族、そして企業の歴史に太い線が連なっていることがある。それをたどれば、すべてが見誤ることなく簡潔に描かれるはずである、特にこの場合は。（筆者訳）」

少し長くなるが、以下その著書からの引用である。

「カルバンの宗教改革はスイスに始まるが、隣接するジュラ地方にすぐ及んだわけではない。十六世紀のジュラ地方はまだハプスブルグ家の領地である。しかしモンベリアールがブルテンブルグ王国の支配を受けるようになると、君主がマルティン・ルターに傾倒したから、殆ど必然的にプジョー家もプロテスタントの価値観、新進的の気質、質素倹約、道徳観をそなえるようになる。十九世紀初頭に、プジョー家はそれまでの家業を技術的、社会的発展に満ちた産業に転換して、今日に至る企業をかたちづくる。多くの成功物語がそうであるように、それは幸運と力強い意思の織りなす物語である。

モンベリアール地方には、もとより工業化の過程でその自然な萌芽を促す豊かな可能性があった。地域一帯には多くの水車があって安価な動力の供給源となったし、地域に根差した人々は、集団としてのまとまりのある潜在的な労働力であった。一八一〇年に、ジャン・ピエールとジャン・フレデリック・プジョーが工業化に乗り出す決心をしたものの、それは祖先たちの仕事を引き継いでいたに過ぎず、ある意味必然的なことであった。このことはフランス革命より半世紀前の一七三四年まで遡る同家の公開記録をもとにした研究によって明らかにされており、実のところ（同家の歴史においては）それほど画期的な出来事ではない。

十八世紀から、プジョー家は資金の殆どを工業投資に向けるようになった。当時工業と言えばあらゆる用途のミル（適当な日本語がなく、敢えて訳せば回転粉砕機とでも言うべきか）のことで、フラックス・ミル（flax mill）、スピニング・ミル（spinning mill）いずれも紡績用、十九世紀になってからはスチール・ミル（steel mill）、ローリング・ミル（rolling mill）いずれも製鋼用などであった。そうして原材料の供給からやがて製造業に転換し、鋸の刃、コーヒー・ミル、種々のばね、工具、家庭用品などを生産するようになる。

一八八二年、プジョー家の人々はいくたびかの戦争や革命を、寡黙に揺らぐことなく乗り越えて、崇高な征服行為として乗馬を嗜む時代は終わり、普通の人々が二輪車に乗るようになる、と予見する。そして生活の新たな一部として受け入れられ、以後も長く続くに違いない自転車の生産を始めた。

道徳的抑制がありながらも仕事熱心な家柄にあって、男子は働く年齢になると、というよりもむしろ取り仕切りができるようになると、故郷フランシュ・コンテの柔らかな日の下でそれぞれ働く場所を与えられた。一九〇七年、プジョー家はその家長を中心として組織化され、それぞれに独立する5社ほどの事業体からなる一大帝国を形成していた。しかし自動車への進出は一般に思われるほど順調なものではなかった。アルマン・プジョーは先見性のある人物で、セルポレ氏（一八八九年）の奇妙で粗末な機械や、ドイツの技師ゴットリープ・ダイムラー（一八九〇年）のボコボコと音を立てるエンジンに惹きつけられた。彼はその二つを組み合わせて小型車を何台か製作した。それは奇跡的に動いた。不幸にしてこれらの不思議な小型車は、アルマンが期待していたほどプジョー家の人々の支持を得ることができなかった。事実、プジョー社の筆頭株主であったユジェーヌ・プジョー（アルマンの従弟）は、三輪車にエンジンを搭載する必要などないと見ていたから、アルマンの野心を快く思わなかった。

アルマンは独立を決意する。既存のプジョー社から数百ヤード離れた場所に工場をつくり、夢の実現に向かうのである。後に頑固者のユジェーヌの3人の息子たちは、従叔父（父の従弟）は父親が決めつけたような狂人ではないと気づき、新たに自動車工場を設立した。しかしプジョーの名称は従伯父のアルマンが使っていたから、プジョー製の最良の鉄製品には獅子の標章がつけられた、かつて（一八五八年）のプジョー家の伝統に則り、彼らの自動車を獅子と名付けて売るようになる。

こうしてプジョーは一八九六年に分裂する。しかしながら従伯父と従甥（従兄の息子）たちは十四年後に亀裂を修復し、二つの標章を統合した。名称はプジョーのままに、今日でも見られる咆哮する獅子の標章がつけられるようになったのである。

そして幸にも不幸にも、標章はアルマンの3人の従甥たちが受け継がざるを得なくなる。アルマンのひとり息子は十三歳のときに事故で亡くなり、男子相続人が不在であることから、プジョーの先駆者は従甥たちに事業を手渡すことを余儀なくされた。そしてその子孫たちが今日に至るまで家名を継いでいる

自動車産業の創業家を見ると、この偉業に類する例は稀である。ルイ・ルノーとアンドレ・シトロエンの子孫たちが公の場に現れることはない、しかしだからといって困難な時代にあるとはいえないだろう。パナール家の子孫はまだ決定権をもっているが、プジョーに匹敵する伝統を誇るこのメーカーは、いまはPSAのグループ内の軍用車製造会社の子会社である。

他の自動車生産国においては、唯一イタリアで高名なアニエリ家が、いまもフィアットの支配力を失わずにいる。その他は、時代とともに人は匿名となって組織に埋もれ、より英雄的であった時代の名前が遺産として残る。（筆者訳）」

プジョー家を工業へと導いたジャン・ピエール・プジョーは、父の製粉業を継がずに織物業に転じて独自の手段で工業化に取り組み、染物工場、搾油機、穀物製粉機を遺産として残した。製粉工場が製鋼所に

変わって、プジョー家は工業の時代を迎えたのである。その息子ジャン・ピエール二世とジャン・フレデリック、そしてプジョー家と縁戚関係にあるジャピー家の、企業家として時計の製造をしていたフレデリック・ジャピー（Frédéric Japy）の娘婿ジャック・マイヤール・サランが、一八一〇年にプジョー兄弟とジャック・マイヤール・サランの会社（Peugeot Frères Aînés et Jacques Maillard-Salin）を設立した。この年から数えてプジョーの歴史は二百有余年である。プジョーのライオンが商標登録されたのは一八五八年のことであった。

ユジェーヌとアルマンは、始祖のジャン・ピエール・プジョーから数えて第四世代の従兄弟同士で、ユジェーヌはHEC（アッシュ・ウ・セ　エコール・デ・ゾート・ゼチュード・コメルシアル・ド・パリ École des HautesÉtudes Commerciales de Paris の略）を卒業している。HECは一八八一年にパリ商工会議所によって建学された、グランゼコールの中でも名門校である。アルマンはECP（エコール・サントラル・パリ École Centrale Paris）を卒業している。ECPは一八二九年の建学で、エコール・ポリテクニック、パリ国立高等鉱業学校（École Nationale Supérieure des Mines de Paris）とともに理工学、技術系のグランゼコールの最上位校である。フランス人たちと話していて、これらの名門グランゼコールの話題になると、きまって空を仰ぎ見るような真似をする。そういう高い位置付にある、ということらしい。

アルマンがレオン・セルポレと共に、蒸気三輪車セルポレ・プジョーを発表したのは一八八九年のことだった。その翌年にアルマンは蒸気機関を断念して、ダイムラー製のガソリンエンジンを搭載した四輪自動車タイプ2を製造する。そして一八九一年にタイプ3、タイプ4、ふたり乗りのタイプ5、タイプ6、タイプ7フェートン、タイプ8ビクトリアと次々に小型車を製造する一方で、現在でいうところのファミリー・カーとして対面シートのタイプ9ビザビ、タイプ10エステート、タイプ11などを製造した。そしてパネルバンのタイプ13で製品をさらに拡充する。

自動車の黎明期の開発者たちの例に漏れず、アルマン・プジョーも自動車競走への関心が高く、タイプ5は一八九四年のパリの新聞社ル・プチ・ジャーナル主催の、パリからルーアンまでの「馬要らずの馬車競争」(Concours des Voitures sans Chevaux) に参加して見事優勝し、4人乗りのタイプ8は、一八九五年のパリからボルドーまでを往復する1180キロレースで優勝を果たした。

一八九六年にアルマンはオートモビル・プジョー (Automobiles Peugeot) 社を設立して、自動車事業をさらに拡大する。タイプ14には自社製の2気筒式水平エンジンを搭載し、以後ダイムラー社製エンジンは使用されなくなる。一八九八年七月にチュルリー公園で開催された第一回パリ・モーターショーには、無論アルマン・プジョーの自動車も出展されている。

ところで、この時代のエンジンの点火方式は複雑で、エンジンの燃焼を持続させる為に、運転手はガソリンを送るポンプを常時動かしていなければならなかった。自動車の運転手のことを英語でショーファー (Chauffeur) と呼ぶのは、仏語の「暖める」を意味するショーフェール (Chauffer) に由来する。

一九〇〇年当時、フランスにおいて自動車は年間4800台が生産されており、内プジョーが500台を生産して、一八八九年の創業から累計1296台を生産している。十九世紀初頭のフランスでは自動車が産業として勃興しており、一九〇三年にフランスは年間3万204台の自動車を生産した。同年米国では1万1235台の自動車が生産された。英国での生産台数は9437台、ドイツが6904台、イタリアは1308台であった。ヘンリー・フォードはまだT型フォードを開発しておらず、フェルディナンド・ポルシェは電気自動車の開発に熱中しており、日本では豊田佐吉が豊田式木製人力織機をようやく完成させた頃である。

ユジェーヌの「3人の息子たち」という意味を、文字通り社名にした会社（Les Fils de Peugeot Frères）は、まず単気筒エンジンを搭載したライオン・プジョーを製造して、その後V型2気筒エンジンに変更をした。アルマンが革新的な自動車の開発に取り組む一方で、ユジェーヌの息子たちは大衆的な小型車を製造したのである。一九〇八年にアルマンとユジェーヌの息子たちの2社合計で、2220台の自動車を生産している。

アルマンとユジェーヌの3人の息子たちは、互いにプジョー家の一員として話し合いをもって、おそらくはプジョー家の名誉と秩序を重んじて、そしてプジョー家の将来の為にと、オートモビル・プジョー社（Sociétés Automobiles Peugeot）とプジョー兄弟社（Les Fils de Peugeot Frères）を一九一〇年に統合して、オートモビル・サイクル・プジョー社（Société Anonyme des Automobiles et Cycles Peugeot）を設立した。社長にはユジェーヌの二男ロベール（Robert Peugeot）が就任し、一九一四年の第一次世界大戦勃発まで自動車と自転車の生産を行った。一九一三年には、プジョーは大西洋をわたり、インディアナポリス500マイルレースに参戦して優勝を飾っている。

第一次世界大戦中は戦時協力体制の下、オートバイ1000台、自転車6万3000台、自動車300

0台、トラック6000台、戦車用エンジン1400基、飛行機用エンジン1万基、爆弾・砲弾600万個などを供給した。従業員数は2500人を数え、自転車年間8万台、自動車は年間1万台の生産能力を擁し、一九二〇年代は自動車の生産台数は2万台に達した。

一九二六年、オートモビル・サイクル・プジョー社はオートモビル・プジョー（Automobiles Peugeot）とサイクル・プジョー（Cycles Peugeot）に分割され、自動車事業はさらに拡大に向かう。

プジョーの自動車はアルマンが一八九八年に製造したタイプ1から始まって新開発車ごとに数字を重ね、一九〇〇年にタイプ30となり、併行してライオン自動車が生産された時期を経て、一九一〇年にはタイプ122から134まで製造され、多様な製品群を構成するようになった。一九一〇年当時の車種構成を分類すると、タイプ57、タイプ129は超小型車、タイプ125は小型車、タイプ126と127は普通車、タイプ112、117、122、130、134は大型車、そしてタイプ111、129、131、133はスパイダーあるいはカブリオレである。

超小型車のタイプ69は、ベベ・プジョーと名付けられ一九〇五年から一九一二年までに400台が生産され、その後継車のタイプBP1、二代目ベベ・プジョーは、若き日のエットーレ・ブガッティの設計によるもので、一九一三年から一九一六年までに3095台が生産され、大いに成功を収めた。

一九二〇年には第一次世界大戦後初の大型車、タイプ156が発売される。全長4800㎜、6気筒5954ccのエンジンを搭載する全長4800㎜の大型車両であった。またその翌年にはベベ・プジョーの後継である超小型車、タイプ161、通称プジョー・クワドリレット（Peugeot Quadrilette）が発売され、一九二九年にプジョー201が発売された。201は全長3800㎜、全幅1350㎜、車重890kgの車体に1085ccから1465ccの直列4気筒エンジンを搭載した4人乗りのセダンで、その派生車種を含めて一九二九年から一九三七年までに14万2309台が生産され、一九二九年に始まる世界恐慌をプジョーはこの201で乗り切る。また、この201以後、プジョーは三桁の真中に0を挟む数字を商品名とするようになり、一九三二年に小型車プジョー301、そして一九三四年に中型車プジョー401と大型車プジョー601がそれぞれ発売された。そしてそれぞれの後継車となる、402、302、202までが第二次世界大戦前に発売された。

工場を守るためにドイツ軍の車両を製造

一九四〇年から一九四四年までドイツの占領下にあったフランスでは、プジョーも他の企業と同様に占領軍に従わざるを得ず、ドイツに近いソショー工場はその渦中にあった。一九四〇年夏にプジョーはドイツ第三帝国の管轄下に置かれ、当初自動車の生産を禁じられたが、やがてフォルクスワーゲンのキューベルワーゲンやアフリカ部隊用のフォード型トラックの製造を命じられた。工場を守る為にはドイツ軍向けの車両とその部品を製造するより他はなく、プジョー家を含む社員は命令に従わざるを得なかった。それでもレジスタンスに所属する従業員や管理職者は、収容所送りにならないように、服従する振りをしつつできる限り協力することを避けた。面従腹背のサボタージュである。

七十歳のロベール・プジョーが長男ジャン・ピエール・プジョー（Jean-Pierre）に社長職を譲ったのは戦争最中の一九四一年七月のことである。ジャン・ピエール・プジョーは渦中の人となって苦悩する。ドイツ軍に協力しなければ制裁を受けるし、ドイツ軍に従えばソショー工場はドイツの戦略的拠点となるに等しく、英国軍の空爆の対象となるのである。実際、ソショー工場は、一九四三年七月一六日に英国軍の空爆を受け、120人の死者と250人の負傷者が出た。ソショー工場の従業員数は一九三八年に1万4000人あったが、一九四三年には8000人になり、一九四四年には6000人まで減少している。

3人の労働者をドイツに送ると、捕虜ひとりが解放されるというドイツ軍の非道な措置が従業員数の減少に拍車をかけ、士気を低下させた。ドイツ軍はソショー工場でのサボタージュやレジスタンスに対して、週五十四時間の強制労働を課した。服従を拒否する従業員に対する懲罰は激化し、44人が工場で銃殺され、200人は強制移送された。管理職者は逮捕され、そのうち4人がナチスの強制収容所で死亡した。

一九四三年九月に、フェルディナンド・ポルシェとアントン・ピエヒはジャン・ピエール・プジョーと面会する為にソショーを訪れている。訪問の目的は、コード1144で呼ばれるドイツのプロジェクトに対する協力要請であった。ソショー工場では第一次世界大戦中から一九四〇年まで飛行機用エンジンの製造を行っており、ドイツ軍の為に働いていたフェルディナンド・ポルシェは、ドイツ空軍の新型夜間型戦闘機フォッケウルフTA154の部品を製造する為に、ソショー工場での新型エンジン用ブロックの製造を求めたのである。それはドイツ空軍の新型ミサイル兵器V1の部品であった。ソショー工場は軍用車両の生産で既に人手を取られており、新型エンジン用ブロックの生産は困難である旨をプジョーは説明したが、生産ができなければ工場を閉鎖して設備と人員はドイツに移送する、とポルシェは迫ったというが、結局ポルシェはソショーでのこの部品の生産を断念した。

一九四四年九月に解放軍が近づくと工場は閉鎖され、機械、設備、原材料が略奪されてメルセデスやフォルクスワーゲンの工場に送られた。戦後の復興において、プジョーはそうしてドイツに搾取された機械や設備を回収するのに多大な労力と時間を費やさなければならなかった。また復興の為には労働力の確保が必要であり、課題であった。ソショー工場の従業員数が戦前の1万4000人規模に戻るのは、一九五〇年代半ばのことである。

ジャン・ピエール・プジョーは戦時下にあって、その右腕として働いていたモーリス・ジョルダン（Maurice Jordan）と、プジョーの設計意匠に携わるアルネ・マテル（Ernest Mattern）の3人でトロイカ体制をとって、将来に向けた新たな自動車の開発を検討していた。ジョルダンは、オルレアンのプロテスタントを信仰する家に生まれ、パリ国立高等鉱業卒業後、一九二四年からプジョーで働き、ジャン・ピエール・プジョーが一九六六年に他界するまでその右腕として支え、一九六四年から一九七三年までオートモビル・プジョー社長を務めた。マテルはボージュの生まれで、エコール・ダール・ゼ・メティエ（国立工芸学校 ENSAM École Nationale Supérieure d' Arts et Métiers Chalons 一七八〇年設立のグランゼコール名門校で、Chalons-sur-Champange 校は一八〇六年に設立されている）を卒業して六年間軍に所属し、パリ近郊のさまざまな工場の研究所に勤務した後、一九〇六年にプジョーで働き、一九二二年から一九二八年までシトロエンの技術責任者を務め、再びプジョーに迎えられて技術責任者となっていた。

第二次世界大戦後半にプジョーで生産が継続されていたのは202だけである。全長4850㎜の大型車402は、一九三五年に生産が開始され、一九四二年に生産を終了している。402よりも一回り小さい302は一九三六年から一九三七年の間に生産され、短命であった。402も302も空気力学を取り入れた外形は斬新かつ流麗である。202はその意匠がさらに洗練されており、第二次世界大戦以前の数あるプジョーの自動車の中で最も美しい1台ではないかと思う。202にはカブリオレもあり、さらにダルマット（Emile Darl'mat）の改造車もあって、その魅力ある意匠に華やかさを添えている。私はクラシック・カーを趣味としないが、フランスの愛好家の間でこのプジョー202が、それに201やトラクシオン・アヴァンあたりも、保存状態にもよるが1万ユーロほどで取引されており、それならば欲しい気もする。ダルマットは一九二三年にパリでプジョーの販売店を始め、一九三〇年代にはプジョーの車体に改造を加えて事業を拡大して、202、301、401、601、402、302のオープン・カーを製造し、302を競技用に改造して一九三七年、一九三八年のル・マンに参加した。自動車メーカーは第三者による製品改造を嫌うものだが、ダルマットのそれは余りにも見事で、プジョーから認められる存在となった。戦時中は改造車の製造を中断して、戦後202で改造を再開したが、一九五三年には製造業を廃して自動車販売業に戻った。

戦争終結後の復興に向けて、ジャン・ピエール・プジョーの右腕ジョルダンは、202の後継車と併せて、302、402の後継車も展開し、幅広い顧客層を取り組むべきであると主張し、経験豊かなマテルは単一車種を大量生産することが経営の安定性になると意見した。政府筋の意向はプジョー、シトロエン、そしてルノーの3社が市場で棲み分けをすることで、シトロエンはトラクシオン・アヴァンを堅持しつつ、経済性を追求した2CVを開発中であり、ルノーは小型大衆車4CVを開発中だった。ジャン・ピエール・プジョーは一九四四年末に中型車の開発を決定して、これが戦後一九四八年に203として発表された。203は全長4350㎜、全幅1620、全高1560㎜、車重950kg、4気筒1290cc 45馬力のガソリンエンジンを搭載した中型車で、一九六〇年に打ち切りとなるまで68万台が生産され、戦後の復興から一九五〇年代のプジョーを、その屋台骨となって支えた。204は203より一回り小さくなって、一九六五年から一九七六年までに160万台が生産され、一九六九年から一九七一年までフランスの自動車市場でベスト・セラーとなっている。203の実施的な後継車には、204ではなく、一九五五年から一九六六年まで生産された中型車403が位置づけられ、以後三桁の数字車名とその車格がより明確になる。

一九六六年にはPSA（Peugeot Société Anonyme）が持ち株会社として設立され、同年他界したジャン・ピエール・プジョーを継いでプジョー家の当主となった息子のローラン・プジョー（Roland Peugeot）は、フランソワ・ゴティエ（François Gautier）を、プジョー家の外から初めてのPDG（Président Directeur Général）に任命した。所謂、資本と経営の分離である。

一九七三年には欧州株式公開会社の制度による監査役会（Supervisory Board）と執行役員（Executive Board）を導入され、以後プジョー家の家長は監査役会の会長に付き、ＰＤＧが執行役員を統括するようになる。プジョー家の資本所有によるＰＳＡ支配は、二〇一四年にフランス政府と中国東風汽車が第三者割当増資を引き受けるまで続いた。創始者ジャン・ピエール・プジョーを第一世代とすれば、二〇一四年に監査役会長を退任したティエリー・プジョー（Thierry Peugeot）は第八世代になる。現在、ティエリー・プジョーの妹マリ-エレーヌ・ロコローニ（Marie-Helene Roncoroni）が、プジョー家の総代としてＰＳＡ監査役会副会長職に就いている。

歴代のＰＤＧはいずれも華麗な経歴の持ち主であるが、ここではその出身校（いずれもグランゼコール）のみを記載する。

フランソワ・ゴティィエ（François Gautier）　パリ国立高等鉱業学校卒
ジャン・ポール・パレール（Jean-Paul Parayre）　エコール・ポリテクニック卒
ジャック・カルベ（Jaques Calvet）　パリ政治学院卒、フランス国立行政学院卒
ジャン・マルタン・フォルツ（Jean-Martin Folz）　エコール・ポリテクニック卒
クリスチャン・シュトライフ（Christian Streiff）　パリ国立高等鉱業学校卒
フィリップ・ヴァラン（Philippe Varin）　パリ国立高等鉱業学校卒
カルロス・タバレス（Carlos Tavares）　エコール・サントラル・パリ卒

ＰＳＡプジョーは、一九七六年にミシュランからシトロエン社を買収し、一九七八年には欧州クライスラーを買収して大きく拡大した。

一九七二年に１０４が発表された当時は、プジョーグループ全体の従業員数は7万１０００人で、そのうち自動車事業の従業員数は5万７０００人であった。それから三十年後の二〇一二年、グループ全体の従業員数は２０万人を超え、自動車事業の従業員数は１１万７０００人となった。

欧州クライスラーは、フランスのシムカ（Simca Société Industrielle de Mécanique et Carrosserie Automobile）を一九六三年に買収した後、英国のルーツ・グループ（The Rootes group）を一九六七年、スペインのバレイロス（Barreiros）を一九六九年に買収して編成された会社で、一応の統合は行われていたもののＰＳＡが買収した一九七九年にはまだ混沌とした状態であった。英国イングランド中部にあったライトン工場（Ryton Plant）は旧態依然としており、それぞれの製品群は重複して無駄が多く、一方ではクライスラー、シムカ、サンビーム、アヴェンジャーと異なる名称で同じ自動車が売られ、販売網も整理されていなかった。ライトン工場は、一九四〇年にルーツ・グループが建設して第二次大戦中は航空機エンジンを製造して、戦後はルーツ・グループの本社となったが、一九六〇年代にクライスラーが買い取って、一九七八年の売却時に僅か1ドルでＰＳＡに売り渡された。ライトン工場では一九八五年からプジョー３０９、４０５、２０６、３０６などが生産されたが、二〇〇九年に閉鎖された。

クライスラーに代わる統一名称が必要であったが、どのブランドも欧州全体を総括するには知名度が低く、英国人にとってはルーツのサンビームに親しみはあるけれども、シムカでは受け入れられないし、イタリア人はシムカを受け入れても、スペイン人はそれを拒む、といったふうであった。この組織体をＰＳＡに取り込み一体化するまでに数年を要した。ＰＳＡはシムカの所有となっていたタルボ・ブランドを復活させて、一九八〇年にタルボ・タゴーラ（Talbot Tagora）を発売した。また一九八一年には、プジョー・タルボ・スポールを発足させ、責任者にジャン・トッドが就任した。一九八二年にタルボ・サンバ（Talbot Samba）を発売したが販売は振るわず、一九八五年には開発中であったタルボ・ホライズン（Talbot Horizon）をプジョー309として発売して、タルボ・ブランドは収束された。

一九八三年に205が発売された。その翌年に発売された205ＧＴＩは205シリーズ全体の成功を後押しした。また205Ｔ16コンペティション・モデルの投入、そして世界ラリー選手権（ＷＲＣ）での勝利は、プジョーの認知度を世界的に高めて、日本でもこの205でプジョーの存在がようやく認められるようになる。

十年一昔

プジョーで仕事をするようになって十年になる。その間はからずも、そして幸運にも、シトロエンも扱うようになって、毎日、毎週、毎月、そして毎年、それぞれの販売台数を数えつつ暮らしているのだが、それだからこそ思うこともある。ホンダのシビックやオデッセイ、フォルクスワーゲンのゴルフ、ポロ、そしてプジョーのRCZ、308、508、208、そしてシトロエンのC5、DS3、C3など、それぞれの企業において新製品の発表に向けた準備段階で、研究開発部門からの説明を聞く機会を何度となく経験しているが、それはPSAのデザイン・センターでのことだった。名前からしておそらくイタリア人だと思われるそのデザイナーは、細身のピンストライプのスーツに鮮やかな色のワイシャツの襟もとを緩め、延々と説明を続けていた。私は彼のフランス語をできる限り理解しようと、辛抱強く耳を傾けていた。目の前の自動車の意匠について延々と繰り広げられる説明はいつ終わるのか、と思わずにいられなかったのだが、そのうち私はふと彼が、目の前のでき上がったもの、自動車の外観について説明や解釈を与えているのではなく、自分が表現したかったことが結果としてこうなったのだ、と細部にわたって説明していることに気がついた。まず意匠についての説明があって、それが実物ではこのようなかたちになったと説明し、それが自動車の外観の細部にわたって意匠の説明と実物の説明で行ったり来たりするから、同じことを何度も繰り返し言っているように聴こえる。自動車の外観を説明するのに、審美的には（esthétique-ment）、と繰り返し言うので、以来その言葉が気になるようになった。そうして気づけば、新型車の見取りなどではフランス人の誰彼もその言葉を使っている。審美的にフロント・グリルが少し大きすぎるようだが、とか、審美的にはこの色のほうが合っている、あるいは、審美的にはタイヤをインチ・アップするほうがいい、などと言うのである。

確かに彼の国の美意識の高さは、自動車に限らずに、認めざるを得ない。街並みも、街路樹も、公園の花壇も、人々の装いもそうである。都会に限らず、田舎の東屋も、麦畑も葡萄園もそうである。海岸の海の家も、浜辺の休憩所も、ビーチパラソルもそうである。レストランの食卓と椅子の配置、ホテルの客室の設え、天井、壁紙、照明、ベッド、ソファ、アメニティもそうである。しかしながらその審美観には清潔感が伴っていないらしく、道路には至るところに犬の糞や塵が落ちているし、高級ホテルの部屋でも埃っぽくて、清潔好きの日本人を困惑させることがある。

フランス、パリは日本人にとって憧れの地で、毎年5、60万人がパリに向かう飛行機に乗るのだが、彼の地を訪れて失望する人も少なくない。パリの街並みは確かに壮観であるけれども道路は渋滞しているし、一歩裏道に入れば汚いし、ホテルは狭く、フランス人は無愛想である。高級店を別にすれば、フランス式の接客は、客を待たせるのが当たり前で、文句を言われても気にせず、怒らせても平然としているのが基本姿勢のようでさえある。それもこれも日本と比較してのことで、もっと酷い国や地域はいくらでもあるのだが、テレビの旅行番組や雑誌はパリを讃えるばかりだから、期待は否応なく高まって裏切られることがある。

フランスは世界最大の観光国で、年間8000万人の観光客が世界中から訪れる。日本を訪れる外国人観光客数はその十分の一の年間800万人程で、パリのノートルダム寺院、エッフェル塔、凱旋門などの観光客数がちょうどそれくらいである。日本人のパリ好きは当地でも有名で、ちょっとした有名店やホテルには日本人スタッフが配置されており、日本人観光客の応対をしているが、そうしなければ気前のいい日本人客を失望させてしまう恐れがあるのだ。言葉の問題もあるけれども、日本人の求める接客の仕方には要するに日本人でなければ応えられないのである。

世界中から人が来るから、パリの飲食店や物販店の接客係は、相手がどこの国の何人だろうなどとまったく気にしていない。気にするのは自分の恰好とチップと仕事時間の終わりくらいのことで、日本人の中にはフランス式の接客を経験して、まるで差別をされたかのように感じる人もある。思い描いていた憧れのパリと現実の隔たりに、異文化への適応障害を起こす例がとくに日本人女性にあって、精神医学でパリ症候群と名付けられている。日本人は良くも悪くも繊細なのである。そしてフランス人を見ていると、繊細な感受性と美意識の高さはまったく別次元のことなのだと思う。

日本人の美意識が禅寺の庭に侘び寂びとして凝縮され、修祓と浄化として神社の杜のかたちとなるように、フランス人の美意識は幾何学的な秩序を与えられた庭園や、宗教的権威を示す豪華絢爛な装飾によく現れている。

審美観は感性に委ねられるもので、その感性は個人のものだけれどもその本質は個人の人格や個性に属するのではなく、社会と文化に根差して形成される社会的価値観に属するもので、社会の多様性と人々の個性によって幅と奥行きを与えられる。そしてその本質が幅と奥行きをもちつつ、広く社会に共有されて暗黙知となるのである。暗黙知は審美観のみならず、倫理観、自然観、幸福観、死生観などから成って、意識するとしないにかかわらず人と社会の在り方に影響する。そうして暗黙知は形式知と対で社会の価値観と文化を形成するのである。日本は暗黙知の多い社会だから組織の在り方と仕事の進め方が明示的ではなく暗示的に曖昧に定められる傾向が強く、その組織の一員として働く為には膨大な量の暗黙知を共有する必要があって、その習得には数年の歳月を要する。しかしそうして形成される組織は忠誠心を宿して、高い規律と強い団結力を発揮するのである。

ドイツの企業組織にも忠誠心と規律と団結力が、日本企業に負けず劣らず見られるが、その土台となる価値観を形成するのは暗黙知ではなく、原則、規則、規格、基準、規程などの形式知によるもので、ドイツ的な組織原理は明示的かつ明解だから、日本の曖昧な組織原理のように何年もどっぷりと浸かって習得しなくとも、教育と訓練によって効率的に身に付けられる。無論フランスの企業組織にも、忠誠心そして規律も団結力もある。しかしながら、フランス人は徹底した個人主義で育っているせいか、組織的枠組みや型に嵌められるのを嫌がって、それを素直に認めようとしない。個人も組織もその行動原理や性格がややこしいのである。そのややこしさはフランス人の間では共有されているから、曖昧でも通じる日本人のそれと同じで、彼らの暗黙知なのである。

フランスの社会には個人主義と合理主義が貫かれている上に、暗黙知の領域の幅と奥行きがあるから、組織の在り方と仕事の進め方がややこしくなる。企業組織が活動をする為に、あるいは人々が仕事をする為に必要とされる情報量は、日本企業であろうが、ドイツ企業であろうが、フランス企業であろうが、同じはずである。自動車を開発する為の情報量も、自動車を販売する為の情報量も、どこの国にもさほど変わりはないだろう。しかし情報の仕分けと共有の仕方には明らかな違いがあって、日本企業組織では暗黙知として共有される情報の領域が大きく、形式知として共有される領域は相対的に小さい。ドイツの企業組織はその逆である。ドイツ人は何でもかんでも明文化して、細かく指示をするから、私ばかりではなく大概の日本人には窮屈に感じられるようで、ドイツ企業で働いたことのある者に尋ねると皆そう言う。ドイツ企業としてのフォルクスワーゲンの仕事の進め方には窮屈なところがある。私は francophile（親仏家）ではあるけれども、別にドイツが嫌いなわけではないから、両国に対する公平を期して、フランス企業で働く日本人が往々にして感じることを要約しておけば、「面倒」ということになる。日本人が外資系企業で働けば、日本企業で働くことと何か違いを感じるはずで、私はドイツの企業組織の雰囲気を窮屈だと感じたし、フランスの企業組織の雰囲気を面倒だと感じたのであって、もちろん人によってその感じ方には違いがあるだろう。取り繕うわけではないがドイツの企業組織にもフランスの企業組織のいずれにも、もちろんそれぞれの良さがある。私は仕事に対して常に前向きに、そしてどちらかと言えば楽観的に生きてきたつもりだが、転職をして新しい職場で仕事を始めればきっと何かしら違和感はあるもので、私にとってはそれが窮屈だったり、面倒だったりということである。その違和感に向き合って辛抱強く処していくことが、言ってみれば転職の心得のようなものだ。

フランスとフランスの企業組織のわかりにくさは彼らが共有する暗黙知にあるのだろう、とあるときから私は割り切ることにした。それ以前に、フランス人のその観念的な議論に、とてもじゃないが付き合いきれないと思うことが何度となくあって、とくにフランス人同士で観念的な議論になってしまうと、また始まったかと正直うんざりする。それではなくとも日本人は抽象的、観念的な議論があまり得意ではないし、私からすると何故こんなことを延々と議論するのだろう、ということがよくある。その議論につきあってはみるものの大抵途中でついていけなくなって、というか、面倒になって投げ出してしまうのである。フランス人とは一対一で話しているとややこしくないのに、複数が集まって話をするとややこしくな

るから、それは彼らの暗黙知の領域であろうと思うのである。長い話し合いの末にフランス人たちがお互いに顔を見合わせて、

「これで明らかになったな」

と話をまとめるのだが、何が明らかになったのか私にはさっぱりわからない、ということがある。そうして私は、フランスの難解な映画も、芳醇なワインも、洗練された自動車も、彼らの膨大な量の暗黙知の産物なのだろう、という茫漠した思いを抱くのである。観念的、哲学的思考の得意な彼らは、暗黙知を形式知に変換して文章を書き、絵を描き、彫刻をつくるのだろう、と思うのだ。

日本の社会は暗黙知の働きで物事が曖昧なままに運ばれることがあるけれども、形式知すらも曖昧になってしまうことがある。暗黙と形式知との総量が社会の価値観と文化を形成し、組織の在り方と仕事の進め方を性格付けるのであるが、フランスの社会と企業組織においては暗黙知として共有されたものが、ひとたび原則、規則、規格、基準、規程などの形式知で明示されると、ドイツと同じように、あるいはそれ以上に厳密かつ厳格に守られる。日本人ならば契約書に書かれたことでも「そうは言っても」とか「そこを曲げて何とか」と頼み込んだり拝んだりして、相手方も「そこまで言うのなら、いつもお世話になっていることだし、特別な計らいを」などということがあるけれども、フランス人同士では在り得ないことで、文章や書面の形式をとって契約や規則になるとそれは絶対的なものとなる。いかなる取り決めも、紙に書かれ、書面で合意してしまうと、例えそれが理不尽に思えても絶対的な効力を発揮する。それが口約束ではどんな関係にあってもあてにはならないし、何の役にも立たないということがままある。フランス

人は、社会人として働き始めるとまずその洗礼を受けるらしい。例えば取引先との商談を、上司に口頭で確認を取りながら取り決めをして、いざとなったときに上司から「そんなことは許可をしていない」と、日本で言う梯子を外される、というようなことである。

「そんな、任せたって言ったじゃないですか」

「どこにそんなことが書いてある?」

そういうことを彼らは何度となく経験しているから、仕事で一人前になって何か取り決めをするときは、議事録や覚書や契約書にしようとせっせと書いて書面にする。そうして然るべき立場になると、かつて自分がやられたように、部下に向かって、

「私はそんなことは許可していない。どこに書いてある?」

と、やるのである。

まだフォルクスワーゲンで働いていた二〇〇四年、私は梅野さんとその年のパリのモーターショーの視察に行った。ショーを訪れる前日、凱旋門近くのPSA本社のショールームの前をふたりで歩いて通りかかると、発表されたばかりの407が展示されてあって、

「これ、日本にもってきたら売れるだろうねえ」

「そうですねえ。なかなかいいですね」

「ピニンファリーナかな」

などと話し合ったのだが、どうやら縁があったらしくプジョーから声をかけられたのはその直後で、梅野さんの反対を押し切ってプジョーに転身し、斬新な意匠が施されたこの407を発売することになる。

この407の意匠は斬新であった。プジョーは二〇一〇年に創業二百周年を迎えて、新しい意匠の在り方を、コンセプト・カーSR-1を発表して示したが、それは407で表現された意匠の文脈を推敲して完成されたものであるように私は思った。やや洗練されすぎてはいないか、という印象もある。私の趣味嗜好は別にして、余りに洗練された意匠は大衆性を失いかねないと思うのである。

そもそも自動車は機械製品であって、機械はときとして、機械であることを覆い隠されることなく、その機能を発揮する有りのままの形状で見る者を惹きつけることがある。例えば剝き出しのエンジンやエギゾーストパイプ、ブレーキパッドやサスペンションなどもそうである。馬車に内燃機関を据えつけただけの黎明期の自動車も、サーキットを時速300キロで疾走するF1マシンも、まるで造形物のような存在感で視覚に訴えるのだ。消防車、救急車、コンクリートミキサー車、ブルドーザーなどが子供の心を捉えるのは、それらの自動車の機械としての働きがあってのことで、蒸気機関車、ゼンマイ式の時計、真空管の音響装置などは、古い時代への郷愁もさることながら、機械としての働きぶりを感じさせるものだ。その働く力が形として視覚的に強く訴えかけるのである。いたずらに外観を飾られた自動車が数年で色褪せてしまうのは、その飾りに意味がないからである。西欧社会は産業革命以来、工業製品に技術革新と経済性を求めるばかりだけではなく、その審美観で工業製品にも造形品としての意匠を加えてその商品性を高めてきた。自然を克服して機械化をはかってきた西洋人の審美観と、自然に寄り添うように生きてきた日本人の審美観が異なるのは当然かもしれないが、こと自動車に限ってみれば、その意匠の完成度に歴然とした彼我の差があるのは否めない。韓国は韓国独自の自動車の意匠を追求するのを諦めて、欧州から人材を雇ってすべてを委ね、欧州車の如き内装外観の自動車を開発してそれなりに成功してはいるものの、それも如何なものかと悩ましいところではある。

ホンダからフォルクスワーゲン、そしてプジョーとシトロエンと仕事人生を過ごして、途中寄り道をしながらも私は一端の自動車屋になったつもりでいるのだが、いずれも大量生産の大衆車であってそれが専門となった。仕事としてはそれになんの不満もないけれども、しかし高性能なスポーツカーや豪華な高級車にも無関心ではいられない。ポルシェ918スパイダーやラ・フェラーリの諸元表を眺めながら、乗ってみたい、欲しい、と溜息を吐くのである。

「あれは、悪魔だな」

フェラーリの放つその抗しがたい魅力を評して、一瀬和久さんはそう言った。

一瀬さんは、コーンズがフェラーリ、マセラッティ、ロールス・ロイス、ベントレーの日本の輸入総代理店であった時代の取締役営業本部長である。

コーンズは一八六一年、文久元年に英国人フレデリック・コーンズ（Frederick Cornes）が横浜で創業した貿易会社で、創業当初は主に絹と茶を扱い、一九六八年に日本最初のロイズ代理店となって保険を扱い始めた。海図・海事関連書籍、ウエッジウッドの食器、ゲンセのカトラリー、プジョーのコーヒー・ミルやペッパー・ミルなど主に欧州の日用品を輸入し、自動車も過去にアルファ・ロメオ、フィアット、アストン・マーチン、ローバーなどの輸入を手がけた。近年は最先端技術のエレクトロニクス製品や酪農・農業機械を輸入し、バイオガス・プラント事業へも進出している。

一九六四年にロールス・ロイスとベントレーの日本輸入総代理店となり、一九七六年にフェラーリ、そして一九九七年にマセラッティの日本輸入総代理店となった。一九九〇年には明仁天皇即位の礼の御料車としてロールス・ロイス、コーニッシュを宮内庁に納車している。各社の日本法人設立とともに輸入権を返上して販売に特化し、二〇一三年からランボルギーニも販売している。

私が一瀬さんと親しくなったのは、一瀬さんがコーンズを定年退職され、私がプジョー・シトロエン・ジャポンの社長に就任した年のことで、一瀬さんも私も熊本の出身であることを互いに知って、輸入車業界の先輩にきちんとご挨拶をしなければと私は思い、後輩の話を聞いてみなければと一瀬さんは思ったのである。

熊本市の江津湖の畔に生まれ育ち画図小学校に通い、いまも実家はあの橋を渡ってすぐに左に曲がった辺りにあって、湖東中学から高校は真和、そして大学は中央に入って故郷を離れ、と私が話せば、私よりも九年先輩の一瀬さんは、小学校は池田、中学は白川、高校は商大付属から同志社大学へ進み故郷を後にして、と語った。一瀬さんは同志社大学卒業後、コーンズに入社した。そして、ロールス・ロイス、ベントレー、フェラーリ、マセラッティ、何とも豪華絢爛な品揃えの自動車を、日本市場で切り盛りした。

私にはそうしたハイエンドの高級車とその商売について知識も経験もないので、一瀬さんに教えを乞うた。

「じゃあ、まずフェラーリからやってみようか」

フェラーリのショールームで、セールス・マネージャーから話を聞き、若いセールスマンと一緒に何台か試乗をした。フェラーリを運転しながら助手席のセールスマンにあれこれと質問をするのである。フェラーリの割賦購入者の比率であるとか、車点検の入庫の促進法とか、管理顧客数だとか、いったことである。

「焼酎もいいのですが、やはりワインですかねえ」

フランスとイタリアのワインを飲み比べながら、まれに熊本弁を織り交ぜて、私は一瀬さんと話をした。

「それにしても、熊本あたりの田舎から出てきて、またどうしてそういうハイカラな仕事につかれたのですか?」

私がそう尋ねると、一瀬さんは大笑いをした。

「おいおい、そりゃこっちの台詞だろうが」

そう言われればその通りだなと私は思って、プジョーとシトロエンの仕事に至る転職の経緯について説明をした。

仕事を辞める日

学校を出てまだ働き始めたばかりの人には、定年退職などずっと先のことで想像もできないだろう。会社勤めをする限り、会社を辞める日がくるはずだが、四十年も先のことなどどうなるかわからない。五年先、十年先のことだって、思ったとおりになるとは限らない。転職をするかもしれないし、しないかもしれない。偉くなるかもしれないし、ならないかもしれない。三十になっても、四十になっても、五十になっても、会社を辞める日のことに実感をもてないまま働き続ける。そうしてある日、ついに定年を迎えるのだ。

定年で会社を辞めた後も、まだまだ仕事をしたいという人は多い。必ずしも収入の為ではなく、何かやりがいを求めてのことだ。そういう人を募って、人材斡旋をしている会社もある。そこには日本の有名企業、一流企業の元役員や元管理職ばかりが、人材として登録されている。そういう人材の需要がどれほどあるものか。立派な肩書きがあっても辞めてしまえば只の人である。もともと仕事があれば人材会社に登録などしないはずだ。

雇われ社長ではそういうわけにいかないが、オーナー社長の引退は自分次第である。実際七十歳になっても八十歳になっても社長を続ける人がいる。仕事が余程面白いに違いない。あるいは、仕事より他にすることが見つからないのかもしれない。

かつて日本企業の定年年齢は五十五歳であったが、年金給付年齢の引き上げにつられて一九八〇年代に六十歳に延長された。年金給付年齢がさらに引き上げられて、いまでは六十歳での選択定年制が一般的である。会社は社員に六十五歳まで働く機会を与えなければならないことになっているから、遅かれ早かれ定年年齢は、いずれ六十五歳になるに違いない。そうなると昔の人、といっても僅か三十年程まえのことなのだが、それに比べると十年余計に働く勘定になる。歳を取ると月日の過ぎるのが早く感じるものだが、それでも十年の月日は長い。嫌々仕事を続ければ余計に長い。

どんな仕事であっても、人にいわれてやるのと、やりたくてやるのではまるで違う。掃除でも、表計算でも、資料作りでも、接客でも、どんな仕事でもそうだ。同じ仕事でも、人にいわれてやるのと、やりたくてやるのでは違う。しかしその違いは本人にしかわからない。

定年までの四十年に及ぶ仕事が満足のいくものであったかどうか、充実していたかどうか、それは本人にしかわからない。

あとがき

本書の執筆にあたっては、左記の文献の他に日本語、英語、仏語のウエブを閲し、各国の企業、公共機関、学校等のオフィシャルサイト、その関連サイト、ウイキペディア、ニュース記事、ブログ、その他多数のサイトから情報を収集した。自動車産業史の出来事、人物などについては、複数のサイトを閲して二重、三重の確認をしたつもりではあるが、誤表記あるいは事実誤認があればそれは筆者の責任に帰するものである。読者からのご教示のあることを願う。

本書は私の個人的な動機によって執筆したものではあるものの、現在の職務になければその着想を得ることもまとまりもなかったものである。私がその職務にあるのは日本全国のお取引先、プジョー販売店並びにシトロエン販売店の皆様のご支援あってのことであり、日頃からの皆様のご交誼に厚く御礼を申し上げる。とくにプジョー販売店会会長根岸孝博氏、プジョー販売店会理事四日市隆行氏、岩本良成氏、谷田雅憲氏の、プジョー（のみならずシトロエンにも）に対する愛着、仕事への情熱、そして販売店会の設立から運営にいたるまでの献身的な活動に敬意を表するとともに謝意を表す。また私の高校の後輩であり、郷里熊本でプジョー並びにシトロエンの販売店を経営するアデルカーズ社長池永成正氏の、日頃からの励ましと助言に深く感謝する。プジョー・シトロエン・ジャポンの加藤泰敬君、城和寛君、栢本秀志君には、執筆途中から内容について貴重な感想と意見を貰った。いわば本書の最初の読者である三君の助力があって本稿が完成したことを御礼とともに申し添えておく。

末筆ながら、本書の刊行を後押ししてくださった三樹書房社長小林謙一氏、また編集にあたってきめ細かくご指導を頂いた同社の編集部木南ゆかり氏に心から御礼申し上げる。

参考文献

『決断　私の履歴書』　豊田英二　日本経済新聞社　１９８５年

『裸の神谷正太郎』　鈴木敏男・関口正弘著　ダイヤモンド社　１９７０年

『熱球爆走す』　木本正次　日本経済新聞社　１９７７年

『本田宗一郎　夢を力に　私の履歴書』　本田宗一郎　日本経済新聞社　２００１年

『ホンダ神話　教祖のなき後で』　佐藤正明　文春文庫　２００８年

『ホンダの価値観』　田中詔一　角川書店　２００７年

『新日本の経営』　ジェームズ・C・アベグレン　日本経済新聞社　２００４年

『世界の多様性』　エマニュエル・トッド　藤原書店　２００８年

『世界革命像』　エマニュエル・トッド　藤原書店　２００１年

上野国久
（うえの・くにひさ）


1959年5月1日熊本市生まれ。

1982年中央大学商学部卒業後、本田技研工業株式会社に就職。

本社海外営業部、フランスホンダ、国内営業部栃木営業所などでの勤務を経た後、1995年にセガ（当時セガ・エンタープライゼス）に転職。セガ・サターン、ドリームキャストのマーケティングを担当する。ドリームキャスト失敗の後、2000年にアサツーＤＫに転職するが、さらに米国系のＰＲエージェント、フライシュマン・ヒラード・ジャパンに三度転じて、日本の政党政治にＰＲ戦略を導入すべく、民主党向けに戦略的コミュニケーションを提案、
また日経ＢＰ社主催の第一回日本自動車会議を企画提案、実現に至る。

2001年四度目の転職でフォルクスワーゲン・グループ・ジャパンの営業部長に就任。

2005年五度目の転職でプジョー・ジャポンの営業部長に就く。短期間に転職を繰り返してしまった為に、プジョーで出来る限り仕事を続けようと決意。

2007年同社取締役営業部長、2008年にプジョー・ジャポンとシトロエン・ジャポンの合併後、取締役営業部長。

2011年から2015年3月までプジョー・シトロエン・ジャポン代表取締役社長。

在日フランス商工会議所理事、日本自動車輸入組合副理事長なども務める。

ホンダ、フォルクスワーゲン
プジョーそしてシトロエン
3つの国の企業で働いてわかったこと

2015年3月7日　初版第1刷発行
2015年9月5日　第3刷発行

著　者　上野国久
発行者　小林謙一
発行所　三樹書房
http://www.mikipress.com
〒101-0051　東京都千代田区神田神保町 1-30
電話 03-3295-398
FAX 03-3291-4418
組版　閏月社
印刷・製本　シナノ パブリッシング プレス